Go

语言 第一课

白明◎著

人民邮电出版社

北 京

图书在版编目（CIP）数据

Go 语言第一课 / 白明著. -- 北京 ：人民邮电出版社，2024. -- ISBN 978-7-115-64989-8

Ⅰ．TP312

中国国家版本馆 CIP 数据核字第 2024CP6770 号

内 容 提 要

本书由浅入深地介绍了 Go 编程语言。首先，本书揭示了 Go 的发展历程和设计哲学，引导读者了解 Go 的核心理念；其次，详细介绍了建立 Go 开发环境、编写 Go 程序、Go 的代码组织和依赖管理等内容，为读者夯实编程基础；再次，重点讲解了 Go 的语法特性，包括变量与类型、基本数据类型、常量、复合数据类型、指针类型、控制结构、函数、错误处理、方法、接口类型、并发编程、泛型等，确保读者能够掌握 Go 的复杂特性；最后，介绍了 Go 的测试，帮助读者确保代码质量和性能。

本书结构清晰，内容丰富，适合对 Go 感兴趣并希望系统学习的读者阅读和参考。

◆ 著　　　　白　明
　　责任编辑　秦　健
　　责任印制　焦志炜
◆ 人民邮电出版社出版发行　　北京市丰台区成寿寺路 11 号
　　邮编 100164　电子邮件 315@ptpress.com.cn
　　网址 https://www.ptpress.com.cn
　　三河市君旺印务有限公司印刷
◆ 开本：800×1000　1/16
　　印张：19.5　　　　　　　2025 年 8 月第 1 版
　　字数：428 千字　　　　　2025 年 8 月河北第 1 次印刷

定价：79.80 元
读者服务热线：**(010)81055410**　印装质量热线：**(010)81055316**
反盗版热线：**(010)81055315**

前　言

你好，我是白明（Tony Bai），欢迎你和我一起学习 Go。

我现在是一名 Go 开发者、架构师，也是技术博客 tonybai.com 的博主和 GopherChina 大会的讲师。

2011 年，一次偶然的机会让我接触到 Go 之父罗伯·派克（Rob Pike）授课时所使用的幻灯片。当时，我正经受 C 语言编程中内存管理、线程调度及跨平台运行等问题的折磨。而 Go 以其简洁的语法、内置的内存垃圾回收机制及对并发的支持吸引了我，让我对它"一见钟情"。

我是一个对编程语言非常"挑剔"的人，这跟我从事的工作有关。十多年来，我在电信领域从事高并发、高性能、大容量的网关类平台服务端的开发工作，这两年也有幸参与了智能网联汽车行业的相关工作。在寻找适合这些需求的编程语言的过程中，我研究过 C++、Java、Ruby、Erlang、Haskell 与 Common Lisp，但它们都因各种原因未能满足生产环境的需求。

而且，如果你对我所在的行业有所了解，你可能会知道，我参与开发的系统对性能的要求极高。我也曾长期将 C 语言作为生产语言，同时使用 Python 开发了多种辅助工具。但是，C 语言的生产效率不高，且存在诸多陷阱，而 Python 的开发效率虽然高，但性能不够出色。

难道就没有一门相对"完美"、符合我使用需求的编程语言吗？就在这时，Go 来了。

自 2011 年起，即使是在 Go 还未发布 Go 1.0 稳定版本的时候，我就开始接触 Go。我接触的第一个 Go 版本是 release.r60，它仅仅比罗伯·派克在其 Go 课程里使用的版本稍新一些。彼时，Go 仍有许多不足之处，尤其是垃圾回收延迟比较大，这成为将 Go 应用于生产环境的最大障碍。尽管如此，我依然紧跟 Go 的演化进程。

从 Go 1.4 版本开始，随着每个大版本的发布，我都撰文分析其中的主要变化，并持续完善这些文章至今，未来也将继续这一工作。Go 项目的 1.5 版本实现自举编译，以及 1.11 版本解决包依赖管理问题后，Go 逐渐走向成熟。这时，我开始尝试在生产环境中应用 Go。从使用 Go 替代 Python 编写辅助工具到开发网关所需的网络协议，我发现 Go 都能很好地满足需求。

随着时间的推移，Go 最终取代了 C、Python，成为我的首要生产编程语言。我直接使用 Go 构建了多个生产系统，诸如短信网关、5G 消息网关、MQTT 网关及 API 网关等。

如果让我总结选择 Go 的理由，我可以提供以下 3 点，供读者参考。

第 1 点：对初学者足够简单和友好，方便快速上手。

业界公认，Go 是一种非常简单的编程语言。到底有多简单呢？2011 年，作为 C 语言开发者，我开始学习 Go，借助派克的教程，仅用一天时间便掌握了 Go 的全部语法，并在一周内编写出一些简单、实用且质量较高的小程序。

与那些逐渐添加复杂特性的编程语言不同，Go 从一开始就保持简洁，并保持至今。自 Go 1.0 版本发布以来，除了泛型以外，新增的语言特性屈指可数。Go 的设计者们似乎把主要精力放在打磨 Go 的实现、改进语言周边工具链，以及提升开发者体验上。因此，**即使作为静态编程语言，Go 的入门难度已经与动态编程语言相当**。

第 2 点：生产力与性能的有效结合。

尽管 Go 的简单性和友好性吸引了很多新手开发者，但要真正让开发者留在 Go 世界，Go 还需体现出自己的核心竞争力——**Go 是生产力与性能的最佳结合**。

如果你熟悉静态编程语言，那么你刚好是 Go 最初的目标用户。Go 创建的最初目标就是构建一种流行的、高性能的服务器编程语言，用以替代当时广泛使用的 Java 和 C++。在这一方面，Go 初步实现了这个目标。Go 的性能在带有垃圾回收和运行时的编程语言中处于领先地位，与不带垃圾回收的静态编程语言（例如 C/C++）相比，也没有数量级的差距。在各大基准测试网站上，在相同的资源消耗水平下，Go 的表现优于 Java。

如果你熟悉动态编程语言，也完全不用担心。Go 的许多早期采用者来自动态编程语言的开发者群体，包括那些使用 Python、JavaScript、Ruby 和 PHP 等的开发者。与动态编程语言相比，Go 能够在保持生产力的同时，大幅提升性能。

第 3 点：使用快乐且前景广阔。

Go 的目标是重新为开发者带来快乐。这种快乐源于 Go 在开发体验上的显著提升，相较于 C/C++ 甚至是 Java 尤为明显。笼统地说，这种提升来自 Go 简洁的语法、得心应手的工具链、丰富且健壮的标准库，以及生产力与性能的完美结合、免除内存管理的心智负担、对并发设计的原生支持等。

当然，学习和使用 Go 不仅仅是为了自娱自乐，运用 Go 体现自身价值、赢得理想职位才是最终目标。如今，Go 已经在各大编程语言排行榜中稳居前十，并在全球范围内——无论是国内还是国外，都得到广泛应用。随着对 Go 人才需求的增长，企业之间对熟练掌握这门编程语言的开发者的争夺也日益激烈。例如，在腾讯、字节跳动、滴滴等公司中，Go 已经成为主力编程语言之一。

紧跟 Go 演进十多年的我，已经将 Go 的点点滴滴深深地烙印在大脑中。自 2019 年起，我还将每天阅读的 Go 社区的优秀技术资料整理成公开的 Gopher 日报，希望能够为 Go 在国内的推广贡献一份力量。

2021 年，我在极客时间开设了《Go 语言第一课》专栏，旨在将多年积累的 Go 知识与技能分享给初学者。该专栏一经推出便受到读者们的热烈欢迎，至今专栏订阅学习者已有数万人。并且，通过这几年读者的反馈，我也修正了一些对 Go 理解上的疏漏，使专栏内容更加准确可靠。

为了能够帮助更多有意愿学习 Go 的开发者，我与人民邮电出版社合作，在极客时间"打造讲师个人 IP"策略的支持下，对专栏的内容进行了优化和扩展，最终成书出版。

相较在线发布的专栏文章，**本书补充了之前缺失的重要语法点（如指针、测试、泛型等），并对已有内容进行了精炼，同时更新至 Go 1.24 版本。**

总的来说，本书系统地介绍了 Go 的各个方面。期望它能成为你学习 Go 的得力助手，助你掌握和应用这门富有魅力的编程语言。

本书特色

本书的特色可以归纳为以下几点。

- □ 路径完整：本书涵盖了 Go 入门所需的基础知识和概念，旨在帮助读者快速且全面地掌握 Go。
- □ 高屋建瓴：在深入讲解前，先向读者介绍 Go 的设计哲学和编程思想，使读者从一开始就理解并认同这些核心概念。
- □ 保姆级讲解：本书内容以图文结合的方式呈现，讲解详细透彻，并配有大量示例代码，每个示例都经过精心设计，确保简洁明了，帮助读者更直观地理解和掌握重点与难点内容。

本书主要内容

本书共分为 18 章。

第 1 章为 Go 概览，旨在为读者揭开 Go 的面纱，深入探讨其发展历程、设计哲学和独特魅力。无论你是初学者，还是有一定基础的开发者，都应先阅读这一章，了解 Go 的来龙去脉，为后续学习奠定坚实基础，并对学习 Go 的动机有更清晰的认识。

第 2 章至第 5 章详细介绍了如何建立 Go 开发环境、编写第一个 Go 程序、理解 Go 的代码组织方式和依赖管理等基础内容。这些内容构成了 Go 开发的基石。即使你已有编程经验，也建议仔细阅读，以确保牢固掌握这些基础知识。

第 6 章至第 18 章系统地讲解了 Go 的各项语法特性，包括变量与类型、基本数据类型、常量、复合数据类型、指针类型、控制结构、函数、错误处理、方法、接口类型、并发编程、泛型和测试等内容。你可以根据自身需求，学习感兴趣的章节。

如果你是初学者，建议按章节顺序阅读；如果你已有编程语言基础，则可以先熟悉第 6 章至第 18 章的语法特性，在遇到问题时再返回对应章节以查阅细节。

总之，本书的编排遵循由浅入深、从概览到细节的原则，旨在通过合理的章节安排，帮助你掌握 Go 这门编程语言。

本书读者对象

本书面向以下对 Go 感兴趣并希望系统学习的读者。

❑ Go 初学者，希望通过循序渐进的方式掌握这门编程语言。

❑ 了解 Go 但缺乏系统学习的人员。

❑ 有一定开发经验的开发者，考虑转投 Go 阵营。

❑ 任何对 Go 感兴趣并希望增进认知的读者。

勘误与支持

鉴于本书内容丰富，加之作者水平有限，书中难免存在疏漏或错误。如果你发现了任何问题，或者有任何建议、疑问，可以通过以下方式与作者联系。

❑ 发送电子邮件至本书的勘误邮箱（bigwhite.cn@aliyun.com）。

❑ 在本书作者的博客（https://tonybai.com）或微信公众号（iamtonybai）上留言。

❑ 直接在本书配套源码仓库（https://github.com/bigwhite/goprimer）提交 Issue。

我会尽快回复你的反馈，并根据你的意见做出相应的改进。感谢你的支持与理解！

致谢

在本书即将出版之际，我衷心感谢所有在我学习和实践 Go 的过程中给予我启发和帮助的人。

首先，感谢 Go 的创造者和整个 Go 开发团队，是你们的努力让如此优雅且强大的编程语言得以问世。同时，也要感谢 Go 社区中无数个人和组织的贡献，你们的不懈努力推动了 Go 生态系统的不断完善和发展。

我还要感谢极客时间原总编辑郭蕾，以及编辑贾静、朱倩倩和王冬青，没有你们的支持和信任，就不会有《Go 语言第一课》专栏，这本书也就不可能出版。

感谢极客时间《Go 语言第一课》专栏的读者们，你们积极的互动和提出的问题为专栏的内容提供了宝贵的反馈和改进的机会，也使得这本基于专栏扩展而成的图书质量得以显著提高。

衷心感谢人民邮电出版社的编辑团队，没有你们的帮助，这本书无法呈现在读者面前。

我要特别感谢我的家人，你们的鼓励和支持给了我坚持写作的动力。

最后，我要感谢你——本书的读者。愿这本书能成为你了解和学习 Go 的绝佳工具，带给你快乐与成就感。让我们共同领略 Go 的魅力，开启精彩的编程之旅！

白明

资源与支持

资源获取

本书提供如下资源：

☐ 程序源代码；

☐ 书中图片文件；

☐ 本书思维导图；

☐ 异步社区 7 天 VIP 会员。

要获得以上资源，您可以扫描下方二维码，根据指引领取。

提交勘误信息

作者和编辑尽最大努力来确保书中内容的准确性，但难免会存在疏漏。欢迎您将发现的问题反馈给我们，帮助我们提高图书的质量。

当您发现错误时，请登录异步社区（https://www.epubit.com），按书名搜索，进入本书页面，单击"发表勘误"，输入勘误信息，再单击"提交勘误"按钮即可（见下页图）。本书的作者和编辑会对您提交的勘误信息进行审核，确认并接受后，您将获赠异步社区的 100 积分。积分可用于在异步社区兑换优惠券、样书或奖品。

图书勘误	✍ 发表勘误

页码：　1　　　　　　　　页内位置（行数）：　1　　　　　　　　勘误印次：　1

图书类型：◉ 纸书　　　电子书

添加勘误图片（最多可上传4张图片）

+

提交勘误

与我们联系

我们的联系邮箱是 contact@epubit.com.cn。

如果您对本书有任何疑问或建议，请您发邮件给我们，并在邮件标题中注明本书书名，以便我们更高效地做出反馈。

如果您有兴趣出版图书、录制教学视频，或者参与图书翻译、技术审校等工作，可以发邮件给我们。

如果您所在的学校、培训机构或企业想批量购买本书或异步社区出版的其他图书，也可以发邮件给我们。

如果您在网上发现有针对异步社区出品图书的各种形式的盗版行为，包括对图书全部或部分内容的非授权传播，请您将怀疑有侵权行为的链接通过邮件发给我们。您的这一举动是对作者权益的保护，也是我们持续为您提供有价值的内容的动力之源。

关于异步社区和异步图书

"异步社区"是由人民邮电出版社创办的 IT 专业图书社区，于 2015 年 8 月上线运营，致力于优质内容的出版和分享，为读者提供高品质的学习内容，为作译者提供专业的出版服务，实现作者与读者在线交流互动，以及传统出版与数字出版的融合发展。

"异步图书"是异步社区策划出版的精品 IT 图书的品牌，依托于人民邮电出版社在计算机图书领域四十余年的发展与积淀。异步图书面向各行业使用信息技术的用户。

目　录

第 1 章　Go 的那些事儿

在第 1 章中，我要做的事很简单，就想跟你说一说 Go 的那些事儿，包括它的前世今生，以及其背后的设计哲学。

我一直认为，当你接触一门新的编程语言时，一定要去了解它的历史和现状。这样不仅能够帮助你建立对这门语言的整体认知，预见它的发展方向，还能增强你的学习"安全感"，即相信它能够给你带来足够的价值和回报，从而更加坚定地学习下去。

之后你应该去了解这门语言的设计哲学，就像了解一个人的价值观一样。设计哲学揭示了语言的特点和优势，这将有助于你在决定是否继续学习这门语言时做出明智的决策，并更好地利用语言的特性来解决问题。

所以，在本章中，我会努力讲清楚 Go 到底是一门怎样的编程语言，探讨它是怎么诞生的，回顾它经历的历史变迁，审视它的现状并展望未来。同时，我会深入剖析 Go 的设计哲学。

无论最终你是否会选择学习 Go，或者是否会成为一名 Go 开发者，我都建议你先花些时间了解接下来介绍的内容，它会让你对编程语言的发展有更进一步的理解。

1.1　Go 的历史与现状

首先，我们看看 Go 是怎么诞生的，这可以让你真实地了解 Go 的诞生缘由、设计目标，以及它究竟要解决哪些问题。

1.1.1　Go 是怎样诞生的

Go 的创始人有 3 位，分别是图灵奖获得者、C 语法联合发明人、UNIX 之父肯·汤普森（Ken Thompson），Plan 9 操作系统领导者、UTF-8 编码的最初设计者罗伯·派克（Rob Pike），以及 Java 的 HotSpot 虚拟机和 Chrome 浏览器的 JavaScript V8 引擎的设计者之一罗伯特·格瑞史莫（Robert Griesemer）。

2007 年 9 月 20 日下午，在 Google 山景城总部的一次普通讨论中，这 3 位天才人物萌生了创造一门新编程语言的想法，这次讨论最终成为计算机编程语言领域的一个重要历史时刻。

当天下午，罗伯·派克启动了一个 C++ 工程的编译构建，预计耗时一小时。利用这段等待时间，他与罗伯特·格瑞史莫和肯·汤普森聚在一起，交流了关于设计一门新编程语言的构想。

他们之所以有这种想法，是因为当时 Google 内部主要使用 C++ 语言构建各种系统，但 C++ 的复杂性、缓慢的编译构建速度，以及在编写服务端程序时对并发支持的不足，让这 3 位工程师感觉十分不便。因此，他们开始思考设计一门新的编程语言。在他们的初步设想中，这门新编程语言应该是能够为开发者带来快乐，与未来硬件发展趋势相匹配，并适合开发 Google 内部的大规模网络服务程序。

第二天，3 位创始人在 Google 总部的"雅温得"（Yaounde）会议室中具体讨论了新编程语言的设计理念。会后，罗伯特·格瑞史莫发送了一封题为"prog lang discussion"（程序语言讨论）的电子邮件。在这封电子邮件中，他对新编程语言的功能特性进行了初步归纳总结，如图 1.1 所示。

```
Date: Sun, 23 Sep 2007 23:33:41 -0700
From: "Robert Griesemer" <gri@google.com>
To: "Rob 'Commander' Pike" <r@google.com>, ken@google.com
Subject: prog lang discussion
...
*** General:
Starting point: C, fix some obvious flaws, remove crud, add a few missing features
  - no includes, instead: import
  - no macros (do we need something instead?)
  - ideally only one file instead of a .h and .c file, module interface
should be extracted automatically
  - statements: like in C, though should fix 'switch' statement
  - expressions: like in C, though with caveats (do we need ',' expressions?)
  - essentially strongly typed, but probably w/ support for runtime types
  - want arrays with bounds checking on always (except perhaps in 'unsafe mode'-see section on GC)
  - mechanism to hook up GC (I think that most code can live w/ GC, but for a true systems
    programming language there should be mode w/ full control over memory allocation)
  - support for interfaces (differentiate between concrete, or implementation types, and abstract,
    or interface types)
  - support for nested and anonymous functions/closures (don't pay if not used)
  - a simple compiler should be able to generate decent code
  - the various language mechanisms should result in predictable code
...
```

图 1.1　Go 第一版功能特性设计稿

新编程语言的核心理念是，**在 C 语言的基础上进行改良：修正了一些明显的缺陷，移除了一些被诟病较多的特性，并增加了一些必要的功能**。例如，使用 import 替代 include，去掉宏，增加垃圾回收机制，以及支持接口等。这封电子邮件因此成为新编程语言第一版功能特性设计稿，3 位创始人在这门编程语言的基础语法特性上初步达成了一致。

9 月 25 日，罗伯·派克在回复邮件中将这门新编程语言命名为"go"，如图 1.2 所示。

在罗伯·派克看来，"go"这个单词短小、容易输入，而且在与其他字母组合时，可以用来命名与 Go 相关的工具，例如编译器（goc）、汇编器（goa）、链接器（gol）等（Go 的早期版本曾如此命名 Go 工具链，但后续版本撤销了这种命名方式，仅保留"go"这一统一的工具链名称）。

```
Subject: Re: prog lang discussion
From: Rob 'Commander' Pike
Date: Tue, Sep 25, 2007 at 3:12 PM
To: Robert Griesemer, Ken Thompson

i had a couple of thoughts on the drive home.

1. name

'go'. you can invent reasons for this name but it has nice properties.
it's short, easy to type. tools: goc, gol, goa. if there's an interactive
debugger/interpreter it could just be called 'go'. the suffix is .go
...
```

图 1.2　新编程语言被命名为"go"

　　这里我还想澄清一个误区，很多 Go 初学者经常称这门语言为"golang"，其实这是不对的："golang"这一名称仅用于 Go 的官方网站，当初之所以选择这个名称，是因为理想的域名 go.com 已经被占用。

1.1.2　从"三人行"到"众人拾柴"

　　在经过初期的讨论后，Go 的 3 位创始人就语言设计达成了初步的一致，并随即开启了 Go 迭代设计和实现的过程。

　　2008 年初，UNIX 之父肯·汤普森实现了第一个 Go 编译器。这个编译器先将 Go 代码转换为 C 语言代码，再用 C 语言编译器生成二进制文件，以此来验证之前的设计理念。

　　至 2008 年中期，Go 的第一版设计基本完成。这时，同样在 Google 工作的伊恩·兰斯·泰勒（Ian Lance Taylor）发了一封电子邮件给 Go 开发团队。在电子邮件中伊恩表示他实现了 gccgo，如图 1.3 所示。

```
Subject: A gcc frontend for Go
From: Ian Lance Taylor
Date: Sat, Jun 7, 2008 at 7:06 PM
To: Robert Griesemer, Rob Pike, Ken Thompson

One of my office-mates pointed me at http://.../go_lang.html .  It
seems like an interesting language, and I threw together a gcc
frontend for it.  It's missing a lot of features, of course, but it
does compile the prime sieve code on the web page.
```

图 1.3　伊恩实现了 gccgo

　　伊恩基于 Go 的规范，为 Go 实现了一个 gcc 前端，这成为 Go 的第二个编译器。伊恩的这一贡献不仅鼓舞了 Go 开发团队，也验证了 Go 作为一种新编程语言的可行性。第二个编译器的实现对 Go 的语言规范和标准库的建设至关重要。随后，伊恩作为第四位成员加入了 Go

开发团队，并逐渐成为 Go 及其工具设计和实现的核心人物之一。

罗斯·考克斯（Russ Cox）是 Go 开发团队的第五位成员，他在 2008 年加入该团队。加入团队后，罗斯巧妙地利用 Go 中函数类型作为"一等公民"，并可以拥有自己方法的特性，设计出 http 包中的 HandlerFunc 类型。这样，通过显式转换，就可以让一个普通函数满足 http.Handler 接口。

不仅如此，罗斯还提出了更为泛化的想法，例如 io.Reader 和 io.Writer 接口，这些为 Go 的 I/O 结构模型奠定了基础。

至此，Go 最初的开发团队组建完成，Go 迈上了稳定发展的道路。

小贴士

近年来，随着肯·汤普森和罗伯·派克逐渐减少一线工作，罗斯·考克斯已经成为 Go 开发团队的技术领导者，继续引领着 Go 的发展。

2009 年 10 月 30 日，罗伯·派克在 Google TechTalk 上发表了题为"The Go Programming Language"的演讲，这是 Go 首次公开亮相。2009 年 11 月 10 日，Google 正式宣布 Go 项目开源（见图 1.4），这一天后来被 Go 官方认定为 Go 的诞生日。

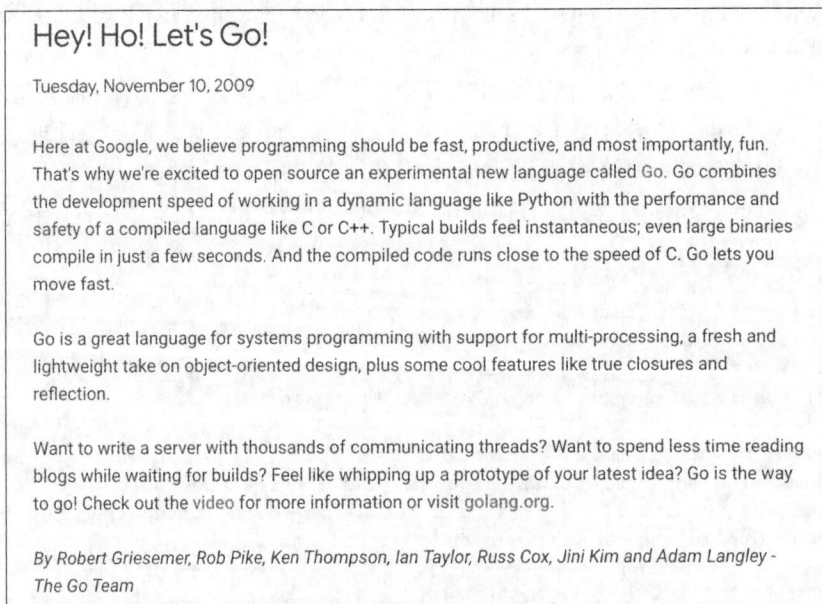

Hey! Ho! Let's Go!

Tuesday, November 10, 2009

Here at Google, we believe programming should be fast, productive, and most importantly, fun. That's why we're excited to open source an experimental new language called Go. Go combines the development speed of working in a dynamic language like Python with the performance and safety of a compiled language like C or C++. Typical builds feel instantaneous; even large binaries compile in just a few seconds. And the compiled code runs close to the speed of C. Go lets you move fast.

Go is a great language for systems programming with support for multi-processing, a fresh and lightweight take on object-oriented design, plus some cool features like true closures and reflection.

Want to write a server with thousands of communicating threads? Want to spend less time reading blogs while waiting for builds? Feel like whipping up a prototype of your latest idea? Go is the way to go! Check out the video for more information or visit golang.org.

By Robert Griesemer, Rob Pike, Ken Thompson, Ian Taylor, Russ Cox, Jini Kim and Adam Langley - The Go Team

图 1.4　Google 宣布 Go 项目开源

Go 项目开源后，Go 的第一版官网也正式上线，如图 1.5 所示。

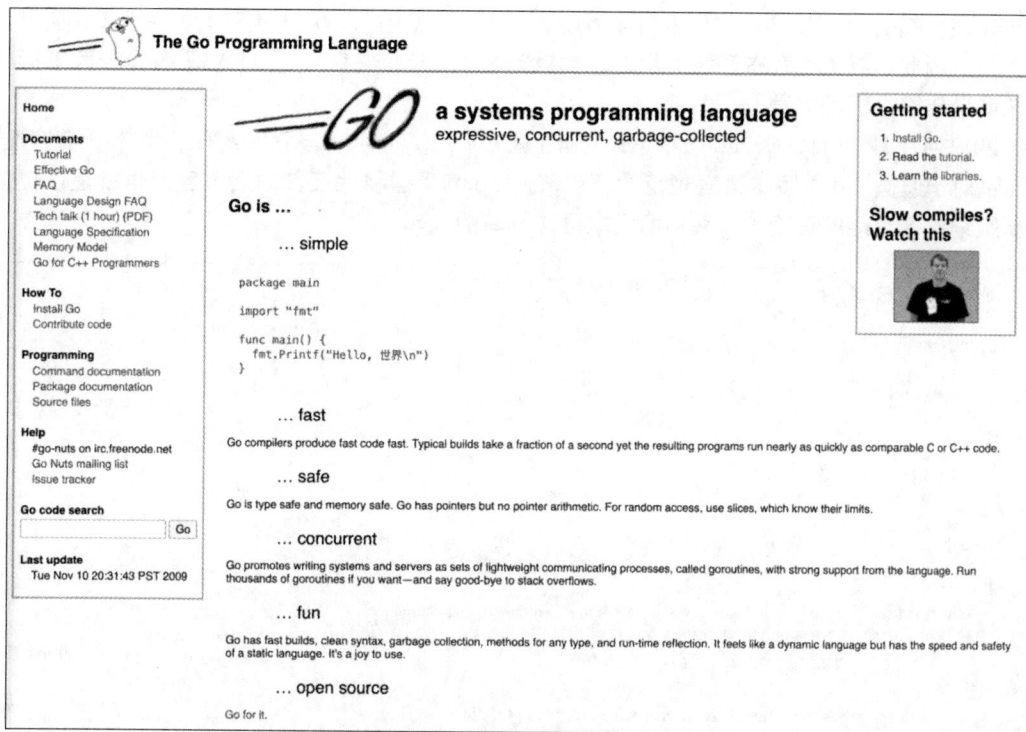

图 1.5　Go 的第一版官网

你可能注意到，Go 官网左上角有一个可爱的地鼠（gopher）形象，这是由罗伯·派克的夫人芮妮·弗伦奇（Renee French）设计的 Go "吉祥物"（见图 1.6）。从此，地鼠也就成了全球 Go 开发者的象征，而 Go 开发者也被人们亲切地称为 Gopher。在本书后续内容中，我将直接使用 Gopher 指代 Go 开发者。

图 1.6　Go 的吉祥物

Go 项目的开源吸引了全球开发者的目光，加之 Go 的 3 位创始人在业界的影响力以及

Google 的支持，越来越多有才华的开发者加入了 Go 开发团队，众多贡献者开始为 Go 项目贡献力量。因此，在 Go 宣布开源的同年，也就是 2009 年，它荣获了 TIOBE 编程语言排行榜的年度最佳编程语言称号。

2012 年 3 月 28 日，Go 1.0 版本正式发布（见图 1.7），同时，Go 官方发布了 "Go 1 兼容性" 承诺：对于遵循 Go 1 版本语言规范的源代码，Go 编译器将保证其向后兼容，也就是说，使用新版编译器也能够正确编译采用旧版本语法编写的代码。

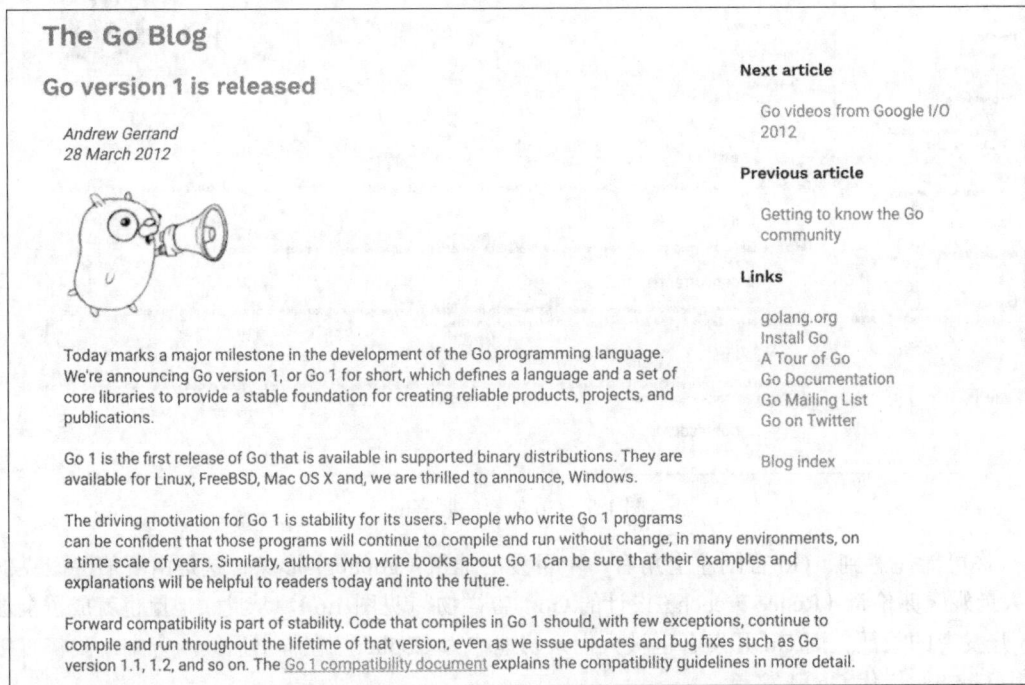

图 1.7　Go 1.0 版本正式发布

自此以后，Go 的发展速度极为迅猛。自正式开源至今，十余年过去了，期间 Go 经历了多个大版本的更新，逐渐走向成熟。

1.1.3　Go 是否值得我们学习

经过十余年的不断打磨与优化，Go 已经成为云计算时代基础设施的编程语言。如今，许多现代云计算基础设施软件中大部分流行和可靠的作品都是采用 Go 编写的，如 Docker、Kubernetes、Prometheus、Istio、CockroachDB、InfluxDB 2.x、Harbor、Terraform、Etcd 和 Consul 等，甚至特斯拉车辆数据遥测网关的参考实现也采用了 Go 进行开发。当然，这个列表还在持续增加，可见 Go 的影响力已经十分强大。

Go 不仅在云计算基础设施领域拥有上面这些重量级应用，其用户数量在近几年迅速增长。针对这一增长趋势，Go 开发团队的技术领导者罗斯·考克斯甚至专门写过一篇文章。在这篇文章中，他估算全球范围内的 Gopher 数量从 2017 年中期的大约 100 万，增长到 2019 年 11 月的接近 196 万，再到 2021 年中期的大约 250 万。这一庞大的 Gopher 群体为 Go 的未来发展提供了持续的增长潜力和广阔的前景。

那么，Go 的前景究竟如何，值不值得学习？

可以借鉴一种成熟的方法来客观地评估 Go 的历史发展趋势，并预测其未来走势。考虑到这一点，我认为 Gartner 的技术成熟度曲线（The Hype Cycle）提供了一个适用的框架。

Gartner 的技术成熟度曲线（见图 1.8），又称为技术循环曲线，是企业用于评估新技术是否采纳以及其最佳采纳时机的一种可视化工具。它通过时间轴和市场可见度（如媒体曝光度）来辅助决策者确定新技术的采纳策略。

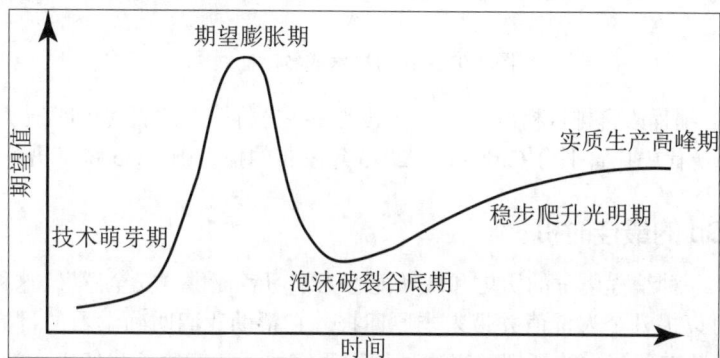

图 1.8　Gartner 的技术成熟度曲线

如果我们将技术成熟度曲线应用于编程语言，例如 Go，以此判断该编程语言所处的发展阶段，辅助我们决定是否以及何时采用这种编程语言。

我们从 TIOBE 编程语言排行榜获取了 Go 自 2009 年开源至今的指数曲线图，并根据 Go 版本发布历史在图中标记出各个时段的 Go 发布版本，如图 1.9 所示。

对比 Gartner 的技术成熟度曲线，我们可以得出这样的结论：Go 在经历了一段漫长的技术萌芽期后，从实现自举的 Go 1.5 版本开始逐步进入期望膨胀期，在经历了 Go 1.6 版本至 Go 1.9 版本的发布后，业界对 Go 的期望达到了峰值。但随后进入了泡沫破裂谷底期，在 Go 1.11 版本发布前，这一期望跌至谷底。但 Go 1.11 版本引入了 Go module 特性，为社区解决 Go 包依赖问题提供了强大支持，于是，Go 开始了缓慢地爬升。

从 TIOBE 提供的数据来看，Go 从 1.12 版本到 1.22 版本的发布表明 Go 已经逐渐走出泡沫破裂谷底期，进入了稳步爬升光明期。按照 TIOBE 官方的说法，在 Top10 之外的编程语言中，Go 是最有希望进入 Top10 的编程语言。2023 年 4 月，这一预测得到验证，Go 一度闯入排行榜 Top10。到了 2024 年 2 月，Go 更是再次跻身 Top10，并且位列第 8 名，这是 Go 历史上的最高排名。

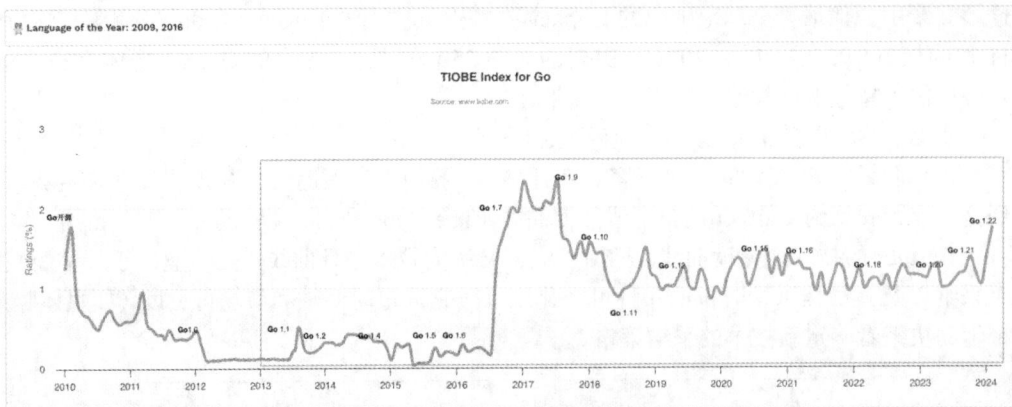

图 1.9 Go 的技术成熟度曲线

除了 TIOBE 编程语言排行榜以外，Go 在其他一些排行榜上的表现也印证了这一点。例如，在世界最大的开源代码托管平台 GitHub 于 2023 年发布的报告中，Go 跻身语言排行榜 Top10。

1.1.4 学习 Go 的最佳时机

如前所述，一种编程语言的历史和现状能够为学习者提供"安全感"，这种安全感源于相信该编程语言可以提升个人价值并带来丰厚回报。它帮助我们明确学习的目的，并对编程语言的未来发展趋势有更深入的了解。当这种编程语言的现状能给予我们极大的"安全感"时，我们会更加坚定地学习和钻研这种编程语言，而不会有太多的后顾之忧。

从 Go 本身的发展来看，与大多数编程语言一样，Go 在诞生初期经历了一段较长的技术萌芽期。之后，Go 实现了自举。此外，对 GC 延迟进行了大幅优化的 Go 1.5 版本成为 Go 演化过程中的第一个"引爆点"，推动 Go 进入期望膨胀期。

在这个时期，Go 迅速推出了以 Docker、Kubernetes 为典型代表的"重量级应用"，充分展现了其实力，并在全世界范围内收获了百万粉丝，迸发出极大的潜力和持续的活力。

回顾计算机编程语言的历史，可以发现，绝大多数主流编程语言会在其发展的 15 至 20 年取得显著的进步。Java、Python、Ruby、JavaScript 等众多编程语言都是这样的。**如今 Go 马上进入自己的黄金期**，前面的技术成熟度曲线分析也印证了这一点：**Go 已经进入稳步爬升的光明期**。

对于开发者，基于这些因素，可以说，学习 Go 的最佳时机已经到来！

1.2 Go 的设计哲学

此时此刻，想必你已经跃跃欲试，想要立即开启 Go 编程的学习之旅。但在正式学习 Go 语法之前，我还是要给你**泼冷水**，因为这将决定你后续的学习结果是"从入门到继续"还是"从入门到放弃"。

很多编程语言的初学者在学习过程中可能会遇到这样的问题：起初满怀热情地学习一种新编程语言，但随着学习的深入，开始发现一些令人感到"别扭"的地方，例如，想要的语言特性缺失、语法风格冷僻且与主流语言差异较大、语言的不同版本间无法兼容、语言的语法特性过多、语言的工具链支持较差等。

其实，以上问题本质上都与编程语言设计者的设计哲学有关。所谓编程语言的设计哲学，就是指指导编程语言演化进程的高级原则和依据。

设计哲学之于编程语言，就好比价值观之于人的行为。

如果你不认同一个人的价值观，那你其实很难与之持续交往。类似地，如果你不认同一种编程语言的设计哲学，那么大概率你在后续的语言学习中会遇到上面提到的这些问题，甚至可能会失去继续学习的动力。

因此，在深入学习 Go 语法和编程之前，了解 Go 的设计哲学是十分必要的。学完这一节的内容之后，你就能更深刻地认识到自己学习 Go 的原因。

我将 Go 的设计哲学总结为 5 点——简单、显式、组合、并发和面向工程。接下来我们从 Go 的第 1 个设计哲学"简单"开始探讨。

1.2.1　简单

Go 开发者戴维·切尼（Dave Cheney）说："大多数编程语言在创建时都致力于成为一种简单的编程语言，但最终往往满足于成为一种强大的编程语言。"而 Go 则是一个例外。从设计之初，**Go 的创造者们就选择了"做减法"，专注于打造一种简单的编程语言，而非融合多种语言特性的综合体。**

选择"简单"意味着 Go 不会像 C++、Java 那样吸收其他编程语言的新特性。所以，在 Go 中你看不到传统的面向对象元素，如类、构造函数与继承；没有结构化的异常处理机制；也缺乏属于函数编程范式的语法结构。

其实，Go 也没它看起来那么简单，其复杂性被精心"隐藏"了，使得语法层面呈现出以下状态。

❑ 仅有 25 个关键字，是主流编程语言中最少的。

❑ 内置垃圾收集机制，减轻了开发者的内存管理负担。

❑ 可见性通过标识符首字母大小写决定，无需额外的关键字修饰。

❑ 变量默认初始化为其类型的零值，避免了未初始化变量的问题。

❑ 内置数组边界检查，减少了越界访问安全隐患。

❑ 内置并发支持，简化了并发程序的设计。

❑ 内置接口类型，为组合的设计哲学奠定了基础。

❑ 提供了完善的工具链，开箱即用。

当然，**任何设计都是权衡与取舍的结果。**Go 的设计者们站在巨人的肩膀上，移除或优化了那些已经被证明对开发者不友好或难以掌握的语法元素和语言机制，并引入了一些创新设计。

Go 这种"逆潮流"的"简单哲学"起初可能不易被开发者理解，但在真正使用之后，开发者才能体会到它所带来的好处：**简单不仅意味着可以使用更少的代码实现相同的功能，还意味着代码更易于阅读、维护和调试。**

总之，在现代软件工程中，Go 的简单设计哲学提升了生产效率，我们可以据此认为**它是 Go 生产力的核心所在**。

1.2.2 显式

为了更好地理解"显式"的概念，我们先来看一段 C 程序，对比一下"隐式"代码的行为特征。在 C 语言中，下面这段代码可以正常编译并输出正确结果。

```c
// ch1/explicit.c
#include <stdio.h>

int main() {
    short int a = 5;

    int b = 8;
    long c = 0;

    c = a + b;
    printf( "%ld\n", c);
}
```

在上面这段代码中，尽管变量 a、b 和 c 的类型不同，但 C 语言编译器会在编译时自动将短整型变量 a 和整型变量 b 转换为 long 类型后相加，并将结果存储在 long 类型变量 c 中。如果由 Go 实现类似计算，结果会怎么样呢？我们先把上面的 C 程序转化成等价的 Go 代码。

```go
// ch1/explicit.go
package main

import "fmt"

func main() {
    var a int16 = 5
    var b int = 8
    var c int64

    c = a + b
    fmt.Printf( "%d\n", c)
}
```

如果编译这段 Go 代码，将得到类似这样的编译器错误：" invalid operation: a + b (mismatched types int16 and int)"。这表明与 C 语言不同，Go 不允许不同类型的整型变量直接混合计算，也不会进行隐式的类型转换。

为了让代码通过编译，对变量 a 和 b 进行**显式转型**，就像下面这段代码。

```go
c = int64(a) + int64(b)
fmt.Printf( "%d\n", c)
```

这段代码正是 Go **显式设计哲学**的一个体现。

在 Go 中，不同类型变量不能直接混合计算，因为 Go **希望开发者明确知道他们在做什么**，这与 C 语言中的"信任开发者"原则完全不同，因此，需要以显式转型统一参与计算的变量类型。

此外，Go 设计者所崇尚的显式设计哲学还体现在其错误处理方式上：Go 采用了**基于值比较的显示错误处理方案**，函数或方法中的错误都会通过 return 语句显式返回，并且通常调用者不应忽略这些返回的错误。

1.2.3　组合

组合设计哲学与程序之间的耦合有关。不同于 C++、Java 等主流面向对象编程语言，Go 并不包含经典的面向对象语法元素、类型体系和继承机制。相反，Go 推崇**基于组合的设计理念**。

在解释组合之前，我们先了解一下 Go 在语法元素设计上如何为"组合"设计哲学的应用奠定基础。

❑ Go 没有类型层次体系，各类型之间相互独立，不存在子类型的概念。

❑ 每个类型都可以有自己的方法集合，类型定义与方法实现是正交且独立的。

❑ 当实现某个接口时，无须像 Java 那样采用特定关键字修饰。

❑ 包之间相对独立，不存在子包的概念。

通过这些设计，无论是包、接口还是具体的类型定义，Go 其实为我们呈现了一幅图景：一座座功能完备但相互独立的"孤岛"。而我们的任务则是在这些孤岛之间以最适当的方式建立关联，形成一个整体。**组合方式是 Go 最主要的方式。**

为了支持组合设计理念，Go 引入了**类型嵌入**（type embedding）。通过类型嵌入，我们可以将已经实现的功能嵌入新类型中，快速满足新类型的功能需求。这种方式虽然类似经典面向对象编程语言中的"继承"，但在原理上与其完全不同，它是一种精心设计的"语法糖"。

被嵌入的类型和新类型之间没有任何直接关系，它们甚至不知道对方的存在，更没有传统面向对象编程语言中的父类、子类关系及转型转换。当通过新类型实例调用方法时，方法匹配主要依赖于方法名称，而不是类型。这种组合方式被称为**垂直组合**，即通过类型嵌入让新类型"复用"其他类型已有的功能，实现功能的垂直扩展。

例如，在 Go 标准库，使用类型嵌入的组合方式的代码段如下。

```
// $GOROOT/src/sync/pool.go
type poolLocal struct {
    private interface{}
    shared  []interface{}
    Mutex
    pad     [128]byte
}
```

在以上代码段中，我们在 poolLocal 结构体中嵌入了 Mutex 类型，使得 poolLocal 具有了互斥同步的能力，并可以直接调用 Mutex 类型的方法，如 Lock 或 Unlock。

此外，标准库中常见的是通过嵌入接口类型来聚合行为，形成更大的接口。代码示例如下。

```
// $GOROOT/src/io/io.go
type ReadWriter interface {
    Reader
    Writer
}
```

垂直组合本质上是一种"能力继承"，而 Go 还有一种常见的组合方式，叫**水平组合**。与垂直组合的能力继承不同，水平组合是一种能力委托（delegate），通常通过接口类型来实现。

Go 中的接口设计是一项创新，它仅仅是一个方法集合，并且接口与实现者之间的关系无需通过显式关键字来修饰。这种设计使得程序内各部分之间的耦合度降至最低，同时接口也充当了连接程序不同部分的"纽带"。

水平组合模式在 Go 中有多种表现形式，其中一种常见的方式是通过接受接口类型参数的普通函数进行组合。例如，以下代码段展示了这一模式的应用。

```
// $GOROOT/src/io/ioutil/ioutil.go
func ReadAll(r io.Reader)([]byte, error)

// $GOROOT/src/io/io.go
func Copy(dst Writer, src Reader)(written int64, err error)
```

在上述代码段中，ReadAll 函数通过 io.Reader 接口将任意实现了 io.Reader 的数据源与 ReadAll 所在包以低耦合的方式水平地组合在一起，从而能够从任何符合 io.Reader 接口的对象读取所有数据。

此外，我们还可以将 Go 内置的并发能力进行灵活组合，例如，利用 goroutine+channel 的组合，可以实现类似 UNIX 管道的功能。

总之，**组合原则是 Go 程序结构的构建核心**。类型嵌入为类型提供了垂直扩展能力，而接口是水平组合的关键，它好比程序肌体上的"关节"，给予各个组件独立运作的能力，而整体上又实现了某种功能。通过这种方式，即使遵循"简单"设计哲学的 Go，在表现力上也不逊色于其他复杂的主流编程语言。

1.2.4　并发

在前面的内容中，我们已经探讨了 Go 的 3 个设计哲学，接下来我们将探讨第 4 个设计哲学——并发。

并发这个设计哲学的提出有其背景。随着 CPU 主频提升以提升性能的传统做法遇到瓶颈，因为更高的主频导致了功耗和发热量的剧增，反而限制了 CPU 性能的进一步提升。自 2007 年开始，处理器厂商的竞争焦点从单一高主频转向多核架构。

在这种大背景下，Go 的设计者决定将面向多核处理和**原生支持并发**作为新编程语言的设计原则之一。不同于传统的基于操作系统线程的并发模型，Go 选择了**用户层轻量级线程**，即 goroutine。

每个 goroutine 占用的资源非常少，Go 运行时默认为每个 goroutine 分配的栈空间仅为 2KB[1]。goroutine 之间的调度切换无需陷入（trap）操作系统内核层，因此开销非常低。这使得一个 Go 程序能够轻松创建成千上万个并发的 goroutine。事实上，所有的 Go 代码都在 goroutine 中执行，包括 Go 运行时自身的代码。

除了提供开销较低的 goroutine 以外，Go 还在语言层面内置了辅助并发设计的原语——channel 和 select。开发者可以利用 channel 传递消息或实现同步，并通过 select 实现多路 channel 的并发控制。相较于传统复杂的线程并发模型，Go 对并发的原生支持大大减轻了开发者编写并发程序的负担。

并发的设计哲学不仅体现在语法层面上对并发原语的支持，更重要的是对程序设计的影响。**并发作为一种程序结构设计的方法**，使并行计算成为可能。

采用并发方案设计的程序即使在单核处理器上也能正常运行，尽管其性能可能不如非并发方案，但随着处理器核数的增加，并发方案可以自然地提升处理效率。

此外，并发与组合的设计哲学相辅相成。并发是一种更大范围内的组合概念，它在全局层面对程序进行拆解和重组，再映射到程序执行层面：各个 goroutine 负责执行特定任务，而通过 channel+select 机制将这些 goroutine 连接起来。

并发的存在促使开发者在设计程序时分解独立的计算任务，而 Go 对并发的原生支持使其更加适应现代计算环境的需求。

1.2.5　面向工程

最后，我们探讨 Go 的第 5 个设计哲学——**面向工程**。

期刊 *Communications of the ACM* 在 2022 年 5 月第 65 卷第 5 期刊登了一篇由 Go 开发团队成员共同撰写的综述论文《Go 编程语言与环境》，文章深入分析了那些对 Go 的成功最具决定性的设计哲学与决策。文章认为，Go 之所以自诞生以来越来越流行，并非仅仅因为语言本身的优势，而是整个 Go 生态系统——包括库、工具、惯用法和针对软件工程的整体做法，它们为使用 Go 进行编程提供了全面的支持。

Go 的创造者认为，语言并不是项目的全部。他们最初的目标不是创造一门新的编程语言，而是**探索一种更好的编写软件的方式**，即更优的软件工程实践，尤其是针对大规模软件工程。罗伯·派克在 2013 年的 SPLASH 会议上发表了题为《Google 的 Go：面向软件工程的语言设计》的演讲，正式向世界宣告了这一点。

Go 的设计初衷是**为了解决 Google 内部大规模软件开发中存在的各种实际问题**。这些问

1　从 Go 1.19 版本开始，Go 运行时根据 goroutine 的历史平均栈使用率动态调整初始栈大小，减少了不必要的 goroutine 栈空间浪费。

题包括程序构建速度慢、依赖管理失控、代码难以理解、跨语言构建难等。

很多编程语言的创造者及其追随者认为这些问题不应由编程语言本身来解决，但 Go 的创造者并不这么认为。他们在 Go 的设计初期就**将解决工程问题作为一项基本原则，贯穿于语法、工具链与标准库的设计中**。这也是 Go 与其他偏学院派、偏研究型的编程语言在设计思路上的一个重大差异。

语法是编程语言的用户接口，直接影响开发者对这门语言的使用体验。在面向工程设计哲学的指导下，Go 在语法设计细节上进行了精心打磨。具体表现在以下几个方面。

❑ 重新设计了编译单元和目标文件格式，实现了 Go 源码的快速构建，使大型工程的构建时间缩短，具备接近动态编程语言交互式解释的速度。

❑ 如果源文件导入了未使用的包，程序将无法通过编译。这确保了任何 Go 程序的依赖树都是精确的，并且在构建程序时不会编译多余的代码，从而最大限度地缩短编译时间。

❑ 避免了包之间的循环依赖问题，因为这些依赖会在大规模的代码中引发复杂性，要求编译器处理更大的源文件集，降低增量构建速度。

❑ 虽然包名不必唯一，但是包路径必须唯一标识要导入的包。这个约定降低了开发者给每个包起唯一名称的心智负担。

❑ 故意不支持默认函数参数，以防止开发者通过添加过多参数来弥补 API 设计缺陷，保持函数签名的清晰度和可读性。

❑ 引入类型别名（type alias），有助于大规模代码库的重构工作。

在标准库方面，Go 被称为"自带电池"的编程语言，意指其标准库功能丰富，大多数需求不需要依赖外部第三方包或库。

由于诞生较晚且目标明确，Go 标准库提供了高质量且性能优良的功能包，如 net/http、crypto、encoding 等，充分满足了云原生时代关于 API/RPC Web 服务构建的需求。Go 开发者可以直接利用这些标准库实现生产级别的 API 服务，减少对外部依赖的需求，降低工程代码依赖管理的复杂性，节省学习第三方库的时间和精力。

此外，Go 提供了一套令其他主流编程语言开发者羡慕的工具链，涵盖从编译构建、代码格式化、包依赖管理到静态代码检查、测试、文档生成与查看、性能剖析、语言服务器以及运行时程序跟踪等方方面面。

这里值得重点介绍的是 gofmt，它统一了 Go 的代码风格，使得 Go 开发者可以更加专注于业务逻辑，而不必纠结于代码风格的差异。同时，相同的代码风格大幅简化了代码阅读、理解和评审工作，消除了因代码风格不同而带来的陌生感。Go 的这种统一代码风格的做法也影响了后续新编程语言的设计，一些现有的主流编程语言也在借鉴 Go 的相关设计理念。

同时，Go 在标准库中提供了官方的词法分析器、语法解析器和类型检查器相关包，允许开发者基于这些包快速构建并扩展 Go 工具链。

1.3　本章小结

在本章中，我们回顾了 Go 的诞生与演进历程，并深入探讨了其设计哲学。

通过回顾 Go 的发展轨迹，我们了解到 Go 即将进入自己的"黄金期"，而现在正是开发者加入 Go 阵营的最佳时机。不过，在作出决定之前，建议你先了解一下 Go 的设计哲学，即简单、显式、组合、并发和面向工程。

- 简单：Go 特性始终保持精简且实用，避免编程语言特性融合带来的复杂性，同时保持高效的生产力。简单不仅是 Go 生产力的源泉，也是它对开发者的最大吸引力。
- 显式：任何代码行为都需开发者明确知晓，不存在因"暗箱操作"而导致可维护性降低和不安全的结果。
- 组合：作为构建 Go 程序结构的主要方式，组合可以大幅降低程序元素间的耦合，提高程序的可扩展性和灵活性。
- 并发：Go 敏锐地捕捉到 CPU 向多核发展的趋势，提供了内置的并发支持，使开发者能够在多核时代更轻松地编写出充分利用系统资源的应用程序，而且性能可以 CPU 核心数增加而自然提升。
- 面向工程：这是 Go 设计上的一项重大创新。它将解决问题的领域从编程语言本身扩展到软件工程实践中的实际挑战，从而覆盖了更多开发者在开发过程中可能遇到的"痛点"。

这些设计哲学不仅直接影响了 Go 自身的演化和发展，也可以帮助我们理解 Go 语法、标准库及工具链背后的决策过程。掌握这些理念，不仅能够加深你对 Go 的理解，也将为你作出是否继续学习后续内容的决策提供依据。

学习本章之后，你是否认同 Go 的设计哲学？如果是肯定的，那么请继续跟着我学习吧。

第 2 章　建立 Go 开发环境

在第 1 章中，我们探讨了 Go 的诞生、演化及其设计哲学。如果你已经准备好深入 Go 编程的世界，那么欢迎加入这一实践之旅。

编程不是"纸上谈兵"，它是一门实践的艺术。编程语言的学习离不开动手实践。**拥有一个适当的开发环境**使我们能够动手编码，将理论与实践相结合，从而提高学习效率和效果。

在本章中，我们将学习如何安装和配置 Go 开发环境。如果你还没有建立 Go 开发环境，请跟着步骤一起操作吧。

首先，我们需要选择一个适合的 Go 版本。

2.1　选择 Go 版本

在挑选 Go 版本前，我们先来看看 Go 的**版本发布策略**。

目前，Go 开发团队保持着每年两次大版本发布的稳定节奏，一般在 2 月和 8 月。Go 开发团队承诺为最新的两个稳定大版本提供支持，例如，当前最新版本是 Go 1.22，那么 Go 1.22 和 Go 1.21 版本都将获得官方支持。如果发布 Go 1.23 版本，那么支持的版本将变成 Go 1.23 和 Go 1.22。这种支持涵盖了对重大漏洞（bug）的修复、文档变更以及安全问题的处理等。

根据上述版本发布策略，在选择版本时可以参考以下几种思路。

一般情况下，建议采用最新版本。Go 开发团队发布的稳定版本的质量一向很高，很少出现影响使用的重大 bug。此外，由于 Google 自有产品如 Google App Engine（以下简称 GAE）对新版本的支持速度很快，因此无需担心新版本的支持问题。

根据项目的实际需求或开源社区的情况选择不同的 Go 版本。一些开源项目紧跟 Go 开发团队的步伐，在新版本发布不久后即升级到最新版，如 Kubernetes 项目；而其他项目（如 Docker）则采取更为谨慎的态度，可能会继续使用两个发布周期之前的版本，例如 Go 1.20。

多数项目会选择介于两者之间的策略，即**使用次新版**，也就是最新版本之前的一个版本。例如，若当前最新版本为 Go 1.22，那么这些项目可能会使用 Go 1.21 版本的最新补丁版本（Go 1.21.x），直至 Go 1.23 版本发布后，才会切换到 Go 1.22 的最新补丁版本（Go 1.22.x）。

对于初学者，直接使用 Go 最新版本是一个好主意，这样可以体验 Go 的最新语言特性、标准库 API 及工具链。

选定合适的 Go 版本后，接下来，我们将介绍如何安装 Go 开发环境。在本书中，我们以 Go 1.22.0 版本为例，讲述其安装、配置及使用方法。

2.2　安装 Go

自 2009 年开源以来，Go 的安装流程已经相当成熟。Go 官方的安装包下载页面如图 2.1 所示（关于 Go 官方的安装包下载站点，读者可自行搜索）。该页面提供 Go 1.0 至 Go 最新稳定版本（stable version）的所有**源代码包**、针对不同 CPU 架构的不同**主流操作系统的安装包**和**预编译二进制包**（precompiled binary）。此外，该站点还提供稳定版本发布之前的各种非稳定版本，包括 beta 测试版和 rc（发布候选版本）。

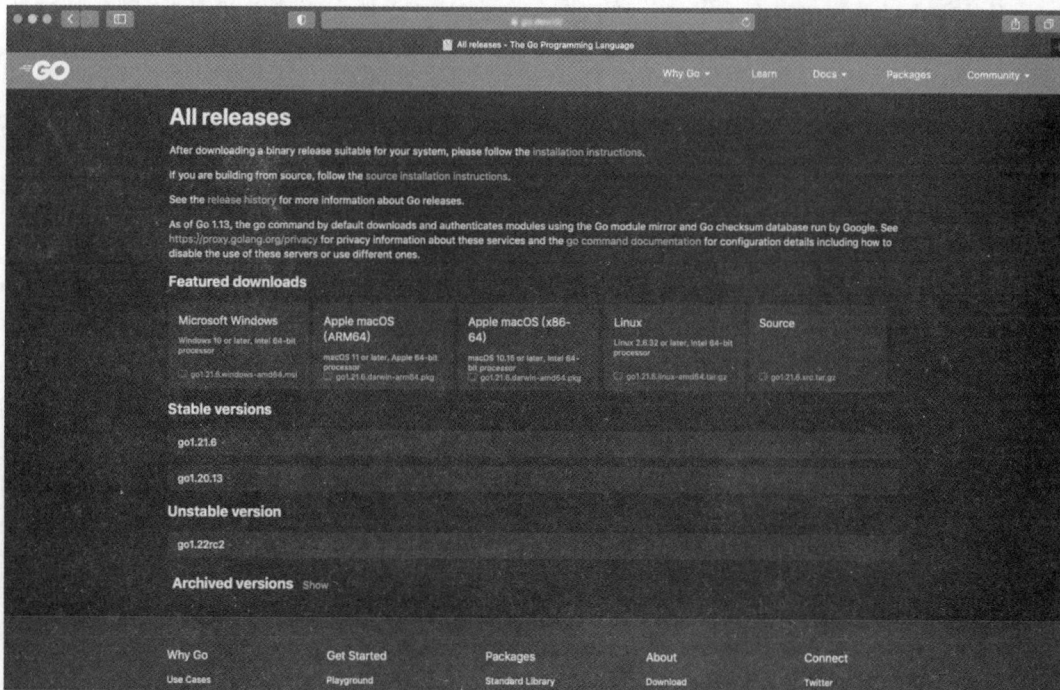

图 2.1　Go 官方的安装包下载页面

小贴士

除了访问 Go 官方下载站点以外，还可以访问国内的镜像站点，这有助于缩短下载所需时间。

接下来，我们将介绍在 Linux、macOS、Windows 三大主流操作系统中安装 Go 的常用方法及步骤。

2.2.1 使用安装包安装 Go

如图 2.1 所示，对于 Windows、macOS 这类具备图形用户界面的操作系统，Go 官方提供了与操作系统相匹配的原生安装包。开发者只需要下载这些安装包并依照引导完成安装过程即可。本小节将详细说明在 Windows 操作系统和 macOS 中通过原生安装包安装 Go 的过程。

1. 在 Windows 操作系统中安装 Go

对于 Windows 操作系统，推荐使用 Go 官方提供的原生安装包进行安装。

访问 Go 的下载页面，在页面中找到适用于 Windows 操作系统的 Go 1.22.0 版本安装包（针对 AMD64 架构）go1.22.0.windows-amd64.msi，并利用浏览器的下载功能将其保存到本地的任意文件夹。

下载完成后，双击打开 go1.22.0.windows-amd64.msi 文件，这将启动图 2.2 所示的安装向导。

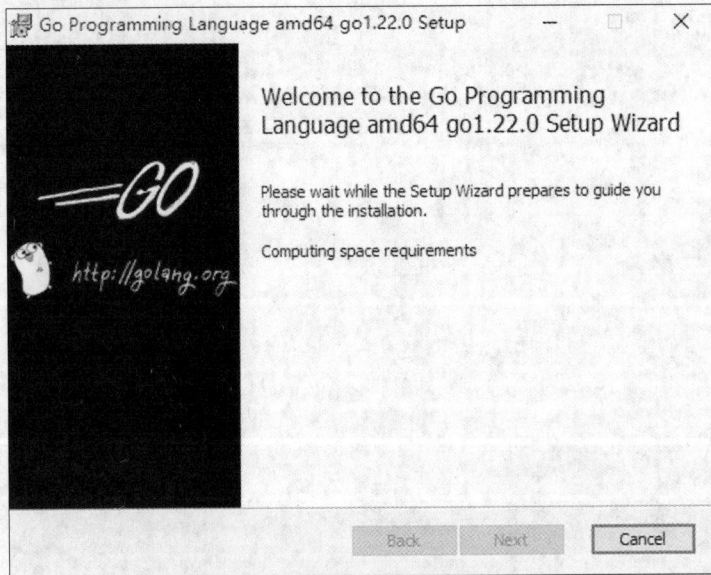

图 2.2　在 Windows 操作系统中安装 Go

如同安装其他任何基于安装向导的 Windows 程序一样，只需连续单击"继续"（Next）按钮就可完成 Go 程序的安装过程。安装程序默认把 Go 安装在 C:\Program Files\Go 目录下。当然，你也可以指定 Go 的安装目录。

安装过程中，安装程序不仅会将 Go 安装到你的操作系统中，还会自动配置必要的环境变量。它会在用户的环境变量中增加 GOPATH，其默认值为 C:\Users\[用户名]\go，并且在操作系统的 Path 变量中添加 C:\Program Files\Go\bin，确保可以从任意位置调用 Go 命令。

安装完成后，可以通过 Windows 操作系统的"命令提示符"窗口来验证安装是否成功。在窗口中输入 go version 命令，如果显示以下输出，则表示 Go 已成功安装。

```
C:\Users\tonybai>go version
go version go1.22.0 windows/amd64
```

2. 在 macOS 中安装 Go

在 macOS 中，我们可以通过 Go 官方提供的安装向导安装 Go。首先，需要下载适用于 macOS 的 Go 安装包。

```
$wget -c https://go.dev/dl/go1.22.0.darwin-amd64.pkg
```

下载完成后，双击安装包，启动图 2.3 所示的 Go 安装向导。

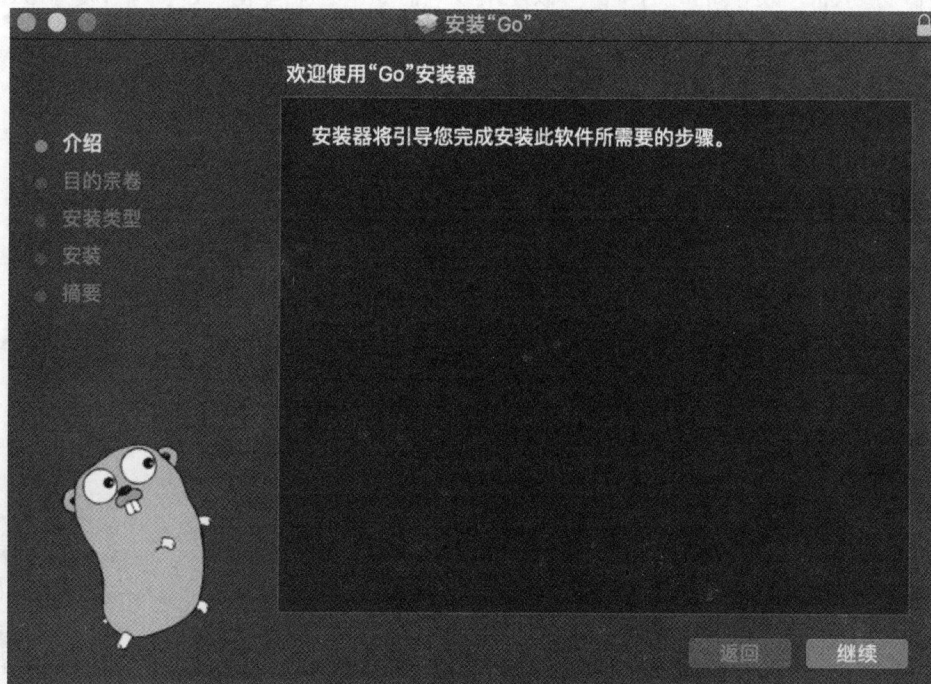

图 2.3　在 macOS 中安装 Go

按照安装向导的提示，连续单击"继续"按钮，便可以完成 Go 在 macOS 中的安装过程。

在 macOS 中，默认将 Go 安装到 /usr/local/go 目录下。为了能够在任意位置使用 Go 命令，我们需要更新用户的环境变量 PATH，确保它包含 Go 的 bin 目录。这一步骤可通过向 $HOME/.profile 文件末尾添加如下行来实现。

```
export PATH=$PATH:/usr/local/go/bin
```

为了让新的环境变量设置立即生效，请运行以下命令。

```
$source ~/.profile
```

最后，可以使用 go version 命令来验证安装是否成功，这里不赘述。

3. 在 Linux 操作系统中安装 Go

Go 官方并没有提供用于在 Linux 操作系统中根据安装向导安装的 Go 包，这是因为 Linux 操作系统用户通常更倾向于使用包管理器或命令行工具来安装软件。考虑到 Go 不仅适用于桌面应用，还广泛用于服务器、云计算和嵌入式操作系统等，因此，采用命令行方式进行安装更为适用。

近些年，一些 Linux 发行版（如 RHEL、CentOS）已经预装 Go，但预装的 Go 版本通常不是最新的，可能无法满足开发者的特定需求。不过，我们仍然可以通过各 Linux 发行版的包管理器安装 Go。以 Ubuntu 为例，可以使用以下命令组合来安装 Go（如果不是 root 用户，请在命令前面加上 sudo）。

```
$apt update
$apt install golang-go
```

📝 小贴士

在 Ubuntu 中，可以使用 apt search golang-go 来找到合适的 Go 包。

此外，在 Ubuntu 中，还可以使用 snap 安装 Go。

```
$snap install go --classic
```

📝 小贴士

在其他 Linux 发行版中，我们可以使用各发行版内置的包管理工具安装 Go。例如，在 CentOS 中，可以使用 yum install golang-go 安装。在 macOS 中，也可以通过像 brew 这样的第三方包管理器安装 Go。

尽管使用包安装器安装 Go 十分方便，但这并不能总是满足开发者的具体要求，例如，当软件源中的 Go 版本不是开发者所期望的或 Go 版本太陈旧。在这种情况下，我们可以考虑接下来要介绍的使用预编译的二进制包安装 Go。

2.2.2 使用预编译二进制包安装 Go

使用 Go 官方提供的预编译二进制包安装 Go，适用于主流操作系统和 CPU 架构（如 AMD64、ARM64 等）。通过执行 go tool dist list 命令可以查看 Go 支持的平台列表（截至 Go

1.22.0 版本)，输出结果如下。

```
$go tool dist list
aix/ppc64
android/386
android/amd64
android/arm
android/arm64
darwin/amd64
darwin/arm64
dragonfly/amd64
freebsd/386
freebsd/amd64
freebsd/arm
freebsd/arm64
freebsd/riscv64
illumos/amd64
ios/amd64
ios/arm64
js/wasm
linux/386
linux/amd64
linux/arm
linux/arm64
linux/loong64
linux/mips
linux/mips64
linux/mips64le
linux/mipsle
linux/ppc64
linux/ppc64le
linux/riscv64
linux/s390x
netbsd/386
netbsd/amd64
netbsd/arm
netbsd/arm64
openbsd/386
openbsd/amd64
openbsd/arm
openbsd/arm64
plan9/386
plan9/amd64
plan9/arm
solaris/amd64
wasip1/wasm
windows/386
windows/amd64
windows/arm
windows/arm64
```

在 Go 的官方下载页面中，单击某个版本的 Other Ports 按钮，即可找到并展开其他平台的安装包选项，如图 2.4 所示。

图 2.4 Go 提供的其他平台的安装包

其中，带有 .tar.gz 或 .zip 扩展名的文件就是预编译二进制包，其特点是"**解压即安装，删除即卸载**"。接下来以 Linux/AMD64 为例说明这种安装方法。

小贴士

基于预编译二进制包的 Go 安装方法几乎适用于所有Linux发行版，并且安装过程相同。

首先，我们需要下载并解压 Linux 版的 Go 安装包。

```
$wget -c https://go.dev/dl/go1.22.0.linux-amd64.tar.gz
```

然后，将下载的 Go 安装包解压到指定的安装目录中。

```
$tar -C /usr/local -xzf go1.22.0.linux-amd64.tar.gz
```

解压缩后，在 /usr/local 目录下会出现一个名为 go 的目录，这是 Go 的安装目录，也是官方推荐的安装位置。通过执行以下命令可以查看该安装目录的内容结构。

```
$ls -F /usr/local/go
AUTHORS         CONTRIBUTORS  PATENTS     SECURITY.md  api/  doc/       lib/
pkg/      src/
CONTRIBUTING.md  LICENSE       README.md   VERSION      bin/  favicon.ico  misc/
```

```
robots.txt  test/
```

为了确保可以在任意目录下调用 go 命令，我们需要将 Go 二进制文件路径添加到用户的环境变量 PATH 中。以用户使用 bash 为例，可以通过在 $HOME/.profile 文件末尾添加以下环境变量设置语句来实现。

```
export PATH=$PATH:/usr/local/go/bin
```

接下来，通过执行以下命令，使新的环境变量配置立即生效。

```
$source ~/.profile
```

最后，可以通过执行以下命令来验证安装是否成功。

```
$go version
```

如果上述命令返回了类似于“go version go1.22.0 linux/amd64”的输出，则表明 Go 已经成功安装。

对于 macOS 和 Windows 操作系统，同样可以采用类似的基于预编译二进制包的方法进行安装，只需要下载对应操作系统的预编译二进制包即可。后续步骤几乎与在 Linux 操作系统中的安装过程相同，这里不赘述。

无论是通过原生安装包还是预编译二进制包安装 Go，都是 Go 开发者常用的开发环境搭建方式。无论选择哪种方法，都能得到一个满足要求的 Go 开发环境。

不过，此时可能依然有读者好奇：是否还有其他 Go 安装方法呢？为了满足这些读者的好奇心，我再简单介绍两种不那么常用的 Go 安装方法。

2.2.3　使用 go install 命令安装 Go

使用 go install 命令安装的前提是本地环境已经预先安装了某个 Go 版本，例如 Go 1.22.0 版本。满足这个条件后，我们可以使用以下命令安装特定版本的 Go，这里以 Go 1.22.1 为例进行介绍。

```
$go install golang.org/dl/go1.22.1@latest
go: downloading golang.org/dl v0.0.0-20240305174203-2885f567d808
```

执行这个命令后会下载一个用于 Go 1.22.1 版本的下载器，在作者的 macOS 中，它被保存在 $GOPATH/bin 目录下。

```
$which go1.22.1
/Users/tonybai/Go/bin/go1.22.1
```

接下来，需要执行该下载器以获取真正的 Go 安装包并自动完成安装过程。

```
$go1.22.1 download
Downloaded   0.0% (   16384 / 70327949 bytes) …
Downloaded   0.9% (  622592 / 70327949 bytes) …
Downloaded   2.4% ( 1687552 / 70327949 bytes) …
…
Downloaded 98.8% (69484272 / 70327949 bytes) …
```

```
Downloaded 100.0% (70327949 / 70327949 bytes)
Unpacking /Users/tonybai/sdk/go1.22.1/go1.22.1.darwin-amd64.tar.gz …
Success. You may now run 'go1.22.1'
```

上述过程将 Go 1.22.1 的安装文件下载到 $HOME/sdk/go1.22.1 目录下并解压缩，然后用实际的 Go 1.22.1 可执行程序替换 $GOPATH/bin 目录下的下载器。当我们再次执行 go1.22.1 命令时，将得到以下输出结果。

```
$go1.22.1 version
go version go1.22.1 darwin/amd64
```

到这里，Go 1.22.1 成功地安装到你的本地机器中。

2.2.4 基于源码编译安装 Go

Go 支持基于源码编译的方式安装不同版本的 Go。与使用 go install 命令安装的条件一样，基于源码编译安装的前提是本地环境中已经安装了某个 Go 版本。根据要编译安装的目标 Go 版本不同，对本地已有 Go 版本的要求也有所不同，如表 2.1 所示。

表 2.1　目标 Go 版本对本地已有 Go 版本的要求

目标 Go 版本	本地已有 Go 版本的最低要求	备注
$1.5 \leqslant Go \leqslant 1.19$	Go 1.4	
$1.20 \leqslant Go \leqslant 1.21$	Go 1.17	
$1.22 \leqslant Go \leqslant 1.23$	Go 1.20	
Go 1.N	Go 1.M	M 等于 N–2 后向下取整的偶数。例如，Go 1.24 版本和 Go 1.25 版本需要 Go 1.22 版本

接下来以 Go 项目的 master 分支为例，展示其基于源码编译安装的步骤。

```
$git clone https://github.com/golang/go.git
$git checkout master
$cd src
$./all.bash    // 注意: 在 Windows 操作系统中使用 all.bat
```

如果一切顺利，编译安装完成后，你将看到类似以下内容的信息。

```
ALL TESTS PASSED
---
Installed Go for linux/amd64 in /home/you/go.
Installed commands in /home/you/go/bin.
*** You need to add /home/you/go/bin to your $PATH. ***
```

至此，我已经介绍了 4 种 Go 的安装方法，但这些内容都是针对单个版本的安装。然而，在某些情况下，可能会有安装多个 Go 版本的需求，关于这一点我们接着往下看。

2.2.5　安装和管理多个 Go 版本

对于大多数 Go 初学者，安装最新的 Go 版本足以满足日常需求。然而，随着对 Go 编程的深入理解，开发者可能会遇到使用多个 Go 版本的情况，例如，一个版本用于学习或本地开发调试，而另一个版本则用于生产构建等。

在本地安装和管理多个 Go 版本的关键在于确保各 Go 版本之间不会产生冲突，并且能够方便地在这几个版本之间进行切换。有了前面介绍的 4 种 Go 安装方法做铺垫，安装和管理多个 Go 版本也不难。这里我介绍两种安装和管理策略。

1. 将不同 Go 版本安装至不同目录

通过预编译二进制包安装方法，可以将不同版本的 Go 安装至不同目录，以避免版本间的冲突。之后将要使用的版本的 Go 可执行程序所在路径添加到 PATH 环境变量中，就可以使用该版本的 Go。

以 Linux 环境为例，在前面的内容中，我们已经将 Go 1.22.0 版本安装至 /usr/local/go 目录，并且将 /usr/local/go/bin 添加到 PATH 环境变量中，这意味着无论在哪个目录中，输入 go 命令都会调用 Go 1.22.0 版本的二进制文件。

如果现在想要安装 Go 1.15.13 版本，要怎么办呢？

首先，按照标准步骤将 Go 1.15.13 版本安装至事先创建的 /usr/local/go1.15.13 目录。

```
$mkdir /usr/local/go1.15.13
$wget -c https://go.dev/dl/go1.15.13.linux-amd64.tar.gz
$tar -C /usr/local/go1.15.13 -xzf go1.15.13.linux-amd64.tar.gz
```

其次，设置 PATH 环境变量，将 $HOME/.profile 中 PATH 的值

```
export PATH=$PATH:/usr/local/go/bin
```

改为

```
export PATH=$PATH:/usr/local/go1.15.13/go/bin
```

这样通过执行 source 命令使 PATH 环境变量立即生效。此时，再次执行 go version 命令，会得到类似以下内容的信息。

```
$go version
go version go1.15.13 linux/amd64
```

这样，我们已经安装了两个 Go 版本。之后，如果我们要在 Go 1.22.0 和 Go 1.15.13 两个版本之间切换，只需要重新设置 PATH 环境变量并使其立即生效即可。

不过，很多读者可能会觉得重新设置 PATH 环境变量的方法有些麻烦。没关系，接下来我们来看第二种策略。

2. 使用不同名字区分 Go 版本

采用这种策略的前提是当前系统中已经安装过某个版本的 Go。

以 Linux 环境为例，假设当前环境中已经存在采用预编译二进制包安装的 Go 1.22.0 版

本，如果想安装 Go 1.15.13 版本，可以使用 go install 命令来实现。

```
$go install golang.org/dl/go1.15.13@latest
go: downloading golang.org/dl v0.0.0-20240124160345-4f507d34b830
$go1.15.13 download
Downloaded   0.0% (    16384 / 121120420 bytes) …
Downloaded   1.8% (  2129904 / 121120420 bytes) …
Downloaded  84.9% (102792432 / 121120420 bytes) …
Downloaded 100.0% (121120420 / 121120420 bytes)
Unpacking /root/sdk/go1.15.13/go1.15.13.linux-amd64.tar.gz …
Success. You may now run 'go1.15.13'
```

运行上述命令后将下载 go1.15.13.linux-amd64.tar.gz 安装包，并将其安装至 $HOME/sdk/ go1.15.13 目录。安装完成后，可以通过执行**带有版本号的 go 命令**来使用特定版本的 Go。

```
$go1.15.13 version
go version go1.15.13 linux/amd64
```

同样地，也可以通过执行以下命令来查看特定 Go 版本的安装位置。

```
$go1.15.13 env GOROOT
/root/sdk/go1.15.13
```

除了 Go 开发团队正式发布的稳定版本，如前面安装的 Go 1.22.0 或 Go 1.15.13 以外，我们还可以通过 go install 命令安装 Go 开发团队正在开发的非稳定版本（unstable version），包括 beta 版本、rc 版本或最新的 tip 版本。这些非稳定版本可以让 Go 开发者提前体验即将加入稳定版本的新特性。

安装非稳定版本的步骤和前面的安装步骤一样。现在，我们以 Go 1.22rc2 和 Go tip 版本为例，带你体验一下它们的安装步骤和验证方法。

首先，我们安装 Go 1.22rc2 版本。

```
$go install golang.org/dl/go1.22rc2@latest
$go1.22rc2 download
Downloaded 0.0% (16384 / 69058663 bytes) …
Downloaded 30.6% (21135200 / 69058663 bytes) …
Downloaded 48.4% (33423216 / 69058663 bytes) …
Downloaded 66.0% (45612912 / 69058663 bytes) …
Downloaded 83.9% (57933680 / 69058663 bytes) …
Downloaded 100.0% (69058663 / 69058663 bytes)
Unpacking /root/sdk/go1.22rc2/go1.22rc2.linux-amd64.tar.gz …
Success. You may now run 'go1.22rc2'
$go1.22rc2 version
go version go1.22rc2 linux/amd64
```

接下来，安装 Go tip 版本。

```
$go install golang.org/dl/gotip@latest
$gotip download
```

go install 命令为我们安装 Go tip 版本提供了极大方便。要知道，以前，如果我们要安装 Go tip 版本，需要手动下载 Go 源码并自行编译。需要注意的是，**并不是每次 Go tip 版本安装**

都会成功，因为这是处于积极开发中的版本，一次代码提交就可能导致 Go tip 版本构建失败。

小贴士

Go 社区还提供了第三方本地 Go 版本管理工具，例如 gvm，它们可以灵活方便地安装和管理多个 Go 版本。读者也可以考虑使用这类工具来管理本地的 Go 版本。

安装好 Go 之后，我们就该讲讲怎么配置了。

2.3　配置 Go

Go 在安装后是**开箱即用的**，这也意味着我们在使用 Go 之前不需要额外配置。然而，为了更深入地了解和掌握 Go，熟悉一些常见的配置项是非常有益的。Go 的配置通过环境变量实现，可以通过执行以下命令来查看当前的 Go 环境配置。

```
$go env
```

常见的 Go 环境变量及其作用如表 2.2 所示。

表 2.2　常见的 Go 环境变量及其作用

环境变量	作用	值
GOARCH	指示 Go 编译器生成代码所针对的 CPU 架构	主要值包括 AMD64、ARM 等，默认为本机 CPU 架构
GOOS	指示 Go 编译器生成代码所针对的操作系统	主要值包括 Linux、Darwin、Windows 等，默认为本机操作系统
GO111MODULE	决定构建模式是传统的 GOPATH 模式还是新引入的 Go module 模式	在 Go 1.16 版本中默认开启 Go module 模式，该变量默认值为 on
GOCACHE	存储构建结果缓存的路径，这些缓存可能会被后续构建重用	不同操作系统有不同的默认值。例如，在 Linux 操作系统中默认为 $HOME/.cache/go-build
GOMODCACHE	存放 Go module 的路径	不同操作系统有不同的默认值。例如，在 Linux 操作系统中默认为 $HOME/go/pkg/mod
GOPROXY	配置 Go module proxy 服务，以加速依赖获取	默认值为 https://proxy.golang.org,direct。国内用户常设置为特定代理，如 https://goproxy.cn,direct

续表

名称	作用	值
GOPATH	在传统 GOPATH 模式下，指示 Go 包搜索路径	在 Go module 机制启用之前是核心环境变量。自 Go 1.8 版本起，默认值为 $HOME/go
GOROOT	指示 Go 的安装路径	自 Go 1.10 版本起引入了默认 GOROOT，开发者无需显式设置

对于希望了解更多关于 Go 环境变量信息的读者，可以使用 go help environment 命令查看。

2.4　在线体验 Go

对于不想在本地安装 Go 开发环境但仍想体验 Go 的开发者，可以在 Go Playground 站点中进行在线体验，如图 2.5 所示。

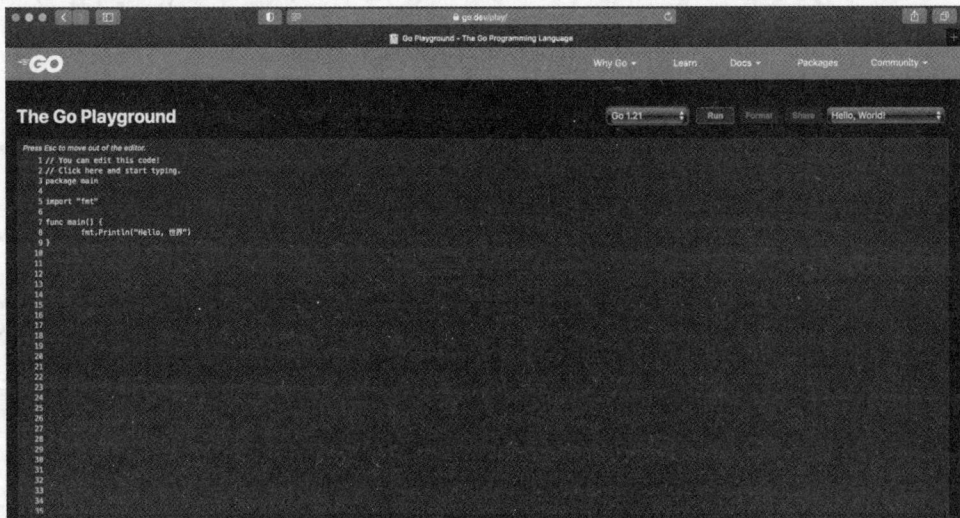

图 2.5　Go Playground

在 Go Playground 中，用户可以在线体验最新的两个 Go 稳定版本及开发分支的语法与标准库特性，Go Playground 还提供代码分享功能，允许用户生成其编写的代码的永久链接，并分享给其他开发者，这项功能在讨论或展示语法特性时十分有用。

不过，在使用 Go Playground 进行在线体验时，需要注意以下限制。

❑ 代码执行时间限制：Go Playground 通常会对代码的执行时间进行限制，以防止恶意代码或无限循环导致系统资源占用过高。

- □ 网络访问限制：为了安全，Go Playground 通常会限制对外部网络资源的访问，包括 HTTP 请求、网络套接字连接等操作。这意味着你无法在其中执行需要网络访问的操作，如调用外部 API。
- □ 文件系统访问限制：为了保护用户隐私和维护系统安全，Go Playground 通常不允许访问文件系统。这意味着你无法在该环境中读取或写入本地文件。
- □ 资源限制：Go Playground 可能会对可用的计算资源（如 CPU、内存）进行限制，以确保公平共享资源并避免滥用。这意味着你的代码可能受到资源使用方面的限制。
- □ 第三方库限制：Go Playground 可能只提供了一些常用的标准库，而不包含额外的第三方库。这意味着你无法在其中使用一些特定的第三方库。

2.5　本章小结

到这里，我们已经完成了对 Go 安装和配置方法的讲解。你是否已经选定适合自己的 Go 安装方法？

在本章中，我们首先讲解了 3 种 Go 版本的选择策略。

第 1 种，也是我们推荐的一种，那就是使用最新的 Go 版本。

第 2 种，如果你对最新版本的稳定性有所顾虑，可以选择次新的稳定版本。

第 3 种，依据现有生产项目或开源项目的需求来选择相匹配的 Go 版本，确保与项目策略一致。

确定 Go 版本后，接下来是安装过程。本章详细介绍了几种常用的安装方法，例如使用 Go 官方提供的安装包和预编译二进制包进行安装，以及不太常用的安装方法，例如使用 go install 命令和基于源码编译安装。

我们还详细说明了在 3 款主流操作系统中安装 Go 稳定版本的方法。对于使用 Windows 操作系统或 macOS 的开发者，基于安装向导的安装方式显然是最便捷的选择；对于使用 Linux 操作系统的开发者，使用解压即安装的预编译二进制包，或者通过操作系统自带的包管理工具进行安装则比较普遍。

针对需要在本地开发环境中管理或希望提前体验新版 Go 的开发者，我们还讲解了两种有效的安装和管理策略。

对于那些不希望在本地安装 Go 开发环境的读者，我们介绍了如何利用官方的 Go Playground 在线平台来体验 Go 的语法特性。

最后，我们讲解了 Go 的一些常用环境变量的功用，并指出对于中国的 Go 开发者，在构建应用之前设置 GOPROXY 环境变量是必要的一步。

有了 Go 开发环境作为基础，你可以开始编写和构建 Go 代码了。建议你在安装好的 Go 开发环境中使用 go help 命令来查看和总结 Go 命令行工具的使用方法。从第 3 章开始，我们将学习如何编写 Go 代码。

🖹 **小贴士**

　　由于篇幅限制，本章并未涉及 Go IDE（Integrated Development Environment，集成开发环境）和编辑器的选择。目前，Go 开发者社区中最受欢迎的 IDE 或编辑器分别是 Visual Studio Code、GoLand 和 Vim/Neovim，其中，GoLand 是一款商业化的 IDE。大家可以根据喜好选择最适合自己的开发工具。

第 3 章　第一个 Go 程序

经过第 2 章的学习，相信你现在已经成功安装了至少一个 Go 开发环境。接下来让我们开始编写 Go 代码吧。

开发者这个虽然历史并不算悠久的职业，却继承了一个古老的传统：每种编程语言的学习都从一个名为"hello, world"的示例程序开始。这个传统可以追溯到 20 世纪 70 年代，源自布莱恩·W. 科尼根（Brian W. Kernighan）与 C 语言之父丹尼斯·M. 里奇（Dennis M. Ritchie）合著的经典图书《C 程序设计语言》。

在本章中，我们将沿袭这一传统，以编写一个打印"hello, world"的 Go 示例程序开始 Go 编码之旅。通过这个示例程序，你将能够对 Go 程序的基本结构有一个直观且清晰的认识。

在正式开始之前，我要说明的是：**本书对你选择的编辑器或 IDE 没有具体要求。**

如果你喜欢使用某个 IDE，那么用你喜欢的 IDE 即可。如果你需要推荐，我会建议你试试 GoLand 或 Visual Studio Code（简称 VS Code）。GoLand 是由 JetBrains 公司推出的针对 Go 的 IDE，目前在市场上广受好评；而 VS Code 是微软公司提供的开源跨平台源码编辑器，它可以通过安装 Go 官方维护的 vscode-go 插件来支持 Go 开发。

对于那些喜欢命令行操作、追求效率和灵活性的开发者，像 Vim 或 Emacs 这样的终端编辑器也是不错的选择。例如，在 Vim 中配合 vim-go 插件、coc.nvim 插件（用于代码补全）以及 gopls 语言服务器，同样能提供流畅的 Go 代码编写体验。但在本书中，我们将尽量保持说明的通用性，不依赖于特定的编辑器或 IDE 特性。

现在，让我们正式开始这段旅程吧。

3.1 "hello, world"示例程序

在 Go 中编写一个能够打印"hello, world"的示例程序，只需要简单两步：第一步是创建项目文件夹；第二步是编写源码并运行程序。

3.1.1 创建 helloworld 文件夹

首先，我们需要创建一个用于存放 Go 代码的文件夹。Go 本身并不严格限制代码的存储

位置（Go 1.11 之前的版本另当别论）。然而，为了方便管理和组织本书中的各个练习和项目，建议你创建一个可以集合所有项目的根文件夹（如 ~/goprojects）。

接下来，请打开终端，并输入以下命令来创建一个用于存放"hello, world"示例程序的文件夹 helloworld。对于 Linux 操作系统、macOS 用户，以及使用 PowerShell 的 Windows 操作系统用户，可以通过以下命令创建 helloworld 文件夹。

```
$mkdir ~/goprojects // 创建一个可以集合所有项目的根文件夹
$cd ~/goprojects
$mkdir helloworld  // 创建存放"hello, world"示例程序的文件夹
$cd helloworld
```

建好项目文件夹后，我们就可以开始编写第一个 Go 程序了。

3.1.2 编写并运行第一个 Go 程序

首先，我们需要创建一个名为 main.go 的源文件。

在这里，我需要介绍一下 Go 的命名规则。**Go 源文件应采用全小写字母命名，并以 .go 扩展名结尾**。

当文件名需要包含多个单词时，惯例是将这些单词直接连接起来，而不使用其他分隔符，例如下画线。因此，我们倾向于使用 helloworld.go 而不是 hello_world.go 作为文件名。下画线在 Go 源文件命名中有其特殊作用，我们会在后续章节中详细说明。通常，我们建议避免使用超过两个单词组合成的文件名，以免造成混淆。

现在，请打开之前创建的 main.go 文件，并输入以下代码。

```
// ch3/helloworld/main.go
package main
import "fmt"
func main() {
    fmt.Println("hello, world")
}
```

保存文件后，返回终端窗口。对于 Linux 操作系统或 macOS 用户，可以通过以下命令编译和运行这个文件。

```
$go build main.go
$./main
hello, world
```

对于 Windows 操作系统用户，则需要用以下命令代替。

```
>go build main.go
>.\main.exe
hello, world
```

无论使用哪种操作系统，此时终端都应显示"hello, world"字符串。如果没有看到这个输出结果，可能是 Go 安装问题或源文件编辑错误导致的，建议再次认真检查。如果一切顺利，那么恭喜你，**你已经成功编写并运行了自己的第一个 Go 程序**，正式迈入了 Go 开发者的

行列。欢迎来到 Go 的世界!

3.2　Go 程序的结构

现在,让我们仔细分析一下"hello, world"示例程序的构造。第一个值得注意的部分是以下代码。

```
package main
```

这一行代码定义了一个包(package),**这是 Go 中的基本组成单元**,通常使用单个小写的单词命名。每个 Go 源文件都属于一个包。"hello, world"示例程序的所有代码都被包含在一个名为 main 的包中。main 包在 Go 中是一个特殊的包,**整个 Go 程序中仅允许存在一个名为 main 的包**。

main 包中的主要代码是一个名为 main 的函数,该 main 函数也被称为 main.main。

```
func main() {
    fmt.Println("hello, world")
}
```

这段代码的第一行声明了一个名为 main 的、没有任何参数和返回值的函数。**此 main 函数比较特殊,它是 Go 可执行文件的入口点:当启动 Go 程序时,执行流会从这个函数开始。Go 编译器要求:一个可执行程序的 main 包内必须定义一个 main 函数**,否则将导致编译器错误。在启动了多个 goroutine(Go 的轻量级用户线程,后面我们会详细讲解)的 Go 程序中,main 函数将在主 goroutine 中执行。**而一旦 main 函数结束,整个 Go 程序也会终止**,即使其他子 goroutine 仍在运行。

花括号"{}"用来界定函数体的范围,Go 要求所有函数体都必须由花括号包裹。按照惯例,我们推荐左花括号与函数声明位于同一行,并用空格分隔。Go 内置了一套 Go 社区约定俗成的代码风格,并随安装包提供了一款名为 gofmt 的工具,以帮助开发者自动格式代码,使其符合这些约定。

gofmt 是 Go 在解决规模化开发问题上的最佳实践之一,也是吸引其他语言开发者转向 Go 的一大亮点。很多其他主流语言效仿 Go 推出了自己的格式工具,例如 Java formatter、Clang formatter、Dartfmt 等。**因此,在提交代码前,请务必使用 gofmt 格式化 Go 源码**。

我们再来看一看 main 函数体中的代码。

```
fmt.Println("hello, world")
```

这一行代码完成了示例程序的核心任务:将字符串输出到终端的标准输出。这里还有几个需要注意的细节。

注意点 1:标准 Go 代码风格**使用 Tab 键而不是空格**进行缩进。当然,这个格式化工作一般由 gofmt 自动完成。

注意点 2：我们调用了 Println 函数，这个函数位于 Go 标准库的 fmt 包中。为了在示例程序中使用 fmt 包提供的 Println 函数，我们进行了两步操作。

第一步是在源文件的顶部通过 import 声明导入 fmt 包。

```
import "fmt"
```

第二步是在 main 函数体内，使用 fmt 这个限定标识符（qualified identifier）来调用 Println 函数。

虽然两处都出现了"fmt"，但它们代表的意义不一样。

❑ import "fmt" 一行中的"fmt"指的是包的导入路径，表示的是标准库下的 fmt 目录，意味着导入该目录下的包。

❑ fmt.Println 函数调用一行中的"fmt"代表的是包名，用来指定要调用的函数来自哪个包。

通常，导入路径的最后一个分段名与包名相同，这很容易让人误解 import 语句中的"fmt"是包名，其实并不是这样的。

main 函数体之所以可以调用 fmt 包中的 Println 函数，是因为 Println 函数的首字母是大写的。**在 Go 中，只有首字母为大写的标识符才是导出的（exported），此时对包外的代码可见**；如果首字母小写，则标识符仅在其所属包内可见。

另外，main 包能像标准库 fmt 包那样被导入。任何尝试导入 main 包的行为都会在代码编译时收到类似以下的编译器错误。

```
import "xx/main" is a program, not an importable package.
```

注意点 3：我们传入的字符串就是执行程序后在终端的标准输出上显示的内容。

这种"所见即所得"得益于 Go 源文件采用 Unicode 字符集，并以 UTF-8 编码，这保证了源代码和程序运行环境之间的字符集一致。

因此，即便我们将代码中的"hello, world"换成中文字符串"你好，世界"，类似如下内容。

```
// ch3/helloworld/main.go
package main
import "fmt"
func main() {
    fmt.Println("你好，世界")
}
```

终端仍然会正确地显示输出。

最后，你可能已经注意到，整个示例程序中没有使用分号来结束语句，这与 C、C++、Java 等传统编译型语言不太一样。

其实，Go 的语法规范确定是以分号";"作为语句结束的标志。那为什么我们很少在 Go 代码中使用和看到分号呢？因为大多数分号都是可选的，常常被省略，Go 编译器会在编译时自动插入这些分号。

我们给上面的"hello, world"示例程序加上分号也是完全合法的。但 gofmt 在格式化代码时会自动移除这些多余的分号。

在分析完这段代码的结构后，接下来我们将讨论 Go 的编译过程。

3.3　编译 Go 程序

在 3.2 节的示例中，**编译指的是将 Go 源码转换为可执行二进制文件的过程**。你应该已经注意到，在运行"hello, world"程序之前，我们使用了 go build 命令并指定了源文件名作为参数来编译该程序。

```
$go build main.go
```

如果你有 C/C++ 开发背景，就会发现这个步骤与使用 gcc 或 clang 编译器十分相似。一旦编译成功，我们就会获得一个二进制的可执行程序。在 macOS、Linux 以及 Windows 操作系统的 PowerShell 终端中，可以通过以下 ls 命令查看生成的可执行程序。

```
$ls
main*       main.go
```

这里列出了我们创建的 .go 源文件，以及刚生成的可执行程序（在 Windows 操作系统下为 main.exe，在其他操作系统下为 main）。

对于熟悉 Ruby、Python 或 JavaScript 等动态编程语言的开发者，可能不太习惯在运行之前先进行编译。**Go 是一种编译型语言，这意味着只有在编译完 Go 程序之后，才可以将生成的可执行程序分发给其他人，并且可以在没有安装 Go 环境的目标机器上运行**。如果你分发给其他人的是 .rb、.py 或 .js 等动态编程语言源文件，则目标环境中必须安装对应的解释器工具来运行这些源文件。

当然，Go 也借鉴了一些动态编程语言的优点，例如提供直接基于源码文件执行的功能。Go 的 run 命令可以直接运行 Go 源文件。例如，可以使用以下命令直接运行 main.go 文件。

```
$go run main.go
hello, world
```

像 go run 这类命令更多地用于开发调试阶段，真正的交付物通常还是通过 go build 命令构建出来的可执行文件。

在实际开发中，Go 程序的编译往往比简单的单个源文件构建要复杂得多，尤其是在接近生产环境的情况下，项目规模更大、团队协作更广泛，依赖和依赖的版本都会变得更加复杂。

现在，让我们创建一个新项目"hellomodule"，该项目将使用两个第三方库——zap 和 fasthttp，这会使得 go build 命令的构建过程稍微复杂一些。和"hello, world"示例程序一样，我们通过以下代码创建"hellomodule"项目。

```
$cd ~/goprojects
$mkdir hellomodule
$cd hellomodule
```

接下来，在"hellomodule"项目中创建并编辑我们的示例程序源文件 main.go。

```
// ch3/hellomodule/main.go
package main
import (
    "github.com/valyala/fasthttp"
    "go.uber.org/zap"
)
var logger *zap.Logger
func init() {
    logger, _ = zap.NewProduction()
}
func fastHTTPHandler(ctx *fasthttp.RequestCtx) {
    logger.Info("hello, go module", zap.ByteString("uri", ctx.RequestURI()))
}
func main() {
    fasthttp.ListenAndServe(":8081", fastHTTPHandler)
}
```

这段代码创建了一个监听 8081 端口的 HTTP 服务，当接收到请求时，它会在终端标准输出打印访问日志。

与"hello, world"示例程序相比，这个示例程序显然要复杂许多。但不用担心，你现在大可不必知道每行代码的功用，只需要知道我们在这个稍微复杂的示例程序中引入了两个第三方依赖库 zap 和 fasthttp 即可。

如果我们尝试使用编译"hello, world"示例程序的方法来编译"hellomodule"示例程序中的 main.go 源文件，结果可能会是编译失败，并收到以下错误信息。

```
$go build main.go
main.go:4:2: no required module provides package github.com/valyala/fasthttp:
go.mod file not found in current directory or any parent directory; see 'go help
modules'
    main.go:5:2: no required module provides package go.uber.org/zap: go.mod file not
found in current directory or any parent directory; see 'go help modules'
```

从编译器的反馈来看，go build 命令正在寻找名为 go.mod 的文件以解决对第三方库的依赖问题。

好了，我们也不打哑谜了，是时候让 Go 模块（在后续内容中将以 Go module 代替）登场了！

3.4　第一个 Go module

Go module 构建模式自 Go 1.11 版本正式引入，旨在解决 Go 项目中的复杂版本依赖问题，并在 Go 1.16 版本中成为默认的包依赖管理和源码构建机制。

Go module 的核心是一个名为 go.mod 的文件，它记录了 module 对第三方依赖的全部信息。接下来，我们就通过以下命令为"hellomodule"示例程序添加 go.mod 文件，这是我们在本书中创建的**第一个 Go module**。

```
$go mod init github.com/bigwhite/hellomodule
go: creating new go.mod: module github.com/bigwhite/hellomodule
go: to add module requirements and sums:
    go mod tidy
```

执行上述命令后，你会看到当前目录下生成了一个 go.mod 文件。

```
$cat go.mod
module github.com/bigwhite/hellomodule
go 1.22.0
```

这个 go.mod 文件比较简单，第一行声明了 module 路径（module path），用于唯一标识此 module。Go module 隐含了一种命名空间的概念，即每个包的导入路径由 module path 和包所在子目录名字共同构成。例如，如果 hellomodule 下有子目录 pkg/pkg1，那么 pkg1 包的导入路径是 github.com/bigwhite/hellomodule/pkg/pkg1。

最后一行是 Go 版本标识符，表明建议使用 Go 1.22.0 或更高版本来编译本 module 代码。

有了 go.mod 文件，是不是就可以构建"hellomodule"程序了？

让我们试试看。在尝试构建时，Go 编译器的输出结果如下。

```
$go build main.go
main.go:4:2: no required module provides package github.com/valyala/fasthttp; to
add it:
    go get github.com/valyala/fasthttp
main.go:5:2: no required module provides package go.uber.org/zap; to add it:
    go get go.uber.org/zap
```

Go 编译器提示 main.go 中的源码依赖 fasthttp 和 zap 这两个第三方包，但是 go.mod 中没有这两个包的版本信息，需要我们按提示手工添加信息到 go.mod 文件中。当然，我们也可以使用 go mod tidy 命令，让 Go 工具自动完成这一过程。

```
$go mod tidy
go: finding module for package go.uber.org/zap
go: finding module for package github.com/valyala/fasthttp
go: downloading go.uber.org/zap v1.26.0
go: downloading github.com/valyala/fasthttp v1.51.0
go: found github.com/valyala/fasthttp in github.com/valyala/fasthttp v1.51.0
go: found go.uber.org/zap in go.uber.org/zap v1.26.0
...
```

从输出结果可以看到，Go 工具下载并添加了 hellomodule 直接依赖的 zap 和 fasthttp 包的信息，同时处理了它们的相关间接依赖。更新后的 go.mod 文件内容如下。

```
module github.com/bigwhite/hellomodule
go 1.22.0
require (
    github.com/valyala/fasthttp v1.51.0
    go.uber.org/zap v1.26.0
)
```

```
require (
    github.com/andybalholm/brotli v1.0.5        // indirect
    github.com/klauspost/compress v1.17.0       // indirect
    github.com/valyala/bytebufferpool v1.0.0 // indirect
    go.uber.org/multierr v1.10.0                // indirect
)
```

这时，go.mod 文件已经记录了 hellomodule 直接依赖的包的信息。此外，hellomodule 目录下还多了一个 go.sum 文件，用来记录直接和间接依赖包的版本 hash 值，以校验本地包的真实性。当构建时，如果本地依赖包的 hash 值与 go.sum 文件中记录的不一致，构建将被阻止。

再次执行以下命令。

```
$go build main.go
$ls
go.mod      go.sum        main*          main.go
```

这次我们成功构建出可执行程序 main。运行这个文件并在另一个终端窗口中使用 curl 命令访问 HTTP 服务。

```
$curl localhost:8081/foo/bar
```

服务端将输出访问日志。

```
$./main
{"level":"info","ts":1626614126.9899719,"caller":"hellomodule/main.
go:15","msg":"hello, go module","uri":"/foo/bar"}
```

这次，我们的"hellomodule"示例程序创建和运行成功。这表明通过使用 Go module 构建模式，go build 命令完全可以承担规模较大且依赖复杂的 Go 项目。关于 Go module 的更多内容，将会在后续章节中详细介绍。

3.5 本章小结

通过本章的学习，我们成功编写了第一个 Go 程序"hello, world"。这标志着我们在编程之旅上迈出了坚实的一步。

在本章中，我们通过"hello, world"示例程序了解了一个 Go 程序的基本结构及其代码风格的自动格式化约定。

我希望你记住如下几个要点。

❑ Go 包是 Go 的基本组成单元。一个 Go 程序由多个包构成，所有的 Go 代码都必须属于某个包。

❑ Go 源码可以导入其他包，并使用其中导出的语法元素，如类型、变量、函数和方法等。main 函数是整个 Go 程序的入口点。

❑ Go 源码需要先编译，再分发和运行。对于单个源文件，我们可以直接使用 go build 命令加上源文件名进行编译；对于复杂的项目，则需要借助 Go module 来管理依赖关系并完成构建过程。

在本章末尾，我们创建了第一个 Go module——hellomodule，结合"hellomodule"示例程序初步掌握了基于 Go module 构建模式编写和构建较大规模的 Go 程序的方法，并了解了 Go module 涉及的各种概念。随着 Go module 机制的日渐成熟，它已成为 Go 默认的构建模式。我希望你学会基于 Go module 构建 Go 程序。

第 4 章　Go 包、模块与代码组织结构

在第 3 章中，我们完成了本书的第一个 Go 示例程序 " hello, world"，并初步体现了 Go module 的创建。这些示例尽管简单，仅仅由单个 Go 源文件构成，而且所有源文件都位于同一个目录下，但它们为我们理解 Go 奠定了基础。然而，在现实世界中，无论是公司商业项目、知名开源项目，还是较为复杂的教学示例，Go 程序往往具备更为复杂的代码组织结构，如图 4.1 所示。

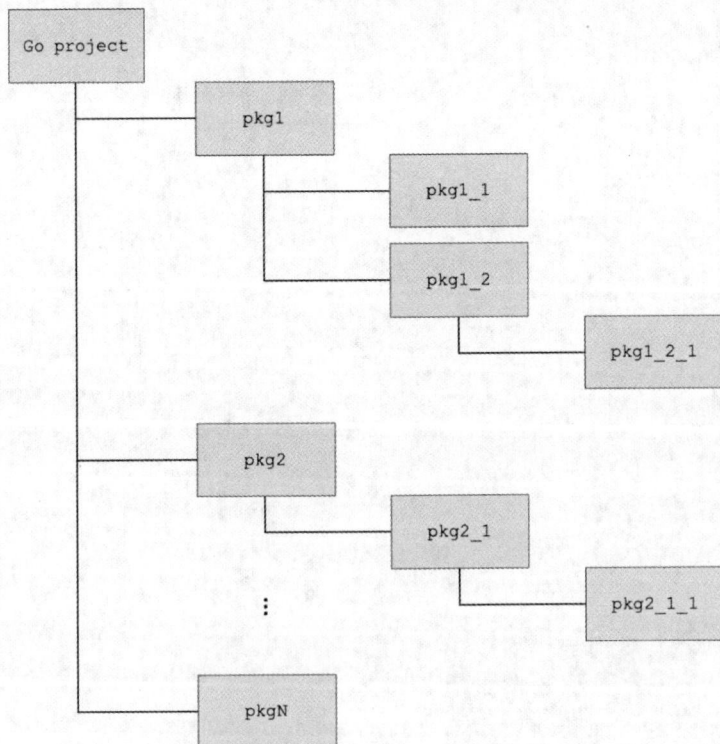

图 4.1　复杂的 Go 项目

面对如此复杂的项目结构，初学者可能会感到迷茫，不知道从何入手去阅读和理解代码，不清楚各个目录的意义，也不确定想要查看的源码在哪个目录下。遗憾的是，许多现有的 Go 入门教程并没有重视初学者的这一问题，有的完全忽略了对项目代码组织结构的讲解，有的将相关内容推迟到图书靠后的章节中。

根据我的学习经验，**掌握 Go 项目的代码组织结构越早，对后续的学习越有益处**。同时，掌握 Go 项目的代码组织结构也是开发者编写复杂 Go 程序关键的一步。一旦掌握项目的代码组织结构，初学者便可以自主阅读一些复杂项目的源码，从而提升学习效率。因此，在深入探讨 Go 的基础语法之前，本章将系统地介绍 Go 的代码组织结构，以满足初学者的需求。

在此之前，我们需要先系统说明一下 Go 包和 Go module，因为它们是理解 Go 项目的代码组织结构的基础。

4.1　Go 包

在第 3 章的"hello, world"示例程序中，我们已经接触了 Go 包的概念。在本章中，我们将继续讲解 Go 包的功能及其在 Go 编程中的重要性。

4.1.1　Go 包的定义与导入

Go 程序是由多个 Go 包组成的集合。在 Go 项目中，每个目录代表一个 Go 包，并且该**目录的名字要与包名保持一致**。包目录下的所有 Go 源文件都属于该 Go 包的一部分，并且**每个源文件都需要以包声明开始**，即使用关键字 package 后跟包名。

```
// foo 目录下的 foo.go
package foo // 包的声明
// 定义 foo 包中的类型（和方法）、变量、函数等
```

一旦定义完成，这些包就可以被其他包导入并使用。导入时需要提供 Go 包的导入路径。**这是由 module path 和包所在子目录包组合而成的，确保了包的唯一标识性。**

通过 import 关键字可以导入一个包。例如，以下示例展示了如何导入 github.com/bigwhite/foo 包。

```
package bar
import "github.com/bigwhite/foo"
```

当有多个包需要导入时，可以将它们放在一个 import 块中。

```
package bar
import (
    "fmt"
    "log"
    "github.com/bigwhite/foo"
)
```

无论是单行导入还是 import 块，一旦导入完成，即可使用该包内导出的标识符（即首

字母大写的标识符）。例如，在 bar 包中调用 foo 包的 Foo 函数时，需要使用包名 foo 作为限定符。

```
package bar
import "github.com/bigwhite/foo"
func Bar() {
    foo.Foo()
}
```

如果希望省略每次调用 foo 包内的函数时的包名前缀，可以通过以下方式实现。

```
package bar
import . "github.com/bigwhite/foo"
func Bar() {
    Foo()   // 等同于 foo.Foo()
}
```

不过，这样做是有风险的，因为它可能导致命名冲突。如果 bar 包自身也包含名为 Foo 的函数，那么 Go 编译器将无法区分上面的 Foo 函数调用意图是访问 foo.Foo 还是 bar.Foo。

通过常规的包导入方式，我们可能遇到另一种**包名冲突**的情况。例如，当我们尝试导入以下两个不同来源但名称相同的 foo 包时。

```
package bar
import (
    "github.com/bigwhite/foo"
    "github.com/example/foo"
)
func Bar() {
    foo.Foo()   // 这里引用的是哪个 foo 包?
}
```

在这种情况下，Go 编译器将无法确定 foo、Foo 具体指的是哪一个 foo 包。为了解决这种包名冲突问题，我们可以使用 Go 的**导入别名**机制。

```
package bar
import (
    myFoo "github.com/bigwhite/foo"      // 为第一个 foo 包指定别名 myFoo
    exampleFoo "github.com/example/foo"  // 为第二个 foo 包指定别名 exampleFoo
)
func Bar() {
    myFoo.Foo()                          // 调用 github.com/bigwhite/foo 中的 Foo 函数
    exampleFoo.Foo()                     // 调用 github.com/example/foo 中的 Foo 函数
}
```

在上述示例中，我们分别为两个 foo 包指定了不同的别名，这样后续在 Bar 函数中便可以使用相应的别名作为限定符来调用 Foo 函数。

小贴士

Go 不允许直接或间接地导入自己，即不支持任何形式的循环导入或循环依赖。这意味着如果包 a 导入了包 b，而包 b 又导入了包 c，那么包 c 不能反过来导入包 a。

此外，Go import 关键字还支持一种特殊的包导入方式——空导入，代码示例如下。

```
import _ "github.com/lib/pq"
```

在上述代码中，下画线"_"被用作 pq 包的"别名"，这表示这是空导入。空导入意味着虽然导入了该包，但并不使用其导出的任何标识符。

既然不用 pq 包，那为什么还要导入呢？其实这里要用的是空导入的"**副作用**"，即一旦以空导入的方式导入了 pq 包，那么在 Go 程序初始化时，**pg 包的 init 函数会被调用**，而程序需要的也恰恰是让 pq 包的 init 函数被调用。包的空导入在 Go 标准库和很多 Go 项目中都有广泛应用。

现在你肯定迫不及待地想要知道 init 函数究竟是怎样的一个函数了。接下来我们将详细讨论包的初始化函数 init 及其相关特性。

4.1.2　Go 包的初始化函数

与 main.main 函数相似，init 函数也是一个既没有参数也没有返回值的函数。init 函数的原型如下。

```
func init() {
    // 包初始化逻辑
    ...
}
```

init 函数会在 main.main 函数之前执行。当一个包被导入时，如果该包中定义了 init 函数，或者在 main 包自身中定义了 init 函数，那么 Go 程序会在进行包初始化的过程中自动调用这些 init 函数。因此，任何需要在 main.main 函数执行前执行完成的工作都可以放在 init 函数中。

需要注意的是，init 函数不能显式地手动调用，否则会导致编译器错误，就像下面这个示例。

```
// ch4/callinit.go
package main
import "fmt"
func init() {
    fmt.Println("init invoked")
}
func main() {
    init()
}
```

尝试构建并运行上述代码将会导致以下编译器错误。

```
$go run callinit.go
./callinit.go:10:2: undefined: init
```

此外，一个 Go 包可以包含多个 init 函数，每个组成该包的源文件也可以定义自己的 init 函数。在包初始化过程中，Go 会按照一定的顺序依次调用这些 init 函数。一般来说，先被传递给 Go 编译器的源文件中的 init 函数会优先执行；而在同一个源文件内，init 函数则按它们出现的顺序执行。**每个 init 函数在包初始化过程中只会被执行一次。**

4.1.3 Go 程序的编译单元

Go 包是 Go 程序编译时的基本单位。也就是说，Go 编译器在处理代码时会**以包为单位进行编译，而不是单独的文件。**一个包中的所有源文件会被编译成单个目标文件，而非多个分离的目标文件。以 Go 标准库中的 fmt 包为例，其源码位于 Go 源码（$GOROOT）的 src/fmt 路径下。

```
$tree fmt
fmt
├──── doc.go
├──── errors.go
├──── errors_test.go
├──── example_test.go
├──── export_test.go
├──── fmt_test.go
├──── format.go
├──── gostringer_example_test.go
├──── print.go
├──── scan.go
├──── scan_test.go
├──── stringer_example_test.go
└──── stringer_test.go

0 directories, 13 files
```

可以看到，fmt 目录包含超过 10 个 Go 源文件。其中，文件名中带有"_test"的文件包含了 fmt 包的测试代码。除去这些测试文件，fmt 包的实际实现分散在 5 个 Go 源文件中，但它们都属于同一个 fmt 包。

在 Go 1.20 版本之前，预编译的 Go 安装包包含了 Go 标准库的预编译目标文件。以 macOS 为例，这些文件放在 $GOROOT/pkg/darwin_amd64 路径下。在这个目录中，我们可以找到每个标准库包对应的目标文件，例如 fmt.a，这表明 fmt 包的所有实现源文件被编译成了一个目标文件。

这种采用包而不是文件作为编译单元的设计，为 Go 带来了编译方面的优势。

❑ 由于每个 Go 源文件在开头显式列出了所有依赖的包，因此编译器不必读取整个文件就可确定依赖关系。

❑ Go 包之间禁止循环依赖，使得包可以独立编译，也可以并行编译。

❑ 已编译的 Go 包目标文件记录了其所依赖包的导出符号信息，这使得编译器在读取该目标文件时不需要进一步访问其依赖包的目标文件。

📝 **小贴士**

从 Go 1.20 版本开始，安装后 Go 环境下的 $GOROOT/pkg 目录中不再存储标准库的预编译目标文件，go install 命令也不会再将标准库包的目标文件写入到 $GOROOT/pkg 目录，go build 命令同样不会检查这些目标文件。Go 发行版也不再提供预编译的标准库目标文件。相反，标准库中的软件包会根据需要进行编译，并缓存于 Go 构建缓存（通过 go env GOCACHE 指定的目录）中，这一过程与处理 GOROOT 之外的其他包的方式一样。

在 Go 中，包不仅是基本的编译单元，还是组织和封装代码的基本功能单元，用于定义功能边界。

在一个 Go 包中，我们可以定义类型（及其方法）、变量和函数，并通过 import 关键字让其他包能够访问这些定义。不过，Go 包提供了访问控制机制：**只有导出的标识符**（以大写字母开头的标识符），才能被外部代码使用；而以小写字母开头的标识符则仅能在包内部使用。

逻辑上，这些作为基本功能单元的包共同构成了 Go 应用。Go 包作为一个功能独立的单元，提供了"封装"和复用的便利。因此，Go 包也是代码复用的基本单元，有利于管理和组织代码。**合理安排 Go 包的位置对于提高代码的可维护性和重用性至关重要**。

最初，Go 开发团队受到 Google 内部单一代码仓库（monorepo）实践的影响，在包依赖管理方面没有引入版本的概念。这导致了在 Go 1.11 之前的版本中，包依赖关系总是基于最新的代码，缺乏明确的版本控制。

随着 Go 的发展和社区的壮大，对更好的包管理和版本控制的需求日益明显。最终，在 2018 年发布的 Go 1.11 版本中，Go 开发团队引入了由罗斯·考克斯设计的 Go module 机制，旨在解决复杂的包依赖管理问题。Go module 允许开发者在项目中明确地声明和管理依赖包的版本，确保了 Go 项目的稳定性和构建的可复现性。

接下来，我们将基于第 3 章的"hellomodule"示例程序进一步探讨 Go module 的使用。

小贴士

单一代码仓库是一种将所有项目的代码集中存储于一个统一仓库中的代码管理策略。这种方式简化了代码管理，促进了组织 / 团队间的协作和版本控制，提升了开发效率和代码质量。它允许团队成员更轻松地跟踪和管理项目进展，减少了在多个仓库间切换的复杂性。同时，依赖管理变得更加直接，确保使用相同版本的代码。单一代码仓库是许多团队采用的有效方式。不过单一代码仓库也可能带来代码冲突增加和代码构建时间延长的问题。

4.2　Go module

在第 3 章中，我们创建了"hellomodule"示例程序，通过该示例程序我们不仅编写了 Go 代码，还建立了第一个 Go module。"hellomodule"示例程序不仅帮我们理解了 Go 程序的基本结构，并初步认识了 Go module 的工作方式。这些知识为接下来深入讲解 Go 代码组织结构奠定了基础。这里需要额外强调的是 Go 项目仓库（repo）与 Go module 之间的关系。

在 Go 中，**一个项目仓库通常对应一个 Go module**，即每个 Go 项目仓库包含一个位于根路径下的 go.mod 文件。这个 go.mod 文件所在的顶层目录被称为 module 的根目录，而根目录及其子目录（不包括那些包含自己 go.mod 文件的独立子模块）下的所有 Go 包均属于同一个 Go module，该 module 也常被称为 main module 或 work module。

以 github.com/user/repo 为例，其根路径下会放置一个 go.mod 文件，用于唯一标识托管于该仓库的 Go module。通常，go.mod 文件中的 module path 会设置为仓库的 URL。代码示例如下。

```
module github.com/user/repo
go 1.22.0
```

小贴士

虽然 Go 允许在一个项目代码仓库中定义多个 Go module，例如，etcd 项目就属于这种情况，但这种做法并不常见。

借助 Go module，开发者可以更灵活地管理和更新项目的依赖关系，无需手动处理第三方包的下载和管理。Go 提供了一系列专门针对 Go module 的操作命令，如 go get、go mod download/tidy 等，简化了依赖项的安装、删除和更新过程。

基于上述对 Go 包和 Go module 的理解，接下来我们将深入讨论 Go 项目的代码组织结构。

4.3　Go 项目的代码组织结构

正确规划 Go 项目的代码组织结构是编写易维护、可扩展的项目的关键，这有助于我们理解和参与更复杂的 Go 项目。

尽管我们知道 Go 项目的根目录应该包含一个 go.mod 文件以标识一个 Go module，并且项目由多个包组成，但对于如何规划这些包，即 Go 项目源码中的各个包应该如何组织和放置，也就是"项目布局"（project layout），仍然感到困惑。长久以来，Go 官方并没有提供明确的标准规范或最佳实践指南，这导致了 Go 项目布局的多样化。直到 2023 年下半年，Go 开发团队才发布了名为"Organizing a Go module"的文档，对 Go 项目布局给出了官方的参考答案。

为了帮助大家理解不同阶段的 Go 项目布局，作者将 Go 项目布局的演化过程分为 3 个阶段：**创世项目、社区共识和官方指南**。全面了解这 3 个阶段的演化，有助于更好地阅读和理解不同时期的 Go 项目代码，并为创建复杂项目提供参考。

4.3.1　创世项目

要想了解 Go 项目的结构布局及其演化历史，Go 创世项目是一个重要的切入点。这里所

说的 **Go 创世项目** 实际上是指 Go 本身的项目，它是世界上第一个 Go 项目，其结构布局对后续 Go 社区的项目结构布局具有重要的参考价值，尤其是早期版本中 src 目录下的结构布局。

为了方便查看，我们首先下载 Go 创世项目源码。

```
$git clone https://github.com/golang/go.git
```

进入 Go 项目根目录后，我们可以使用 tree 命令查看 Go 项目自身的最初源码结构布局。这里以 Go 1.3 版本为例，结果如下。

```
$cd go // 进入 Go 项目根目录
$go checkout go1.3 // 切换到 Go 1.3 版本
$tree -LF 1 ./src // 查看 src 目录下的结构布局
./src
├──── all.bash*
├──── clean.bash*
├──── cmd/
├──── make.bash*
├──── Make.dist
├──── pkg/
├──── race.bash*
├──── run.bash*
...
└──── sudo.bash*
```

在 Go 1.3 版本中，src 目录的结构有以下 3 个特点。

❏ 以 all.bash 为代表的构建脚本位于 src 目录的顶层。

❏ cmd 子目录下存放与构建工具链相关的命令行工具源码，这些工具最终会编译成可执行程序。

❏ pkg 子目录下存放运行时和标准库的实现，这些包既可以被 cmd 子目录下的程序导入，也可以被 Go 项目之外的 Go 项目依赖。

虽然这种布局结构已经比较久远了，但是这样的布局特点对后续很多 Go 项目的布局结构产生了比较大的影响。 例如，Go 调试器项目 Delve、开启云原生时代的 Go 项目 Docker 以及云原生时代的"操作系统"项目 Kubernetes 等，它们的项目布局结构至今仍保留着与早期 Go 项目相似的特点。

当然，这些早期的布局结构一直在不断演化，简单来说，可以归纳为以下 3 个比较重要的演进。

演进 1：Go 1.4 版本删除 pkg 中间层目录并引入 internal 目录。

在 Go 1.4 版本中，出于简化源码树层次的目的，对 src 目录下的布局进行了两项调整。

❏ 删除了 src/pkg/×××中 pkg 这一层级目录，直接使用 src/×××。这样一来，减少了源码树的深度，更便于 Go 开发者阅读和探索 Go 项目源码。

❏ 引入 internal 机制，增加了 internal 目录。internal 机制适用于所有 Go 项目。自 Go 1.4 版本起，Go 项目自身也开始使用 internal 机制。根据定义，internal 目录下的 Go 包只可以被本项目内部的其他包导入，外部项目无法导入这些包。这使得 **Go 项目中的包分类与用途更加清晰**。

演进 2：Go 1.5 版本增加 vendor 目录。

第 2 次演进旨在解决 Go 包依赖版本管理的问题。Go 开发团队在 Go 1.5 版本中首次引进了 vendor 构建机制，允许编译时从 vendor 目录而不是 GOPATH 环境变量下查找依赖包。

在 Go 1.6 版本中，Go 项目自身也增加了 vendor 目录以支持 vendor 构建，但此时 vendor 目录并没有实际缓存任何第三方包。直到 Go 1.7 版本，vendor 才真正开始缓存外部依赖包，主要是来自 golang.org/× 下的包，这些包由 Go 开发团队维护，更新速度不受 Go 版本发布周期的影响。

vendor 机制的引入使 Go 项目第一次具备了可重现构建（reproducible build）的能力。

小贴士

可重现构建是指通过相同的构建过程，在不同的环境或时间下生成的软件包或可执行程序具有完全相同的二进制输出结果。换句话说，它确保了不同构建环境下的输出一致性。

演进 3：Go 项目于 1.13 版本引入 go.mod 和 go.sum 文件。

第 3 次演进再次聚焦于优化包依赖版本管理。在 Go 1.11 版本中，Go 开发团队引入了 Go module 构建机制，通过 go.mod 文件明确记录项目所依赖的第三方包及其版本，从而实现精准的可重现构建，并摆脱了对 GOPATH 的依赖。

Go 项目于 1.13 版本进一步完善了这一机制，引入了 go.mod 和 go.sum 文件以支持 Go module 构建模式。Go 1.13 版本的 go.mod 文件内容如下。

```
module std
go 1.12
require (
    golang.org/x/crypto v0.0.0-20190611184440-5c40567a22f8
    golang.org/x/net v0.0.0-20190813141303-74dc4d7220e7
    golang.org/x/sys v0.0.0-20190529130038-5219a1e1c5f8 // indirect
    golang.org/x/text v0.3.2 // indirect
)
```

可以看到，Go 项目所依赖的包信息都记录在 go.mod 文件中，而这些依赖包原本是缓存在 vendor 目录下的。

总的来说，这 3 次演进主要体现在**简化结构布局和优化包依赖管理方面**，显著改善了 Go 开发体验。Go 创世项目的源码布局及演化对 Go 社区项目的布局具有重要的启发意义，促使 Go 社区逐渐形成了某些公认的典型结构布局。接下来我们将探讨这些常见的布局。

4.3.2 社区共识

Go 项目通常可分为两类——Go 可执行程序项目（executable）和 Go 库项目（library）。接下来，我们将分别分析这两类项目的典型结构布局。

1. Go 可执行程序项目的布局

对于旨在构建可执行程序的项目，Go 社区已经形成了一套典型的结构布局。以下是一个标准的可执行程序项目的目录结构。

```
$tree -F exe-layout
exe-layout
├── cmd/
│   ├── app1/
│   │   └── main.go
│   └── app2/
│       └── main.go
├── go.mod
├── go.sum
├── internal/
│   ├── pkga/
│   │   └── pkg_a.go
│   └── pkgb/
│       └── pkg_b.go
├── pkg1/
│   └── pkg1.go
├── pkg2/
│   └── pkg2.go
└── vendor/
```

这种布局方式继承自 Go 创世项目的结构，并经过社区实践逐渐演变为一种共识。下面解释其中的几个要点。

按从上往下的顺序，先来看 cmd 目录。cmd 目录存放项目要编译成可执行程序的 main 包源文件。如果项目包含多个可执行程序，每个文件的 main 包会放在各自的子目录中，例如 app1、app2 等。这些 main 包将整个项目的依赖连接在一起，形成完整的 Go 应用。

通常，main 包应保持简洁，主要用于命令行参数解析、资源初始化、日志设施初始化、数据库连接初始化等任务。完成这些基础设置后，程序控制权会被传递给更高级的执行控制对象。尽管有些项目可能会将 cmd 重命名为 app 或其他名称，但其核心不变。

然后是 go.mod 和 go.sum，它们是 Go 包依赖管理使用的配置文件。自 Go 1.11 版本引入 Go module 以来，Go 官方推荐所有新项目都基于 Go module 进行包依赖管理。

接着我们来看 pkgN 目录。这是用于存放项目内部使用的库文件，这些库既可以被 main 包依赖，也可以被外部项目引用。

最后我们再来看看 vendor 目录。自 Go 1.5 版本起，引入了 vendor 目录，用于缓存特定版本依赖包。在 Go module 出现前，基于 vendor 可以实现可重现构建，保证基于同一源码构建的可执行程序是等价的。然而，随着 Go module 本身支持可重现构建，vendor 目录已成为可选项。仅当需要时，才保留项目根目录下的 vendor 目录，以避免不必要的复杂性。

当然，一些开发者还会使用第三方构建工具（如 make、bazel 等），相关的脚本文件（如 Makefile）一般放置在项目的顶层目录下。

需要说明的是，Go 1.11 版本引入的 module 是一组属于同一版本管理单元的包。虽然可以在一个项目 / 仓库中定义多个 module，但这可能会增加复杂度。因此，如果项目中存在不同发布周期的部分，建议将项目拆分为独立的仓库和 module。

当然，如果选择在一个代码仓库中存放多个 module，新版 Go 命令提供了良好的支持。例如，以下代码仓库 multi-modules 包含了 3 个 module——mainmodule、module1 和 module2。

```
$tree multi-modules
multi-modules
├── go.mod // mainmodule
├── module1
│   └── go.mod // module1
├── module2
    └── go.mod // module2
```

我们可以通过 git 标签（tag）名称区分不同 module 的版本。其中，vX.Y.Z 格式的标签用于标识代码仓库下的 mainmodule 的版本；而 module1/vX.Y.Z 格式的标签用于标识 module1 的版本；同样地，module2/vX.Y.Z 格式的标签用于标识 module2 的版本。

对于仅包含一个可执行程序的项目，我们可以进一步简化其布局。

```
$tree -F -L 1 single-exe-layout
single-exe-layout
├── go.mod
├── internal/
├── main.go
├── pkg1/
├── pkg2/
├── vendor/
```

由于项目仅有一个可执行文件需要构建，因此我们移除了 cmd 目录，并将唯一的 main 包放置在项目的根目录下，其余布局元素的功能保持不变。

到这里，我们已经探讨了 Go 可执行程序项目的典型结构布局。接下来，我们将转向 Go 库项目的典型结构布局。

2. Go 库项目的布局

Go 库项目旨在对外提供 Go 包，其典型结构布局如下。

```
$tree -F lib-layout
lib-layout
├── go.mod
├── internal/
│   ├── pkga/
│   │   └── pkg_a.go
│   └── pkgb/
│       └── pkg_b.go
├── pkg1/
│   └── pkg1.go
├── pkg2/
    └── pkg2.go
```

相较于 Go 可执行程序项目，Go 库项目的布局要简单一些，因为它们不需要构建可执行程序，所以移除了 cmd 目录。此外，在 Go **库类型项目中，我们不推荐使用 vendor 目录来缓**

存第三方依赖，库项目应该仅通过 go.mod 文件明确表述出对其他 module 或包的依赖及其版本要求。

　　Go 库项目的主要目的是对外部（无论是开源还是组织内部公开）提供 API。对于仅限项目内部使用的、不想公开的包，可以将其放置在项目顶层的 internal 目录下。当然，internal 也可以有多个并存在于项目结构中的任意层级，关键在于设计人员要明确定义各级 internal 包的应用层次和范围。

　　对于仅包含一个包的 Go 库项目，我们可以进一步简化其布局。

```
$tree -L 1 -F single-pkg-lib-layout
single-pkg-lib-layout
├── feature1.go
├── feature2.go
├── go.mod
└── internal/
```

　　在简化的布局中，唯一包的所有源文件直接放置在项目的根目录下，其他元素的位置和功能保持不变。

　　至此，我们已经了解了具有普遍社区共识的 Go 项目的典型结构布局。然而，值得注意的是，早期 Go 项目的布局又有所不同。

　　很多早期采用 Go 的开发者所建立的项目深受 Go 创世项目 1.4 版本之前布局的影响，这些项目将所有公共的 Go 包集中放在 pkg 目录下，就像 Go 1.3 版本中的布局那样。典型的早期 Go 项目布局如下。

```
$tree -L 3 -F early-project-layout
early-project-layout
└── exe-layout/
    ├── cmd/
    │   ├── app1/
    │   └── app2/
    ├── go.mod
    ├── internal/
    │   ├── pkga/
    │   └── pkgb/
    ├── pkg/
    │   ├── pkg1/
    │   └── pkg2/
    └── vendor/
```

　　在上述布局中，原本位于项目根目录下的 pkg1 和 pkg2 公共包被统一移动到 pkg 目录下。当顶层包的数量较多时，这种聚合方式可以使项目的布局（尤其是根目录）看起来更加简洁清晰。这样的布局在 Go 社区中仍不缺受众，很多新建的 Go 项目也会选择类似的项目布局。例如，2022 年中期 Grafana Labs 开源的时序数据库项目 Mimir 也采用了类型的布局。所以，当你看到这样的布局时不必感到困惑，现在你应该明白在这样的布局下 pkg 目录所起到的"聚合"作用了。

　　最后，建议参考 Go 官方提供的项目布局指南，以获得最新的最佳实践。

4.3.3 官方指南

在前面的讲解中，我们探讨了以构建库为目的的 library 类项目和以构建二进制可执行程序为目的的 executable 类项目。Go 官方的布局指南也是按照这两种类型为 Gopher 提供项目布局建议的。官方指南将 library 类项目称为 package 类项目，而将 executable 类项目称为 command 类项目。官方指南给出 7 种项目类型的布局建议。图 4.2 展示了这些布局建议的演进关系。

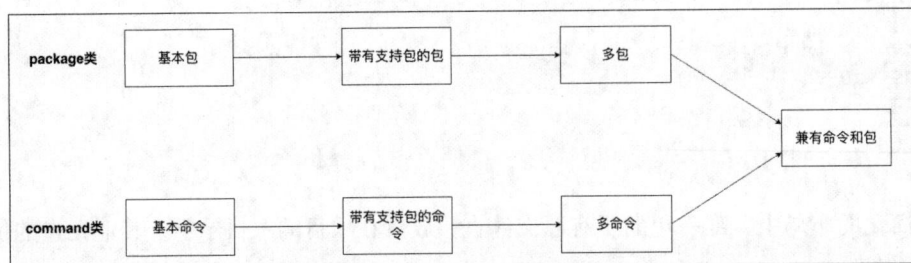

图 4.2 官方布局建议演进关系

官方推荐的 Go 项目布局与社区共识基本一致，但需要注意以下几点。

❑ "带有支持包"的项目：对于一些较为复杂或规模较大的 package 类项目，许多功能会被拆分到支持包（supporting package）中。这些支持包通常不希望被外部使用，因此不应作为公开 API 的一部分，以便后续重构和优化。Go 官方建议将这些支持包置于 internal 目录下。

❑ 在官方指南提及的 7 种项目类型中，并未涉及用于聚合其他包的 pkg 目录。

❑ cmd 目录仅出现在"兼有命令和包"的项目类型中。此类复杂项目的结构布局示例如下。

```
project-root-directory/
├── go.mod
├── modname.go
├── modname_test.go
├── auth/
│   ├── auth.go
│   ├── auth_test.go
│   └── token/
│       ├── token.go
│       └── token_test.go
├── hash/
│   ├── hash.go
│   └── hash_test.go
├── internal/
│   └── trace/
│       ├── trace.go
│       └── trace_test.go
└── cmd/
```

```
├── prog1/
│   └── main.go
├── prog2/
    └── main.go
```

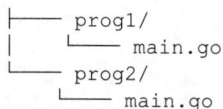

对于包含大量导出包的多包类型项目，如果根目录下的导出包过多，会使项目结构布局显得"臃肿"。在这种情况下，为了保持结构布局的简洁，建议将所有导出包统一放置在项目根目录的 pkg 目录下。

4.4　本章小结

在本章中，我们深入探讨了 Go 包和 Go module 的概念，为理解 Go 项目的代码组织结构——项目布局奠定了基础。

随后，我们研究了 Go 创世项目的源码布局及其演变过程。基于 Go 创世项目的启发，Go 社区经过多年实践形成了一些关于 Go 项目布局形式上的共识。2023 年发布的项目布局官方指南与这些社区共识总体上非常接近。

我们以社区共识为例，将 Go 项目分为可执行程序项目（executable）和 Go 库项目（library）两类，并详细讲解了它们的典型布局。

对于以构建可执行程序为目标的 Go 项目，其典型项目结构包含以下 5 部分。

❑ 项目顶层 Go module 相关文件：包括 go.mod 和 go.sum，位于项目根目录。

❑ cmd 目录：存放用于编译成可执行程序的 main 包的源码。

❑ 项目包目录：非 main 包 "平铺" 于项目根目录下，每个目录代表一个 Go 包。

❑ internal 目录：存放仅供项目内部引用的 Go 包，确保这些包不会被外部项目导入。

❑ vendor 目录（可选）：目录的存在是为了兼容 Go 1.5 版本引入的 vendor 机制，其中的内容由 go 命令自动维护，不需要开发者手动干预。

对于旨在创建可复用库的 Go 项目，其典型结构相对简单，可以视为移除了 cmd 目录和 vendor 目录的 Go 可执行程序项目布局。

此外，我们还了解到很多早期采用 Go 的开发者所建立的项目深受 Go 创世项目 1.4 版本之前布局的影响，这些项目将所有公共的包集中放在 pkg 目录下。

官方指南推荐的项目布局与社区共识布局十分相似，只是官方指南称 Go 可执行程序项目为 command 类项目，称 Go 库项目为 package 类项目，并且在 cmd 和 pkg 目录的应用上有所不同。开发者可以根据个人偏好选择合适的布局形式。

现在，面对生产环境中复杂 Go 应用项目的布局问题，你是不是胸有成竹了呢？

第 5 章　Go 的依赖管理

通过前面内容的学习，我们已经初步掌握了 Go 程序的基本结构以及项目的代码组织结构。**现在是时候深入探讨 Go 的依赖管理了**。理解并掌握这些知识是继续学习 Go 的前提。

在本章中，我们将先简单了解 Go 依赖管理模式的发展历程，然后探讨当前被广泛采纳的依赖管理模式——Go module。接下来，我们将学习如何基于 Go module 进行常见的依赖管理操作。按照这种由浅入深的方式分析后，你就能彻底掌握 Go module 依赖管理模式。

好了，我们开始吧。首先了解一下 Go 依赖管理模式的演化过程，并弄清楚为什么 Go 开发团队要引入 Go module 作为新的依赖管理模式。

5.1　Go 依赖管理模式的演化

Go 程序是由包组合而成的，而构建一个 Go 程序的过程包括确定依赖包及其版本、编译这些包以及将编译后的目标文件链接在一起。其中，确定依赖包及其版本这一环节正是 Go 依赖管理的任务。

Go 的依赖管理模式历经了 3 个主要阶段：最初的 GOPATH 模式、Go 1.5 版本推出的 vendor 机制以及目前使用的 Go module。

Go 在开源时，便引入了一种名为 GOPATH 的依赖管理模式。在这种模式下，Go 编译器会在本地 GOPATH 环境变量指定的路径下寻找 Go 程序依赖的第三方包。如果找到，则使用该包进行编译；反之则会导致编译器错误。以下为在 GOPATH 模式下编写的一段代码示例。

```
// ch5/gopath/main.go
package main

import "github.com/sirupsen/logrus"

func main() {
    logrus.Println("hello, gopath mode")
}
```

可以看到，这段代码依赖于第三方包 logrus。假设使用的是不支持 Go module 的 Go 1.10.8 版本，且 GOPATH 环境变量设置为 /Users/tonybai/Go，尝试编译上述代码会遇到以下错误。

```
$go build main.go
main.go:3:8: cannot find package "github.com/sirupsen/logrus" in any of:
        /Users/tonybai/.bin/go1.10.8/src/github.com/sirupsen/logrus (from $GOROOT)
        /Users/tonybai/Go/src/github.com/sirupsen/logrus (from $GOPATH)
```

可以看到，在 GOPATH 模式下，Go 编译器会尝试在 $GOPATH/src 目录下寻找第三方依赖包。如果配置了多个 GOPATH 路径，那么 Go 编译器会依次在各个路径中搜索。

在 GOPATH 模式时代，可以通过 go get 命令下载缺失的第三方依赖包到本地。代码示例如下。

```
$go get github.com/sirupsen/logrus
```

执行这个命令不仅会把 logrus 包下载到 GOPATH 环境变量所指向的目录下，还会检查并下载其所有依赖项。

不过，通过 go get 命令下载的包**仅是各个依赖包在获取时的最新主线版本**，这样会给后续 Go 程序的构建带来问题。例如，由于依赖包的持续演进，不同开发者在不同时间点获取和编译同一个 Go 包时可能会得到不同的结果，这破坏了可重现构建的原则。也就是说，**在 GOPATH 模式下，Go 编译器实质上并没有关注 Go 项目所依赖的第三方包的具体版本**。但 Go 开发者希望能够控制其项目所依赖的第三方包的版本而不是任其随意变动，于是 Go 开发团队在 Go 1.5 版本中引入了 vendor 机制，试图解决这一问题。

vendor 机制本质上是在 Go 项目的特定目录中缓存所有的依赖包，此目录名为 vendor。**Go 编译器会优先使用位于 vendor 目录下的第三方包版本，而不是 GOPATH 环境变量指定路径下的版本**。这样，无论第三方依赖包如何变化，或是 GOPATH 环境变量指定路径下的第三方包不存在或版本不同，都不会影响 Go 程序的构建过程。将 vendor 目录提交到代码仓库后，其他开发者可以下载代码并实现可重现构建。

需要注意的是，要启用 vendor 机制，Go 项目必须在 GOPATH 环境变量指定路径的 src 目录下。如果不符合这一路径要求，Go 编译器将忽略 Go 项目目录下的 vendor 目录。

尽管 vendor 机制在一定程度上解决了 Go 程序可重现构建的问题，但它对开发者来说并不十分友好，因为开发者还需要**手动管理 vendor 目录中的依赖包**，包括分析项目依赖、记录版本信息、获取和存放依赖包等。

为了解决这些问题，Go 开发团队转向开发能够自动处理包依赖关系的工具，并推出了官方解决方案——Go module。

5.2　基于 Go module 的依赖管理

自 Go 1.11 版本起，除了传统的 GOPATH 模式以外，Go 引入了另一种依赖管理模式——Go module。

实际上，对于 Go module，我们已经不陌生了。在第 3 章中，我们曾基于 Go module 编写过一个"hellomodule"示例程序以讲解 Go 程序的基本结构；在第 4 章中，为了探讨 Go 项目的布局，我们进一步加深了对 Go module 的理解。

然而，到目前为止，我们涉及的 Go module 的内容还比较浅显。实际上，Go module 的原理和使用方法还是较为复杂的。为了更好地进行后续的学习，这里我们将从创建一个 Go module 开始介绍。接下来，我们先将上面的示例改造成基于 Go module 的项目。

基于已有项目创建并构建一个 Go module，通常包括以下几个步骤。

（1）使用 go mod init 创建 go.mod 文件，将当前项目转变为一个 Go module。

（2）使用 go mod tidy 命令自动更新当前 module 的依赖信息。

（3）执行 go build 命令构建新的 module。

现在，让我们详细看一下。

首先，我们创建一个新的项目 modulemode 来演示如何创建 Go module。注意，可以在任意路径下创建这个项目，不一定要在 GOPATH 环境变量指定的路径下。

这个项目中的 main.go 修改自 5.1 节中的示例，代码如下，依旧依赖外部包 logrus。

```
// ch5/modulemode/main.go
package main

import "github.com/sirupsen/logrus"

func main() {
    logrus.Println("hello, go module mode")
}
```

可以看到，这个项目目录下仅包含一个源文件 main.go。现在，我们将这个项目添加 Go module 支持。通过执行 go mod init 命令为项目创建一个 Go module（这里使用的是 Go 1.21.0 版本，自 Go 1.16 版本起，默认采用 Go module）。

```
$go mod init github.com/bigwhite/module-mode
go: creating new go.mod: module github.com/bigwhite/module-mode
go: to add module requirements and sums:
    go mod tidy
```

现在，go mod init 已在当前项目目录下创建了一个 go.mod 文件，将该项目转变为一个 Go module，并使项目根目录成为 module 根目录。go.mod 文件的内容如下。

```
module github.com/bigwhite/module-mode
go 1.21.0
```

关于 go.mod 文件初始内容的含义，在第 3 章中做过说明，这里不赘述。从 go mod init 命令输出的日志可以看出，我们可以使用 go mod tidy 命令添加 module 依赖和校验和。go mod tidy 命令会扫描 Go 源码，自动识别项目所需的外部 Go module 及其版本，下载这些依赖并更新本地的 go.mod 文件。我们按照这个提示执行 go mod tidy 命令。

```
$go mod tidy
go: finding module for package github.com/sirupsen/logrus
go: downloading github.com/sirupsen/logrus v1.9.3
go: found github.com/sirupsen/logrus in github.com/sirupsen/logrus v1.9.3
go: downloading golang.org/x/sys v0.0.0-20220715151400-c0bba94af5f8
```

```
go: downloading github.com/stretchr/testify v1.7.0
go: downloading gopkg.in/yaml.v3 v3.0.0-20200313102051-9f266ea9e77c
```

对于一个新初始化的 module，go mod tidy 命令分析了所有源文件，确定了直接依赖包（如 logrus）和间接依赖（直接依赖的依赖，例如 golang.org/x/sys 等），并下载了相应的依赖包。

Go module 还支持通过代理服务加速第三方依赖的下载。在第 2 章介绍 Go 环境安装时，提到了 GOPROXY 环境变量，默认值为 https://proxy.golang.org,direct。然而，可以配置更适合国内使用的代理服务，如 https://goproxy.cn,direct。

由 go mod tidy 命令下载的依赖 module 会被放置在本地 module 缓存路径下，默认位置为 $GOPATH[0]/pkg/mod。自 Go 1.15 版本起，可以通过设置 GOMODCACHE 环境变量来自定义该缓存路径。

执行 go mod tidy 命令后，示例项目的 go.mod 文件的内容更新如下。

```
module github.com/bigwhite/module-mode

go 1.21.0

require github.com/sirupsen/logrus v1.9.3
require golang.org/x/sys v0.0.0-20220715151400-c0bba94af5f8 // 间接依赖
```

可以看到，当前 module 的直接依赖 logrus 及其版本信息被添加到 go.mod 文件的 require 段中。此外，执行完 go mod tidy 命令后，项目中除了 go.mod 文件以外，还会生成一个新的 go.sum 文件，其内容如下。

```
...
github.com/sirupsen/logrus v1.9.3 h1:dueUQJ1C2q9oE3F7wvmSGAaVtTmUizReu6fjN8uq
zbQ=
github.com/sirupsen/logrus v1.9.3/go.mod h1:naHLuLoDiP4jHNo9R0sCBMtWGeIprob74mV
sIT4qYEQ=
github.com/stretchr/objx v0.1.0/go.mod h1:HFkY916IF+rwdDfMAkV7OtwuqBVzrE8GR6GFx
+wExME=
github.com/stretchr/testify v1.7.0 h1:nwc3DEeHmmLAfoZucVR881uASk0Mfjw8xYJ99tb5
CcY=
github.com/stretchr/testify v1.7.0/go.mod h1:6Fq8oRcR53rry900zMqJjRRixrwX3KX962/
h/Wwjteg=
...
```

这同样是通过 go mod 相关命令维护的一个文件——go.sum，其中存放了特定版本 module 内容的哈希值。作为 Go module 的一项安全措施，go.sum 确保了依赖 module 的完整性。当将来再次下载某个 module 的特定版本时，go 命令会使用 go.sum 文件中记录的哈希值与新下载的内容进行比对，只有两者一致时才被认为是合法的。这样可以确保项目所依赖的 module 内容不会被恶意或意外篡改。因此，建议把 go.mod 和 go.sum 两个文件与源码一并提交到代码版本控制系统中。

通过执行 go mod init 命令和 go mod tidy 命令，我们已经为当前 Go module 的构建做好准备。接下来，**我们只需在当前 module 的根目录下执行 go build 命令就可以完成 module 的构建**。

go build 命令会读取 go.mod 文件中的依赖及其版本信息，并从本地 module 缓存路径中找到相应版本的依赖 module，然后执行编译和链接操作。如果顺利，我们会在当前目录下看到一个新生成的可执行程序 module-mode。执行这个程序就能得到预期的结果。

整个过程如下。

```
$go build
$ls
go.mod      go.sum      main.go      module-mode*
$./module-mode
INFO[0000] hello, go module mode
```

至此，我们已经成功构建了一个具有多个第三方依赖的项目。然而，围绕 Go module 的操作远不止这些。随着 Go 项目的演进，我们会在代码中导入新的第三方包，删除一些不再需要的旧依赖包，或是更新某些依赖包的版本等。接下来，我们将探讨一些常见的 Go module 操作。

5.3 常见的 Go module 操作

我将日常 Go module 的维护工作分成 7 类操作，接下来逐一深入分析。可以说，掌握这些操作是每位 Go 开发者的必经之路。

首先，我们来看在 Go 应用日常开发中最常遇见的操作之一——**为当前 Go 项目添加依赖**。

5.3.1 添加依赖

无论是在项目的初始阶段还是稳定阶段，为了实现特定功能，或者随着项目的发展，我们有可能需要在代码中引入新的第三方包。

那么，如何为一个 Go module 添加一个新的依赖包呢？我们还是以本章前面提到的"modulemode"项目为例进行介绍。如果我们需要为这个项目添加一个新的依赖 github.com/google/uuid，那么需要怎么做呢？

首先，更新源码以导入新包。

```
package main

import (
    "github.com/google/uuid"
    "github.com/sirupsen/logrus"
)

func main() {
    logrus.Println("hello, go module mode")
    logrus.Println(uuid.NewString())
}
```

在更新后的源码中，我们可以通过 import 语句导入 github.com/google/uuid，并在

main 函数中调用 uuid 包中的 NewString 函数。此时，如果直接构建这个 module，会收到以下错误提示。

```
$go build
main.go:4:2: no required module provides package github.com/google/uuid; to add
it:
    go get github.com/google/uuid
```

Go 编译器提示我们，在 go.mod 文件的 require 段中没有找到提供 github.com/google/uuid 包的 module，并建议使用 go get 命令添加这个依赖。按照提示执行以下命令。

```
$go get github.com/google/uuid
go: downloading github.com/google/uuid v1.6.0
go get: added github.com/google/uuid v1.6.0
```

可以看到，go get 命令不仅下载新增的依赖包到本地 module 缓存中，还在 go.mod 文件的 require 段中添加了一行内容。

```
go 1.21.0
require github.com/sirupsen/logrus v1.9.3
require (
        github.com/google/uuid v1.6.0 // 新增的依赖
        golang.org/x/sys v0.0.0-20220715151400-c0bba94af5f8 // 间接依赖
)
```

我们还可以使用 go mod tidy 命令，在构建之前自动分析源码中的依赖变化，识别新增的依赖项并下载它们。

```
$go mod tidy
go: finding module for package github.com/google/uuid
go: found github.com/google/uuid in github.com/google/uuid v1.6.0
```

对于这个示例，手动执行 go get 命令添加依赖项与执行 go mod tidy 命令自动分析并下载依赖项的最终效果是等价的。然而，在处理复杂项目的变更时，逐一手动添加依赖项显然效率低下，因此 go mod tidy 命令是更佳的选择。

在日常开发过程中，除了添加新的依赖项以外，我们有时还需要对现有依赖的版本进行更改（例如升降级）。那么，这又要怎么做呢？接下来我们看看升级 / 降级依赖版本的操作。

5.3.2　升级 / 降级依赖的版本

在介绍升级 / 降级依赖版本的操作之前，我们先了解一下 Go module 对版本号的要求。

在 Go module 下，一个符合规范的版本号由前缀 v 和满足语义版本规范的版本号组成。如图 5.1 所示，语义版本号分成 3 部分——主版本号（major）、次版本号（minor）和补丁版本号（patch）。例如，logrus module 的版本号 v1.9.3 表示其主版本号为 1，次版本号为 9，补丁版本号为 3。

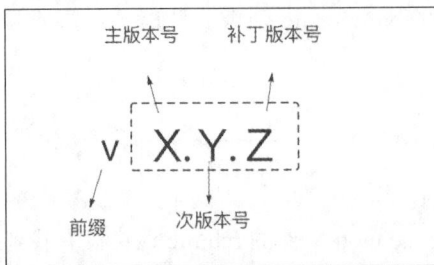

图 5.1　Go module 的语义版本号

借助于语义版本规范，Go 命令可以确定同一 module 两个版本发布的先后顺序，并判断它们是否兼容。按照语义版本规范，不同主版本号的两个版本是互不兼容的；而在主版本号相同的情况下，较高次版本号的版本通常向后兼容较低次版本号的版本。补丁版本号的变化不影响兼容性。

此外，Go module 规定，**如果同一个包的新旧版本是兼容的，那么它们的导入路径应该是相同的**。但如果新旧版本不兼容，即主版本号不同，那么 Go 会在导入路径中包含主版本号以示区分。例如，可以通过以下方式导入 logrus v2.0.0 依赖包。

```
import "github.com/sirupsen/logrus/v2"
```

这就是 **Go 的语义导入版本机制**。**通过在包导入路径中加入主版本号来区别同一个包的不同不兼容版本**。

理解了上述 Go module 版本管理的基本概念后，接下来我们将探讨如何进行依赖版本的升 / 降级操作。我们先以降级依赖版本为例进行介绍。

在实际开发工作中，如果发现 Go 命令自动选择的某个依赖版本存在问题，例如引入了不必要的复杂性，导致可靠性下降、性能回退等情况，我们可以手动将其降级为一个之前发布的兼容版本。

还是以前面提到的 logrus 为例，logrus 包含多个发布版本，可以通过以下命令进行查询。

```
$go list -m -versions github.com/sirupsen/logrus
github.com/sirupsen/logrus v0.1.0 v0.1.1 … v1.9.3
```

在这个示例中，执行 go mod tidy 命令会帮我们选择 logrus 的最新发布版本 v1.9.3。如果你认为这个版本存在问题，想将 logrus 版本降至某个之前的兼容版本，例如 v1.7.0，**可以在项目的 module 根目录下执行带有具体版本号的 go get 命令**。

```
$go get github.com/sirupsen/logrus@v1.7.0
go: downloading github.com/sirupsen/logrus v1.7.0
go get: downgraded github.com/sirupsen/logrus v1.9.3 => v1.7.0
```

从输出的结果可以看出，go get 命令下载了 logrus v1.7.0，并将 go.mod 中的依赖版本从 v1.9.3 降为 v1.7.0。

当然，我们也可以使用 go mod tidy 命令来帮助降级，但前提是要用 go mod edit 命令明确指定要依赖的版本。

```
$go mod edit -require=github.com/sirupsen/logrus@v1.7.0
$go mod tidy
go: downloading github.com/sirupsen/logrus v1.7.0
```

假设之后发布了 logrus v1.7.1，这是一个安全补丁升级版本，修复了一个严重的安全漏洞，我们需要将 logrus 从 v1.7.0 升级到 v1.7.1。这可以使用与降级同样的步骤来完成操作。这里只列出通过 go get 命令实现依赖版本升级的操作和输出结果。

```
$go get github.com/sirupsen/logrus@v1.7.1
go: downloading github.com/sirupsen/logrus v1.7.1
go get: upgraded github.com/sirupsen/logrus v1.7.0 => v1.7.1
```

到这里，我们已经介绍了如何对项目依赖包的版本进行升 / 降级。

然而，前面的示例中所提到的 Go module 依赖的主版本号都是 1 或更低。根据语义导入版本机制，在 Go module 下，当依赖的主版本号为 0 或 1 时，不需要在导入路径中包含版本号，也就是 import github.com/user/repo/v0 等价于 import github.com/user/repo，而 import github.com/user/repo/v1 等价于 import github.com/user/repo。

但是，如果依赖的 module 的主版本号大于 1，要怎么办呢？接下来看看在这个场景下该如何做。

5.3.3　添加一个主版本号大于 1 的依赖

根据语义导入版本机制的原则：**如果新旧版本的包使用相同的导入路径，那么这两个包是兼容的**。相反，如果两个包不兼容，那么它们必须采用不同的导入路径。

按照语义导入版本规范，如果我们要为项目引入主版本号大于 1 的依赖（如 v2.0.0 或更高），由于这些版本与 v1、v0 开头的包版本不兼容，在导入时不能直接使用 github.com/user/repo 这样的路径，而应使用类似以下包含版本号的导入路径。

import github.com/user/repo/v2/xxx

也就是说，如果我们要为 Go 项目添加主版本号大于 1 的依赖，就应遵循语义导入版本机制，**在声明导入路径时加上版本号信息**。接下来，我们以向 modulemode 项目添加 github.com/go-redis/redis 依赖包的 v7 为例，说明具体步骤。

首先，在源码中通过空导入的方式导入 v7 的 github.com/go-redis/redis 包。

```
package main
import (
    _ "github.com/go-redis/redis/v7"
    "github.com/google/uuid"
    "github.com/sirupsen/logrus"
)

func main() {
    logrus.Println("hello, go module mode")
    logrus.Println(uuid.NewString())
}
```

接下来的步骤与添加普通依赖一样，可以通过 go get 命令获取 redis 的 v7。

```
$go get github.com/go-redis/redis/v7
go: downloading github.com/go-redis/redis/v7 v7.4.1
go: downloading github.com/go-redis/redis v6.15.9+incompatible
go get: added github.com/go-redis/redis/v7 v7.4.1
```

可以看到，go get 命令选择了 go-redis v7 下的新版本 v7.4.1。

然而，在某些情况下，为了利用依赖包的最新功能特性，可能需要将某个依赖升级到其不兼容的新主版本，这又该怎么做呢？

我们还以 go-redis/redis 为例，将这个依赖从 v7 升级到 v8。

5.3.4　升级依赖版本到一个不兼容版本

按照语义导入版本机制的原则，不同主版本的包应具有不同的导入路径。所以，在将依赖升级到一个不兼容的新主版本时，我们首先需要更新代码中该包的导入路径。这里我们需要先将 redis 包导入路径中的版本号改为 v8。

```
import (
    _ "github.com/go-redis/redis/v8"
    "github.com/google/uuid"
    "github.com/sirupsen/logrus"
)
```

接下来，我们通过 go get 命令获取 v8 的依赖包。

```
$go get github.com/go-redis/redis/v8
go: downloading github.com/go-redis/redis/v8 v8.11.1
go: downloading github.com/dgryski/go-rendezvous v0.0.0-20200823014737-
9f7001d12a5f
go: downloading github.com/cespare/xxhash/v2 v2.1.1
go get: added github.com/go-redis/redis/v8 v8.11.1
```

这样，我们就完成了对一个不兼容依赖版本的升级。

然而，在项目的演化过程中，除了升 / 降级依赖以外，有时还需要移除某些不再需要的包的依赖。

5.3.5　移除依赖

我们还是以 go-redis/redis 为例进行介绍。如果不再需要依赖 go-redis/redis，你会怎么做呢？你可能会想到删除代码中对 redis 的导入语句，并尝试利用 go build 命令构建项目。

然而，你会发现，尽管你已经从源码中删除了相关的导入语句，但 go build 命令没有给出任何关于项目已经将 go-redis/redis 删除的提示，并且在 go.mod 文件的 require 段中，go-redis/redis/v8 的依赖仍然存在。

更进一步，你通过 go list 命令列出当前 module 的所有依赖，会发现 go-redis/redis/v8 仍出现在结果中。

```
$go list -m all
github.com/bigwhite/module-mode
github.com/cespare/xxhash/v2 v2.1.1
github.com/davecgh/go-spew v1.1.1
...
github.com/go-redis/redis/v8 v8.11.1
...
gopkg.in/yaml.v2 v2.3.0
```

这是怎么回事呢？其实，仅从源码中删除对某个依赖项的导入语句并不足以彻底移除该依赖。只要项目的其他部分能够成功构建，go build 命令不会主动清理 go.mod 文件中多余的依赖项。

那正确的做法是怎样的呢？我们可以通过 go get 命令删除某个依赖并附加 @none 参数，这将指示 Go 工具链移除指定的依赖。

```
$go get github.com/go-redis/redis/v8@none
go: removed github.com/go-redis/redis/v8 v8.11.5
```

此外，还可以利用 go mod tidy 命令来清除未使用的依赖项。go mod tidy 命令会自动分析源码依赖情况，并将不再使用的依赖从 go.mod 和 go.sum 文件中移除。

到这里，我们已经介绍了 Go module 依赖管理的 5 个常见操作了，但其实还有一种特殊情况，需要我们借用 vendor 机制。接下来我们将探讨这一机制的应用场景及其操作方法。

5.3.6　兼容 vendor

你可能会疑惑，在 Go module 的维护中为何还会用到 vendor 机制？其实，尽管 vendor 机制诞生于 GOPATH 模式时期，但在 Go module 下，它依旧被保留了下来，并且成为 Go module 构建机制一个很好的补充。特别是在一些不方便访问外部网络，并且对 Go 应用构建性能敏感的环境中，例如在内部持续集成或持续交付环境中，使用 vendor 机制可以实现与 Go module 等效的构建过程。

不同于 GOPATH 模式下的手动维护，Go module 提供了快速建立和更新 vendor 的命令。以 "modulemode" 项目为例，可以通过以下命令为该项目创建 vendor 目录。

```
$go mod vendor
```

然后，通过 tree 命令查看 vendor 目录的结构。

```
$tree -LF 2 vendor
vendor
├── github.com/
│   ├── google/
│   └── sirupsen/
├── golang.org/
│   └── x/
└── modules.txt
```

可以看到，go mod vendor 命令在 vendor 目录下创建了项目所有依赖包的副本，并通过

vendor/modules.txt 文件记录了这些依赖及其版本信息。

如果我们要基于 vendor 而不是本地缓存的 Go module 进行构建，可以在 go build 命令后面加上 -mod=vendor 参数。

自 Go 1.14 版本起，如果项目的顶层目录包含 vendor 目录，那么 go build 命令默认会优先基于 vendor 构建，除非给 go build 命令传入 -mod=mod 参数。

接下来，我们将探讨最后一个操作——**替换依赖**。

5.3.7 替换依赖

在使用 Go module 管理依赖时，可能会遇到需要对某些依赖进行替换的情况。Go module 通过 go.mod 文件中的 replace 关键字提供了这种灵活性，允许根据特定需求替换依赖，从而更精确地控制项目的依赖关系。这使得我们能够根据实际情况进行定制和开发，以满足项目的需求。

使用 go mod replace 命令或手动编辑 go.mod 文件均可以实现这种替换操作。常见的替换依赖的场景和使用 replace 关键字进行替换的方法如下。

1. 使用自定义版本替换依赖的公共库

有时，我们依赖的公共库可能存在未修复的漏洞，而库的维护者不接受我们的 PR（Pull Request，拉取请求），或者我们希望对其进行一些定制。在这种情况下，可以 fork（指创建一个副本）公共库，并对其做出必需的改动。然后，利用 replace 语法将原始依赖路径替换为我们自定义版本的路径。

例如，假设我们依赖的公共库是 github.com/example/foo，但其某个版本存在漏洞或我们希望添加特定功能。我们可以 fork 该库并将其托管在自己的代码库中，然后在项目根目录下的 go.mod 文件尾部添加以下 replace 行。

```
// go.mod
require github.com/example/foo v1.0.1

replace github.com/example/foo v1.0.1 => github.com/ourfork/foo v1.0.0
```

这样，项目将使用我们自定义版本的 foo 库，而不是原始的公共库版本。

2. 锁定依赖版本

有时，我们希望锁定特定版本的依赖，以防止因版本自动更新而带来的不确定性。这对于构建稳定且可重复的构建过程非常有用。

例如，假设我们依赖的库是 github.com/example/bar，并且确定 v0.3.0 是想要采用的稳定版本，可以通过在项目的 go.mod 文件尾部添加以下 replace 行，将依赖版本锁定为 v0.3.0。

```
// go.mod
...
require github.com/example/bar v0.3.2

replace github.com/example/bar v0.3.2 => github.com/example/bar v0.3.0
```

或简单地使用

```
replace github.com/example/bar => github.com/example/bar v0.3.0
```

这样，无论后续该依赖库发布的新版本如何，我们的项目都将始终使用 v0.3.0 版本。

3. 替换为本地版本

当需要依赖于私有库尚未发布的特性时，可能需要使用本地版本进行开发、调试或测试。这在没有网络连接或先行开发时非常有用。

假设有一个私有库 github.com/example/private，我们在本地对其进行了修改，并希望在项目中使用此修改后的版本进行调试或测试。可以在项目的 go.mod 文件尾部添加以下 replace 行。

```
// go.mod
...
require github.com/example/private v0.3.2

replace github.com/example/private => /path/to/our/local/copy
```

这样，项目将会使用本地副本而非远程仓库中的依赖库。

然而，使用 replace 将依赖替换为本地版本会引入一些协作上的问题。由于 go.mod 文件需要提交到代码仓库并与团队内的其他开发者共享，而其中包含的本地路径对其他开发者来说通常是不可用的，这将会导致他们无法正常构建项目。此外，这种方法对组织内部的持续集成环境也不友好，可能导致持续集成工作失败。

为了解决这一问题，Go 开发团队在 Go 1.18 版本中引入了"工作区"（workspace）作为 Go module 依赖管理的一种补充机制。在作者看来，**Go 工作区是 Go module 依赖管理成熟化的重要组成部分**。鉴于本书定位和篇幅限制，这里不对 Go 工作区作详细介绍，感兴趣的读者可以查阅官方文档以获取更多信息。

5.4　本章小结

本章首先回顾了 Go 依赖管理模式的发展历程，从 GOPATH 模式到 vendor 再到 Go module，展示了 Go 依赖管理机制的逐步完善。目前，Go module 已经成为标准的 Go 依赖管理方式。

其次，通过实例演示了如何构建一个 Go module 并实现基于 Go module 的依赖管理和构建。

最后，详细介绍了日常维护 Go module 的几种操作，熟练掌握这些操作将有助于高效地理解和使用 Go module 依赖管理。

第 6 章　变量与类型

从本章开始，我们将深入探讨 Go 的语法细节。首先介绍的是变量和类型。在这一章中，我们会先探讨变量的本质以及类型对编程语言抽象的重要性。接下来，我们将专注于 Go 中变量声明的语法，详细介绍两种重要的变量类型——包级变量和局部变量，并学习它们的声明方式。最后，我们将讨论变量的作用域以及如何避免变量遮蔽的问题。

6.1　变量与类型的意义

静态编程语言有别于动态编程语言的一个重要特征是**变量声明**。那么，变量声明究竟解决了什么问题呢？让我们从变量的概念说起。

在编程语言中，为了方便操作内存中特定位置的数据，我们使用一个特定的名字来绑定位于特定位置的内存块，这个名字即**变量**。但这并不代表我们可以随意通过变量引用或修改内存。**变量所绑定的内存区域需要有明确的边界**。也就是说，通过这个变量，我们可以操作的内存范围（4 字节、8 字节还是 256 字节），编译器或解释器需要明确地知道。

那么，编译器或解释器是如何确定一个变量所能引用的内存区域边界的？

动态编程语言（如 Python、Ruby 等）的解释器可以在运行时通过对变量赋值的分析自动确定其边界。而且，在动态编程语言中，一个变量可以在运行时被赋予不同大小的边界。

相比之下，静态编程语言在这方面的处理稍显不便。静态编程语言的编译器必须明确知道变量的边界才能允许使用该变量，但由于编译器无法自动获取此信息，因此边界信息必须由编程语言的使用者提供，这就是所谓的"**变量声明**"。通过变量声明，编程语言使用者可以告知编译器变量的边界信息。在具体实现层面，此边界信息由变量的**类型**属性决定。**类型是高级编程语言区别于机器语言和低级编程语言的重要抽象之一**。

对计算机编程语言有一些了解的读者都知道，在现代计算机早期，人们使用机器语言直接与计算机硬件交互。机器语言使用二进制代码表示指令和数据，这对开发者来说非常低级且烦琐。编写和理解机器语言程序需要深入了解计算机体系结构和指令集，使编写复杂程序变得非常困难。

为了解决这个问题，人们开发了汇编语言。汇编语言使用助记符代表机器语言指令，使开发者能够以更易读的方式编写程序。不过，汇编语言仍然是低级编程语言，需要直接操作寄存器和内存等底层硬件资源。尽管如此，相比于机器语言，它提供了更高层次的抽象。

随着计算机的发展和程序复杂性的增加，高级编程语言应运而生。高级编程语言相对于低级编程语言而言，提供了更高层次的抽象和更丰富的功能，使开发者能够更轻松地编写复杂的程序。高级编程语言使用人类可读的语法和结构，将开发者与底层硬件细节隔离开来，使开发过程更加高效和易于理解。

在高级编程语言提供的抽象中，类型是最基本也是最重要的概念之一。 类型定义了编程语言中数据的种类和操作方式，帮助开发者对现实世界进行抽象和建模；同时，类型约束了程序的行为，确保程序在运行时正确处理数据。

Go 拥有强大的静态类型系统，包含基本类型、复合类型、指针类型、函数类型、接口类型、通道类型等。Go 内置的类型如表 6.1 所示。在后续的章节中，我们将详细探讨这些类型。

表 6.1　Go 内置的类型

类型分类	类型	描述
基本类型	bool	布尔类型，值为 true 或 false
	int	有符号整数类型
	int8	8 位有符号整数
	int16	16 位有符号整数
	int32	32 位有符号整数
	int64	64 位有符号整数
	uint	无符号整数
	uint8	8 位无符号整数
	uint16	16 位无符号整数
	uint32	32 位无符号整数
	uint64	64 位无符号整数
	float32	32 位浮点数
	float64	64 位浮点数
	complex64	64 位复数类型
	complex128	128 位复数类型
复合类型	byte	uint8 的别名，代表一个字节
	rune	int32 的别名，表示一个 Unicode 字符对应的 Unicode 码点
	string	字符串
	error	错误接口类型，预定义类型

类型分类	类型	描述
复合类型	array	定长数组
	struct	结构体类型
	slice	切片类型
	map	字典（哈希表）类型
指针类型	pointer	指针
函数类型	function	函数
接口类型	interface	接口
通道类型	chan	通道

接下来，我们将了解 Go 中的变量声明方法。

6.2　变量声明

正如 6.1 节提到的，Go 是一种静态编程语言，所有变量在使用前必须先进行声明。声明的目的在于告诉编译器该变量可以操作的内存边界信息，而这种边界通常由变量的类型信息提供。

在 Go 中，通用的变量声明如图 6.1 所示。

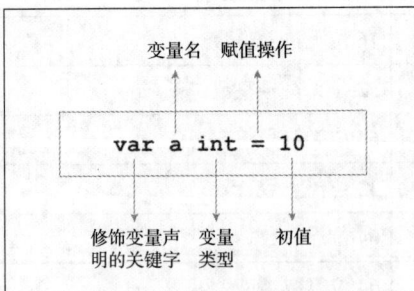

图 6.1　通用的变量声明

这个变量声明包含以下 4 个部分。

❑ var 是用于修饰变量声明的关键字。

❑ a 是变量名。

❑ int 是该变量的类型。

❑ 10 是变量的初值。

　　Go 的变量声明方法与其他主流静态编程语言有一个显著的不同：**它将变量名放在了类型的前面**。这样做的好处主要有以下两点。

　　第 1 点：修正了类型前置可能导致的困惑，使变量声明更加清晰易读。

　　例如，在 C 语言中，变量声明如下：

```
 int* a, b;
```

　　很多 C 语言初学者可能认为上面的代码声明了两个 int 指针类型的变量，但实际上，**变量 a 是一个 int 指针类型，而变量 b 是一个 int 类型**。如果使用 Go 的变量声明方法，我们将得到以下代码。

```
var a, b *int
```

　　当我们从左向右阅读 Go 的变量声明时，首先读到的是变量名 a 和 b，然后是它们的类型 *int，这样不容易出错。

　　第 2 点：更容易表达和解析复杂的变量声明。

　　考虑以下复杂的 C 语言变量声明。

```
int (*(*fp)(int (*)(int, int), int))(int, int);
```

　　大部分 C 语言开发者很难一眼看出上述声明中的 fp 到底是什么类型的变量。我们将其翻译为以下等价的 Go 变量声明。

```
var fp func(func(int, int) int, int) func(int, int) int
```

　　Go 的变量声明是从左向右阅读的。在图 6.2 中，当我们读到第 3 个关键字 func 时，即使是刚接触 Go 的初学者也能判断出 fp 是一个函数类型的变量。

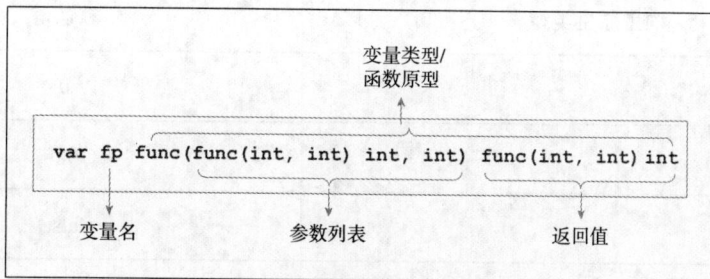

图 6.2　复杂的 Go 变量声明

　　从 func 开始到声明语句结尾这部分都是变量的类型，也是一个函数类型的原型。如果要进一步确定这个函数类型的原型，我们可以继续向后阅读：func 后面小括号中的内容 func(int, int) int, int 是该函数类型的参数列表。第 1 个参数也是一个函数类型 func(int, int) int，而第 2 个参数为 int；参数列表后面则是 fp 对应的函数类型的返回值，显然，返回值也是一个函数类型 func(int, int) int。这样，我们从左到右只需一遍阅读便可以读懂一个复杂的变量声明。

　　如果你熟悉 C、C++、Java 等语言，那么学习 Go 这种"倒置"的变量声明时可能需要一些时间来适应。

我们回到 var a int = 10 这个变量声明语句。在这个声明中，类型 int 为变量 a 提供了边界信息，10 为变量 a 提供了初值。在 Go 中，无论什么类型的变量，都可以使用这种通用的形式进行声明。

不过，Go 的变量声明也有一些"变体"，接下来我们将逐一介绍。

6.2.1　未显式赋予初值

如果没有给变量显式赋予初值，那么将得到以下形式的变量声明。

```
var a int
```

在 C 语言中，如果一个变量在声明时没有被显式赋予初值，那么该变量的值是未定义的。这意味着该变量的初始值是不确定的，可能是任意值，取决于内存中的垃圾数据或者编译器的实现。使用未初始化的变量可能会导致不可预测的行为和错误的结果。

Go 对 C 语言的这个不安全的"缺陷"进行了修复。在 Go 中，如果没有显式为变量赋予初值，编译器会为变量赋予该类型的零值。

```
var a int // a 的初值为 int 类型的零值: 0
```

什么是类型的零值呢？Go 的每种原生类型都有自己的默认值（我们将在后续章节中详细讲解这些原生类型），这个默认值就是该类型的零值。Go 规范定义的内置原生类型的默认值（零值）如表 6.2 所示。

表 6.2　Go 规范定义的内置原生类型的默认值

内置原生类型	默认值
所有整型	0
浮点类型	0.0
布尔类型	false
字符串类型	""
指针、接口、切片、通道、字典和函数类型	nil

此外，像数组、结构体等复合类型变量的零值就是其组成元素均为零值的结果。

6.2.2　变量声明块

除了单独声明每个变量以外，Go 还支持使用变量声明块（block）的语法形式，允许将多个变量集中声明于一个 var 关键字之下，类似以下代码。

```
var (
    a int = 128
    b int8 = 6
    s string = "hello"
    c rune = 'A'
    t bool = true
)
```

在这个变量声明块中，我们通过单个 var 关键字声明了 5 个不同类型的变量。此外，Go 还支持在一行内同时声明并初始化多个相同类型的变量。

```
var a, b, c int = 5, 6, 7
```

同样的多变量声明方法也可用于变量声明块，类似以下代码。

```
var (
    a, b, c int = 5, 6, 7
    c, d, e rune = 'C', 'D', 'E'
)
```

除了上面介绍的标准变量声明形式以外，为了提升开发者的使用体验，Go 提供了两种便捷的变量声明"语法糖"。接下来我们将逐一介绍。

6.2.3　省略类型信息的声明

在标准变量声明形式的基础上，Go 编译器允许我们在声明变量时省略类型信息。它的标准形式是 var varName = initExpression。例如，一个省略了类型信息的变量声明如下。

```
var b = 13
```

那么，当 Go 编译器遇到这种类型的变量声明时，是如何确定变量的具体类型的呢？

其实很简单，Go 编译器会根据右侧变量初值自动推导出变量的类型，并赋予该变量与初值对应的默认类型。例如，整型值的默认类型是 int，浮点数值的默认类型是 float64，而复数的默认类型是 complex128。对于其他类型的值，它们在 Go 中有各自对应唯一的类型，例如，布尔值的默认类型只能是 bool，字符值的默认类型只能是 rune，而字符串值的默认类型只能是 string。

如果我们希望不使用这些默认类型，而是指定变量的类型，除了采用通用的变量声明方法以外，还可以通过显式类型转换来实现。类似以下代码。

```
var b = int32(13)
```

显然，这种省略类型信息的声明"语法糖"**仅适用于在声明变量的同时为其赋予变量初值的情况**。因此，以下这种既没有提供初值也没有指定类型的声明形式是不允许的。

```
var b
```

结合多变量声明的功能，我们可以利用以下变量声明"语法糖"来声明多个不同类型的变量。

```
var a, b, c = 12, 'A', "hello"
```

在这个示例中，我们声明了 3 个变量 a、b 和 c，它们分别具有不同的类型：int、rune 和 string。尽管这里省略了具体的类型信息，但 Go 编译器能够自动推导出每个变量的类型。

是否有更加简化的变量声明形式？答案是肯定的。接下来我们将探讨短变量声明。

6.2.4　短变量声明

其实，Go 还提供了一种更加简化的变量声明形式——**短变量声明**。通过这种形式，我们甚至可以省略 var 关键字及类型信息，其标准形式是 varName := initExpression。类似以下代码。

```
a := 12
b := 'A'
c := "hello"
```

可以看到，短变量声明简化了通用变量声明的形式，去掉了 var 关键字和类型信息，但并未使用赋值操作符 "="，而是采用了独特的 ":="操作符。与省略类型信息的声明相比，短变量声明中的变量类型同样由 Go 编译器自动推导。

此外，短变量声明还支持一次声明多个变量，而且形式更为简洁。类似以下代码。

```
a, b, c := 12, 'A', "hello"
```

不过，短变量声明的使用也是有一定限制的，并非所有情况都适用。关于这一点的具体约束，我们将在后续章节中详细探讨。

至此，我们已经学习了至少 3 种变量声明形式。这时你可能有些困惑：这些变量声明形式适合所有变量吗？应该选择哪一种？在揭晓这些问题的答案之前，我们需要学习一些预备知识——Go 中的两类变量。

通常，Go 的变量可以分为两类。一类是**包级变量**（package variable），也就是在包级别定义的变量。如果是导出变量（以大写字母开头），那么这个包级变量也可以视为全局变量。另一类是**局部变量**（local variable），也就是在函数或方法内部声明的变量，仅在函数或方法的作用域内有效。

掌握了这些基础知识后，接下来我们将分别讨论这两类变量在选择声明形式时的方法以及一些最佳实践建议。

6.2.5　包级变量的声明形式

首先明确一点：包级变量只能使用带有 var 关键字的变量声明，不能使用短变量声明，但在形式细节上可以有一定的灵活性。具体的灵活性可以从"是否在声明时立即初始化"这一角度来考量，从而对包级变量的声明形式进行分类。

第 1 类：声明并显式初始化。

先看看下面的代码。

```
// $GOROOT/src/io/io.go
var ErrShortWrite = errors.New("short write")
var ErrShortBuffer = errors.New("short buffer")
var EOF = errors.New("EOF")
```

上述代码块中的变量均是 io 包的包级变量。在 Go 标准库中，对于那些在声明时即进行显式初始化的包级变量，通常采用省略类型信息的"语法糖"格式。

```
var varName = initExpression
```

正如前面所述，Go 编译器会根据等号右侧初始化表达式的值自动推导出左侧变量的类型，该类型是初始化值的默认类型。

当然，如果我们不接受默认类型，而是**显式地为包级变量指定类型**，那么我们有两种声明方式。下面给出了两种包级变量的声明方式的对比示例。

第 1 种声明方式如下。

```
var a = 13 // 使用默认类型
var b int32 = 17  // 显式指定类型
var f float32 = 3.14 // 显式指定类型
```

第 2 种声明方式如下。

```
var a = 13 // 使用默认类型
var b = int32(17) // 显式指定类型
var f = float32(3.14) // 显式指定类型
```

尽管这两种声明方式都是可以使用的，但从声明一致性角度来看，推荐使用第 2 种声明方式。这有助于统一处理默认类型和显式指定类型的声明形式，尤其是在将这些变量放在一个 var 块中进行声明时。

所以，我们更青睐以下形式。

```
var (
    a = 13
    b = int32(17)
    f = float32(3.14)
)
```

而不是以下这种看起来不一致的声明形式。

```
var (
    a = 13
    b int32 = 17
    f float32 = 3.14
)
```

第 2 类：声明但延迟初始化。

对于那些在声明时并不立即进行显式初始化的包级变量，我们可以使用以下这种通用变量声明形式。

```
var a int32
var f float64
```

即使没有显式初始化，Go 也会为这些变量赋予默认的零值。对于自定义类型，建议设计时尽量保证其零值是可用的。

此外，在声明变量时，应注意声明聚类与就近原则的应用。

Go 提供了**变量声明块**，允许我们把多个变量声明集中在一起，并且不会限制放置在同一var 块中的声明类型。合理利用这一特性可以让我们的代码更规整、更具可读性。

通常，我们会将同一类的变量放在一个 var 变量声明块中，而将不同类的变量分别置于不同的 var 声明块中。例如，从标准库 net 包中摘取以下两段变量声明代码。

```
// $GOROOT/src/net/net.go
var (
    netGo  bool
    netCgo bool
)

var (
    aLongTimeAgo = time.Unix(1, 0)
    noDeadline = time.Time{}
    noCancel   = (chan struct{})(nil)
)
```

上述两个 var 声明块各自声明了一组特定用途的包级变量。你能从中看出包级变量声明的原则吗？

其实，我们先可以将延迟初始化的变量放在一个 var 声明块（如上面的第 1 个 var 声明块）中，然后将显式初始化的变量放在另一个 var 声明块（如上面的第 2 个 var 声明块）中，这种方式被称为"**声明聚类**"。声明聚类可以提升代码的可读性。

到这里，你可能还会有一个问题：我们是否应该将所有包级变量的声明集中放在源文件头部？答案是不能一概而论。

使用静态编程语言的开发者都知道，变量声明最佳实践中有一条**就近原则**。也就是说，我们尽可能在靠近第一次使用变量的位置声明该变量。这实际上也是对变量的作用域最小化的一种实现手段。在 Go 标准库中，我们也可以找到符合此原则的变量声明的例子。例如，标准库 http 包中的代码如下。

```
// $GOROOT/src/net/http/request.go
var ErrNoCookie = errors.New("http: named cookie not present")

func (r *Request) Cookie(name string) (*Cookie, error) {
    for _, c := range readCookies(r.Header, name) {
        return c, nil
    }
    return nil, ErrNoCookie
}
```

在这个示例中，由于 ErrNoCookie 变量仅在 Cookie 方法内部使用，因此它被声明在紧邻该方法定义的地方。当然，如果某个包级变量在整个包内被多处使用，则更适合将其声明放在源文件的头部。

接下来，我们将探讨局部变量的声明形式。

6.2.6 局部变量的声明形式

有了包级变量的基础，讲解局部变量就容易很多了。与包级变量不同的是，局部变量拥有额外的短变量声明形式，这是局部变量特有的声明方式，也是最常用的一种。

我们同样从"是否在声明时立即初始化"这一角度来考量，从而对局部变量的声明形式进行分类。

第 1 类：延迟初始化的局部变量。

由于省略类型信息的声明和短变量声明这两种"语法糖"并不支持延迟初始化，因此，对于需要延迟初始化的局部变量，只能采用通用的变量声明形式。类似以下代码。

```
var err error
```

这与包级变量的处理方式相同。

第 2 类：声明且显式初始化的局部变量。

短变量声明形式是局部变量中最常用的声明形式，在 Go 标准库中广泛存在。对于接受默认类型的变量，可以采用以下形式。

```
a := 17
f := 3.14
s := "hello, gopher!"
```

而对于不接受默认类型的变量，则可以通过在" :="右侧进行显式类型转换来保持声明的一致性。

```
a := int32(17)
f := float32(3.14)
s := []byte("hello, gopher!")
```

短变量声明在分支控制语句中应用极为广泛。在编写 Go 代码时，我们很少单独声明用于 if、for 等控制语句的变量，而是直接在控制语句中通过短变量声明将其与控制结构结合起来，以减少作用域范围，并遵循"就近原则"。常见形式如下。

```
if x, y := computeValues(); x < y {
    // 如果 x 小于 y，则执行该代码块
    fmt.Println("x is less than y")
}

for i, j := 0, 0; i < 10; i, j = i+1, j+2 {
    // 执行循环体操作
    fmt.Println(i, j)
}
```

尽管良好的函数 / 方法设计强调"单一职责"，每个函数 / 方法的规模都不大，很少需要应用 var 声明块来聚类声明局部变量。但是，如果你在声明局部变量时遇到了适合聚类的应用场景，你应该毫不犹豫地使用 var 声明块来声明多于一个的局部变量，具体写法可以参考 Go 标准库 net 包中 resolveAddrList 方法。

```
// $GOROOT/src/net/dial.go
func (r *Resolver) resolveAddrList(ctx context.Context, op, network,
                        addr string, hint Addr) (addrList, error) {
    ...
    var (
        tcp      *TCPAddr
        udp      *UDPAddr
        ip       *IPAddr
        wildcard bool
    )
    ...
}
```

6.3 变量的作用域

在学习了几种变量声明形式以及不同类型变量适用的声明形式后，接下来我们探讨与**变量有关的代码块与作用域（scope）**。

在 Go 中，代码块是指由一对大括号包围的一系列声明和语句。如果一对大括号内不包含任何声明或语句，则称为**空代码块**。Go 支持代码块的嵌套，允许在一个代码块内部包含多个层次的子代码块。代码示例如下。

```
func foo() { // 代码块 1
    { // 代码块 2
        { // 代码块 3
            { // 代码块 4
            }
        }
    }
}
```

在这个示例中，foo 函数的函数体是最外层的代码块，我们将其编号为代码块 1。而在该函数体内又依次嵌套了 3 个层次的代码块，从外向内分别为代码块 2、代码块 3 及代码块 4。

像代码块 1 到代码块 4 这样的代码块，由于它们是由成对且可见的大括号包围起来的，因此被称为显式代码块（explicit block）。既然提到显式代码块，自然也会有隐式代码块（implicit block）。顾名思义，隐式代码块没有显式代码块的大括号作为标识，无法通过直接观察大括号来识别这些隐式代码块。

虽然隐式代码块看似"隐身"，但我们仍可以通过 Go 规范中对这些隐式代码块的明确定义来识别它们。先来看看图 6.3，了解下 Go 中各类代码块的构成。

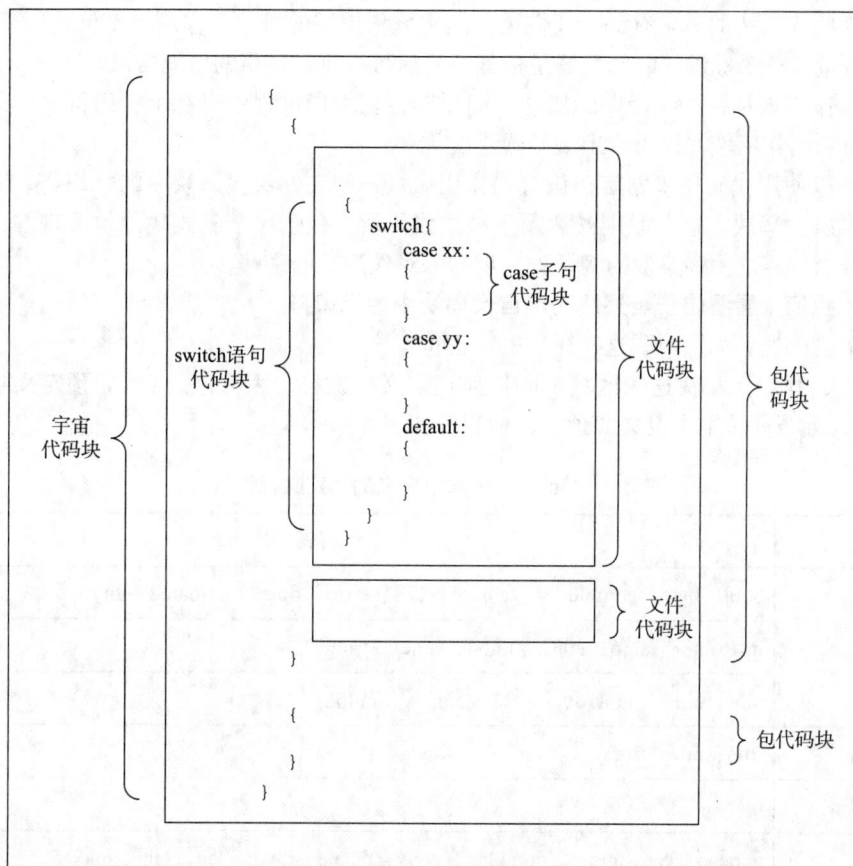

图 6.3　Go 中的各类代码块

我们按代码块范围从大到小的顺序逐一说明。

首先是最大的**宇宙代码块**（universe block），它涵盖了所有的 Go 源码。可以想象为在所有 Go 代码的最外层加一对大括号。

在**宇宙代码块**内部，嵌套了**包代码块**（package block）。每个 Go 包都有一个对应的隐式包代码块，它包含了该包中的所有 Go 源码，无论这些代码分布在包内的多少个源文件中。

在包代码块的内部嵌套着若干**文件代码块**（file block）。每个 Go 源文件都对应一个文件代码块。因此，如果一个 Go 包包含多个源文件，则会有多个对应的文件代码块。

再往里一层是控制语句层面的隐式代码块，包括 if、for 与 switch 控制语句。每个控制语句都可以视为在其自己的隐式代码块内运行。需要注意的是，这里的隐式代码块与使用大括号包围的显式代码块不同。例如，在 switch 控制语句中，隐式代码块在它的显式代码块的外面。

最后，位于最内层的是 switch 或 select 语句中每个 case/default 子句的隐式代码块。虽然没有大括号包围，但每个子句实际上都构成了独立的代码块。

理解这些代码块的概念有助于我们更好地掌握作用域的概念。作用域不仅适用于标识符，也适用于变量。**一个标识符的作用域是指其声明后可以有效使用的源码区域。**

显然，作用域是一个编译期的概念。编译器会在编译过程中对每个标识符的作用域进行检查，并对超出作用域的行为给出编译器错误。

我们可以使用代码块来划定标识符的作用域：**声明在外层代码块中的标识符，其作用域包括所有内层代码块。**这一原则既适用于显式代码块，也适用于隐式代码块。现在，让我们对照上述概念，通过一些典型的例子进一步加深对作用域的理解。

首先，我们来看看位于最外层的宇宙代码块中的标识符。

一个关键问题：如何声明这一区域的标识符？

实际上，我们无法在这一区域声明任何自定义标识符，因为这是 Go 为**预定义标识符**预留的空间。Go 当前版本中定义的预定义标识符如表 6.3 所示。

表 6.3　Go 当前版本中定义的预定义标识符

分类	标识符
基础类型	bool、byte、complex64、complex128、error、float32、float64、any
	int、int8、int16、int32、int64、rune、string
	uint、uint8、uint16、uint32、uint64、uintptr
常量	true、false、iota
零值	nil
函数	append、cap、close、complex、copy、delete、imag、len、min、max
	make、new、panic、print、println、real、recover

由于这些预定义标识符位于包代码块之外，因此它们的作用域是最大的，可以在源码的任何位置使用。不过，这些标识符不是关键字，因此，我们可以在内层代码块中声明同名的标识符。

既然宇宙代码块中存在预定义标识符，而且其下一层是包代码块，那么哪些标识符具有包代码块级的作用域？

答案是，在包顶层声明的常量、类型、变量或函数（不包括方法）对应的标识符具有包代码块作用域。

大部分在包顶层声明的标识符都具有包代码块范围的作用域，但还有一些标识符的作用域是文件代码块范围的，例如导入的包名。也就是说，如果包 A 的两个源文件都需要依赖包 B 中的标识符，则这两个源文件都必须导入包 B。

在文件层面，除去拥有包代码块作用域的标识符后，剩下的主要是各个函数 / 方法的实现。在这些函数 / 方法体内，标识符的作用域划分更为简单，因为我们可以直接观察配对的大括号来界定标识符的作用域范围。我们来看以下示例。

```
func (t T) M1(x int) (err error) {
// 代码块 1
    m := 13

    // 代码块 1 是包含 m、t、x 和 err 的最内部代码块
    { // 代码块 2

        // 代码块 2 是包含类型 bar 标识符的最内部的包含代码块
        type bar struct {} // 类型 bar 标识符的作用域始于此
        { // 代码块 3

            // 代码块 3 是包含变量 a 标识符的最内部的包含代码块
            a := 5 // a 的作用域始于此
            { // 代码块 4
                ...
            }
            // a 的作用域终止于此
        }
        // 类型 bar 标识符的作用域终止于此
    }
    // m、t、x 和 err 的作用域终止于此
}
```

在这个示例中，定义了类型 T 的一个方法 M1，方法接收器（receiver）变量 t、函数参数 x 及返回值变量 err 对应的标识符的作用域范围是 M1 函数体对应的显式代码块 1。虽然 t、x 和 err 并没有被函数体的大括号所显式包围，但由于它们属于函数定义的一部分，因此作用域依旧是代码块 1。

探讨了函数体外部的元素（如函数参数和返回值的作用域）后，我们现在分析函数体内部声明的语法元素。

在函数体内部声明的常量或变量，其标识符的作用域从声明语句的末尾开始，直到包含它的最内层包含块的末尾为止。例如，在之前的讨论中，变量 m、自定义类型 bar 以及在代码块 3 中声明的变量 a 均符合这个规则。

接下来，我们来考察控制语句所隐含的代码块中标识符的作用域划分方式。考虑以下 if 条件分支语句。

```
func bar() {
    if a := 1; false {
    } else if b := 2; false {
    } else if c := 3; false {
    } else {
        println(a, b, c)
    }
}
```

这是一个复杂的 if - else if - else 结构。根据前面介绍的关于隐式代码块的知识，我们可以将其转换为等效的显式代码块形式，以便更清晰地展示各变量的作用域。

```
func bar() {
    { // 等价于第一个 if 的隐式代码块
```

```
        a := 1 // 变量 a 的作用域始于此
        if false {
        } else {
            { // 等价于第一个 else if 的隐式代码块
                b := 2 // 变量 b 的作用域始于此
                if false {
                } else {
                    { // 等价于第二个 else if 的隐式代码块
                        c := 3 // 变量 c 的作用域始于此
                        if false {
                        } else {
                            println(a, b, c)
                        }
                        // 变量 c 的作用域终止于此
                    }
                }
                // 变量 b 的作用域终止于此
            }
        }
        // 变量 a 的作用域终止于此
    }
}
```

经过等价转换，我们可以更加直观地理解各个变量在不同层次的 *if* 表达式中的实际作用域范围。尽管这些变量声明在不同层次的隐式代码块中，但它们的实际作用域延伸到了最内层 else 代码块之外，因此，在 println 调用时，变量 a、b、c 都是有效的，而且保持了它们的初始值。

到这里，我们已经知道了，一个变量的作用域始于其声明所在的代码块，并且可以扩展到该代码块内的所有嵌套代码块。正是由于这样的作用域规则，才可能导致所谓的"变量遮蔽问题"。

变量遮蔽问题的核心在于内层代码块中声明了一个与外层代码块同名且同类型的变量。这样，内层的同名变量会替代外层变量参与计算，从而导致我们所说的"变量遮蔽"。现在，让我们通过以下示例来具体分析变量遮蔽的问题。

```
// ch6/variableshadow.go (为方便正文引用，这里对代码行进行了编号，并仅展示了重要行)
...
 8 var a int = 2023
 9
10 func checkYear() error {
11     err := errors.New("wrong year")
12
13     switch a, err := getYear(); a {
14     case 2023:
15         fmt.Println("it is", a, err)
16     case 2024:
17         fmt.Println("it is", a)
18         err = nil
19     }
20     fmt.Println("after check, it is", a)
```

```
21      return err
22 }
23
24 type new int
25
26 func getYear() (new, error) {
27      var b int16 = 2024
28      return new(b), nil
29 }
30
31 func main() {
32      err := checkYear()
33      if err != nil {
34          fmt.Println("call checkYear error:", err)
35          return
36      }
37      fmt.Println("call checkYear ok")
38 }
```

这个变量遮蔽的示例还是有点复杂的。为了便于说明，这里给代码加上了行号。运行上述代码，输出结果如下。

```
$go run variableshadow.go
it is 2024
after check, it is 2023
call checkYear error: wrong year
```

可以看到，尽管 getYear 函数返回了正确的年份（2024），但在 checkYear 函数结尾输出的是 "after check, it is 2023"，而且返回的错误并非 nil，这显然是由变量遮蔽引起的。

首先，我们来看这段代码中存在的几处变量遮蔽问题（包括标识符遮蔽）。

第 1 个问题：预定义标识符的遮蔽。

在第 24 行中，new 本是 Go 的一个预定义标识符，用于分配内存并返回指针。然而，在上面的代码中，它被用于定义了一个新的类型，因此原始的 new 标识符被遮蔽了。如果此时在 main 函数下添加以下代码。

```
p := new(int)
*p = 11
```

将会收到 Go 编译器的错误提示："type int is not an expression"。如果没有意识到 new 被遮蔽，这个提示会让你不知所措。不过，在上面的示例中，new 的遮蔽并不是导致预期输出不正确的原因。

第 2 个问题：包代码块中变量的遮蔽。

在第 13 行的 switch 语句中，在其隐式代码块中通过短变量声明形式重新声明了一个变量 a，这个变量 a 遮蔽了外层包代码块中的包级变量 a，这就是输出 "after check, it is 2023" 的原因。包级变量 a 没有如预期那样被 getYear 的返回值赋值为正确的年份 "2024"，而是 "2024" 被赋值给了遮蔽它的 switch 语句隐式代码块中新声明的 a。

第 3 个问题：外层显式代码块中变量的遮蔽。

同样还是第 13 行的 switch 语句，除了声明一个新的变量 a 之外，还声明了一个名为 err 的变量，这个变量遮蔽了在第 10 行 checkYear 函数显式代码块中声明的 err 变量。因此，第 18 行的 nil 赋值操作实际上作用于 switch 隐式代码块中的 err 变量，而不是外层 checkYear 函数中声明的本地变量 err。由于后者并非 nil，因此，即使 checkYear 函数从 getYear 函数得到正确的年份值，它仍然返回一个错误给 main 函数，这导致 main 函数输出" call checkYear error: wrong year"错误。

通过这个示例可以看到，短变量声明与控制语句结合使用非常容易引发变量遮蔽问题，并且这些问题往往难以一眼识别。因此，在日常开发中要尤其注意两者结合使用的地方。

Go 官方提供了 go vet 工具，用于对 Go 源码做一系列静态检查。在 Go 1.14 版以前，默认支持变量遮蔽检查，之后，若要进行变量遮蔽检查，则需要单独安装相应的插件。安装方法如下。

```
$go install golang.org/x/tools/go/analysis/passes/shadow/cmd/shadow@latest
```

一旦安装成功，我们就可以通过以下命令使用 go vet 工具扫描代码并检查是否存在变量遮蔽问题。

```
$go vet -vettool=$(which shadow) -strict variableshadow2.go
./variableshadow2.go:13:12: declaration of "err" shadows declaration at line 11
```

可以看到，go vet 工具仅给出了 err 变量被遮蔽的提示，而没有给出变量 a 以及预定义标识符 new 被遮蔽的提示。由此可见，工具确实可以辅助检测，但也不是万能的，无法找出所有的潜在问题。因此，深入理解代码块与作用域的概念，并在日常编码时主动规避所有遮蔽问题，仍然是至关重要的。

6.4 本章小结

在本章中，我们探讨了变量与类型在 Go 中的重要意义，并学习了多种声明变量的方法。

具体来说，Go 提供了一种通用的变量声明形式以及两种便捷的"语法糖"形式。根据具体情况的不同，Go 中的包级变量和局部变量可以选择最合适的声明形式，如图 6.4 所示。

良好的变量声明实践需要综合考虑多个方面，包括确定声明的变量是包级变量还是局部变量、是否需要延迟初始化、是否接受默认类型、是否为控制结构中的变量等，并结合聚类和就近原则等进行声明。

在本章中，我们还学习了两个与变量相关的概念——代码块与作用域。通过代码块的概念来界定每个标识符的作用域范围。基本原则是：在外层代码块中声明的标识符，其作用域包括所有内层代码块。但是，Go 的这种作用域规则也带来了变量遮蔽的问题。因此，在日常开发中，建议使用 go vet 这样的静态代码分析工具来检测并预防遮蔽问题。

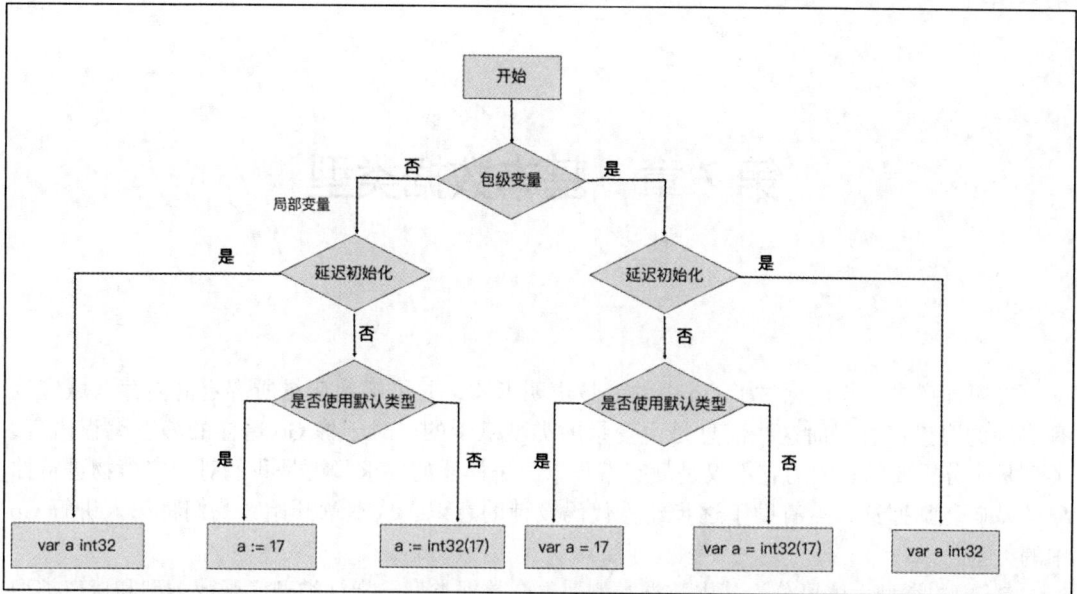

图 6.4 Go 变量声明形式的选择

第 7 章　基本数据类型

在第 6 章中，我们探讨了 Go 中的变量声明形式，并了解到变量所绑定的内存区域应该有明确的边界信息，而这些信息是由变量的类型赋予的。对于像 Go 这样的静态编程语言，类型是十分重要的。因为它不仅是静态编程语言编译器的要求，更是我们对现实事物进行抽象的基础。掌握这一点有助于逐步建立代码设计的意识。从本章开始，我们将深入讲解 Go 中的类型。

Go 中的类型大体可分为基本数据类型、复合数据类型、指针类型、函数类型和接口类型等。其中，日常 Go 编码中使用最多的就是基本数据类型，包括布尔类型、数值类型及字符串类型。在这一章中，我们将逐一介绍这些基本数据类型，首先从最简单的布尔类型开始。

7.1　布尔类型

在 Go 中，布尔类型的变量用于存储逻辑值，它只有两个取值——true 和 false。

例如，以下语句声明了一个布尔类型的变量 b。若未显式初始化，布尔类型的默认值是零值 false。

```
var b bool
```

你也可以直接将布尔值赋给一个变量，例如将布尔类型变量 b 设置为 true。

```
b = true
```

布尔类型的值作为布尔表达式的求值结果，可以与其他布尔表达式进行比较和操作。以下是一些常见的布尔运算符。

❑ &&：逻辑与运算符，当两个布尔操作数都为真时，结果为真。

❑ ||：逻辑或运算符，当至少有一个布尔操作数为真时，结果为真。

❑ !：逻辑非运算符，用于取反一个布尔值。

布尔类型在 Go 中广泛用于条件判断和控制流程。例如，可以使用布尔类型来编写条件语句，例如以下 if 语句。

```
if b {
    // 如果b为真，则执行此代码块
```

```
} else {
    // 如果 b 为假，则执行此代码块
}
```

布尔类型还可以用于循环控制，例如 for 循环中的条件判断。

```
for i := 0; i < 10; i++ {
    // 执行循环体的代码
}
```

以上是关于 Go 中布尔类型的基本介绍。在后续章节中，我们将结合控制语句进一步说明布尔类型的使用方法。

7.2 数值类型

在基本数据类型中，使用最多的是数值类型。接下来，我们就来看看数值类型。Go 原生支持的数值类型包括整型、浮点类型及复数类型，它们适用于不同的场景。我们依次来看一下。

7.2.1 整型

Go 中的整型主要用于表示现实世界中的整型数量，例如人的年龄、班级人数等。整型可以分为**平台无关整型**和**平台相关整型**两种，它们的区别主要是在不同 CPU 架构或操作系统中的长度是否一致。

我们先来看**平台无关整型**。它们在任何 CPU 架构或操作系统中的长度都是固定的。Go 提供的平台无关整型如表 7.1 所示。

表 7.1　Go 提供的平台无关整型

类型		长度	取值范围
有符号整型	int8	1 字节	[−128, 127]
	int16	2 字节	[−32768, 32767]
	int32	4 字节	[−2147483648, 2147483647]
	int64	8 字节	[−9223372036854775808, 9223372036854775807]
无符号整型	uint8	1 字节	[0, 255]
	uint16	2 字节	[0, 65535]
	uint32	4 字节	[0, 4294967295]
	uint64	8 字节	[0, 18446744073709551615]

可以看到，平台无关整型可以进一步分为两类——有符号整型和无符号整型。两者的本质差别在于最高二进制位是否被解释为符号位，这直接影响到取值范围的不同。

我们以图 7.1 中的这个 8 比特（1 字节）的整型值为例，当它被解释为无符号整型 uint8 时，其值与作为有符号整型 int8 时不同。

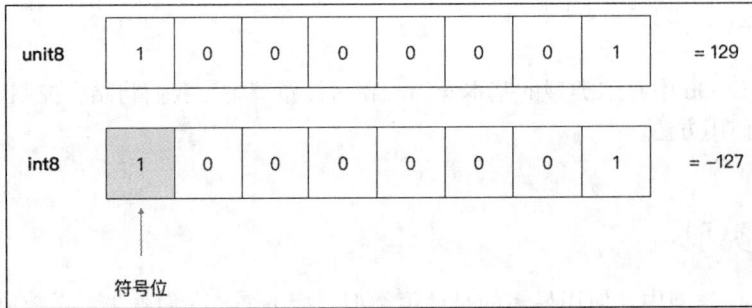

图 7.1　无符号整型与有符号整型

在同一组比特位表示下，如果最高比特位被解释为符号位，则表示的是有符号整型（int8），其值为 –127；如果最高比特位不被解释为符号位，则表示的是无符号整型（uint8），其值为 129。

你可能会问，即便最高比特位被解释为符号位，上面的有符号整型所表示的值也应该为 –1，怎么会是 –127 呢？

这是因为 Go 采用 **2 的补码**作为整型的比特位编码方法。因此，我们不能简单地将最高比特位视为负号，而应理解为通过原码逐位取反后再加 1 得到的结果。例如，以 –127 为例，其补码转换过程如图 7.2 所示。

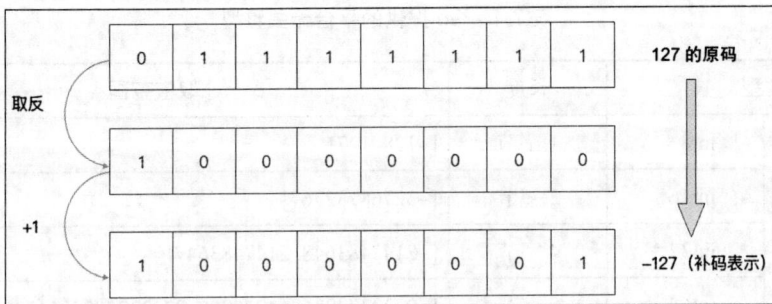

图 7.2　补码转换过程

与平台无关整型相对应的是平台相关整型，这类整型的长度会根据运行平台的不同而变化。Go 原生提供了 3 种**平台相关整型**——int、uint 与 uintptr，如表 7.2 所示。

表 7.2　Go 原生提供的平台相关整型

类型		32 位长度	64 位长度
默认的有符号整型	int	32 位（4 字节）	64 位（8 字节）
默认的无符号整型	unit	32 位（4 字节）	64 位（8 字节）
无符号整型	uintptr	大到足以存储任意一个指针的值（Go 规范描述）	

需要特别注意的是，由于这 3 种类型的长度是与平台相关的，因此**在编写有移植性要求的代码时，不应假设这些类型的固定长度**。如果不知道这些类型在目标运行平台上的长度，可以使用 unsafe 包中的 SizeOf 函数来获取。例如，在 x86-64 平台上，它们的长度均为 8 字节。

```
var a, b = int(5), uint(6)
var p uintptr = 0x12345678
fmt.Println("signed integer a's length is", unsafe.Sizeof(a)) // 输出 8
fmt.Println("unsigned integer b's length is", unsafe.Sizeof(b)) // 输出 8
fmt.Println("uintptr's length is", unsafe.Sizeof(p)) // 输出 8
```

1. 整型溢出问题

无论哪种整型，都有其特定的取值范围。当整型参与运算导致结果超出其取值范围时，就会发生**整型溢出**。尽管计算结果超出了该整型能表示的范围，但最终得到的值依然会落在其取值范围内，只是这个结果与我们的预期不符，从而导致程序逻辑错误。例如，以下就是一个无符号整型与一个有符号整型的溢出情况。

```
var s int8 = 127
s += 1 // 预期 128，实际结果变为 -128
var u uint8 = 1
u -= 2 // 预期 -1，实际结果变为 255
```

在上述示例中，有符号整型变量 s 的初始值为 127，在加 1 操作后，预期得到 128，但由于 128 超出了 int8 的取值范围，实际结果变为 –128。同样地，无符号整型变量 u 的初始值为 1，在减 2 操作后，预期得到 –1，但由于 –1 超出了 uint8 的取值范围，实际结果变为 255。

整型溢出问题尤其容易发生在循环语句的结束条件判断中，因为这是经常使用整型变量的场景。无论是无符号整型还是有符号整型，都存在溢出的可能性，所以选择合适的整型变量类型及其比较边界值对于避免这类问题尤其重要。

了解了整型的基本信息后，接下来我们将探讨整型支持的不同进制形式的字面值，以及如何输出不同进制形式的数值。

2. 字面值与格式化输出

Go 在设计之初就继承了 C 语言关于**数值字面值**（number literal）的语法形式。早期版本的 Go 支持十进制、八进制、十六进制的数值字面值形式，例如以下代码。

```
a := 53        // 十进制
```

```
b := 0700      // 八进制，以“0”为前缀
c1 := 0xaabbcc // 十六进制，以“0x”为前缀
c2 := 0Xddeeff // 十六进制，以“0X”为前缀
```

自 Go 1.13 版本起，Go 增加了对二进制字面值的支持，并引入了两种新的八进制字面值的形式，例如以下代码。

```
d1 := 0b10000001 // 二进制，以“0b”为前缀
d2 := 0B10000001 // 二进制，以“0B”为前缀
e1 := 0o700      // 八进制，以“0o”为前缀
e2 := 0O700      // 八进制，以“0O”为前缀
```

为增强字面值的可读性，Go 1.13 版本还支持使用数字分隔符“_”。这个分隔符可以用来将数字分组，或用来分隔前缀与字面值中的第一个数字，例如以下代码。

```
a := 5_3_7    // 十进制：537
b := 0b_1000_0111  // 二进制：10000111
c1 := 0_700   // 八进制：0700
c2 := 0o_700  // 八进制：0700
d1 := 0x_5c_6d // 十六进制：0x5c6d
```

注意，Go 1.13 版本中增加的二进制字面值以及数字分隔符功能仅当 go.mod 文件中的 go 版本指示字段设置为 Go 1.13 以及以后版本时才会生效，否则编译器会报错。

此外，我们可以通过标准库 fmt 包的格式化输出函数，将整型变量以不同进制的形式输出。例如，将十进制整型值 59 分别格式化输出为二进制、八进制和十六进制的代码如下。

```
var a int8 = 59
fmt.Printf("%b\n", a) // 输出二进制：111011
fmt.Printf("%d\n", a) // 输出十进制：59
fmt.Printf("%o\n", a) // 输出八进制：73
fmt.Printf("%O\n", a) // 输出八进制（带 0o 前缀）：0o73
fmt.Printf("%x\n", a) // 输出十六进制（小写）：3b
fmt.Printf("%X\n", a) // 输出十六进制（大写）：3B
```

到这里，我们对整型的学习暂告一段落。接下来，我们将探讨另一种数值类型——浮点类型。

7.2.2　浮点类型

与广泛使用的整型相比，浮点类型的使用场景更为聚焦，主要集中在科学数值计算、图形图像处理和仿真、多媒体游戏及人工智能等领域。首先，让我们简单了解一下浮点类型的二进制表示。

1. 浮点类型的二进制表示

Go 中的浮点类型的二进制表示遵循 IEEE 754。IEEE 754 是国际上广泛采用的浮点数算术标准，自 20 世纪 80 年代以来被许多 CPU 与浮点运算器采纳。大部分主流编程语言都支持符合 IEEE 754 标准的浮点数格式与算术运算。

IEEE 754 规定了 4 种表示浮点数值的方式：单精度（32 位）、双精度（64 位）、扩展单精

度（43 位以上）与扩展双精度（79 位以上，通常实现为 80 位）。后两种较少使用，我们重点关注前两种。Go 提供了 float32 与 float64 两种浮点类型，它们分别对应 IEEE 754 中的单精度与双精度浮点数值类型。

无论是 float32 还是 float64，它们的变量默认值都是 0.0。不同之处在于它们占用的内存空间大小不同，因此可以表示的浮点数范围与精度也有所不同。那么，浮点数在内存中的二进制表示究竟是怎样的呢？

IEEE 754 给出了在内存中存储和表示浮点数的标准形式，如表 7.3 所示。

表 7.3　浮点数的二进制表示

符号位	阶码	尾数
sign	exponent	maintissa

可以看到，浮点数在内存中的二进制表示分 3 部分——符号位（S）、阶码（E，经过换算的指数）和尾数（M）。一个浮点数的值由这 3 部分共同决定，其计算公式如下。

$$(-1)^S \times 1.M \times 2^{E-\text{offset}}$$

其中，浮点值的符号由符号位决定：当符号位为 1 时，浮点值为负；当符号位为 0 时，浮点值为正。公式中的 offset 被称为阶码偏移值。

单精度（float32）与双精度（float64）浮点数在阶码与尾数上的长度不同。IEEE 754 中单精度和双精度浮点数的各部分的长度规定如表 7.4 所示。

因为双精度浮点类型在阶码与尾数上使用的比特位数更多，它可以表示更高的精度，所以在日常开发中更常用。float64 也是 Go 中浮点常量或字面值的默认类型。

表 7.4　单精度与双精度浮点数的长度对比

浮点类型	符号位 /bit	阶码 /bit	阶码偏移值	尾数 /bit
单精度（float32）	1	8	127	23
双精度（float64）	1	11	1023	52

相比之下，单精度浮点类型由于表示范围与精度有限，可能会给开发者带来困扰。例如，在以下代码中，尽管两个浮点数字面值不同，但由于单精度浮点类型的精度限制，导致比较结果认为这两个变量相等。

```
var f1 float32 = 16777216.0
var f2 float32 = 16777217.0
fmt.Println(f1 == f2) // 输出: true
```

看到这里，你是不是觉得浮点类型很神奇？与易用且易理解的整型相比，浮点类型无论在二进制表示层面还是使用层面都要复杂得多。即便是浮点类型的字面值，其真实的浮点值有时也不易判断。接下来，我们将继续分析浮点类型的字面值表示。

2. 字面值与格式化输出

Go 中的浮点类型的字面值大体可分为两类，一类是**直接使用十进制表示的浮点值形式**。这类字面值通过直观的方式表示浮点数值，无需额外换算即可确定其浮点数值，例如以下示例。

```
3.1415
.15   // 如果整数部分为 0，可以省略不写
81.80
82.   // 如果小数部分为 0，小数点后的 0 可以省略不写
```

另一类则是**科学记数法形式**。采用科学记数法表示的浮点类型的字面值，我们需要通过一定的换算才能确定其浮点数值。科学记数法形式进一步分为十进制和十六进制两种表示方式。

我们先来看十进制科学记数法形式的浮点数字面值，这里的 e/E 代表幂运算的底数为 10。

```
6674.28e-2 // 6674.28 * 10^(-2) = 66.742800
.12345E+5  // 0.12345 * 10^5 = 12345.000000
```

接着是十六进制科学记数法形式的浮点数字面值。

```
0x2.p10  // 2.0 * 2^10 = 2048.000000
0x1.Fp+0 // 1.9375 * 2^0 = 1.937500
```

需要注意的是，在这里，整数部分和小数部分使用十六进制表示，但指数部分依然采用十进制，并且 p/P 代表幂运算的底数为 2。

了解了浮点类型的字面值后，接下来看看如何使用 fmt 包提供的格式化输出函数来处理浮点数。最常用的格式化输出形式是 %f。它可以直接输出浮点数的原始值形式。

```
var f float64 = 123.45678
fmt.Printf("%f\n", f) // 输出：123.456780
```

此外，还可以将浮点数以科学记数法形式输出。

```
fmt.Printf("%e\n", f) // 输出：1.234568e+02
fmt.Printf("%x\n", f) // 输出：0x1.edd3be22e5de1p+06
```

其中，%e 用于输出十进制科学记数法形式，而 %x 用于输出十六进制科学记数法形式。

到这里，关于浮点类型的内容就介绍完了。掌握了整型和浮点类型的基础知识之后，我们将更容易理解复数类型的相关概念。

7.2.3　复数类型

在数学中，形如 $z=a+bi$（a、b 均为实数，a 称为实部，b 称为虚部）的数被称为**复数**。相比 C 语言直到采用 C99 标准，才在 complex.h 中引入了对复数类型的支持，Go 则原生支持复数类型。不过，和整型、浮点类型相比，复数类型在 Go 中的应用更为局限，主要用于专业领域的计算，如矢量计算等。

Go 提供了两种复数类型——complex64 和 complex128。complex64 的实部与虚部都是

float32 类型，而 complex128 的实部与虚部都是 float64 类型。如果一个复数没有显式赋予类型，则默认类型为 complex128。

在 Go 中，初始化复数字面值的方法有 3 种。

第 1 种：直接使用复数字面值。 示例如下。

```
var c = 5 + 6i
var d = 0o123 + .12345E+5i // 83+12345i
```

第 2 种：使用 complex 函数创建复数。 示例如下。

```
var c = complex(5, 6) // 5 + 6i
var d = complex(0o123, .12345E+5) // 83+12345i
```

第 3 种：使用预定义函数 real 和 imag 获取复数的实部与虚部。 示例如下。

```
var c = complex(5, 6) // 5 + 6i
r := real(c) // 5.000000
i := imag(c) // 6.000000
```

由于复数类型的实部与虚部都是浮点类型，因此可以直接应用浮点类型的格式化输出方法来输出复数类型。

至此，我们对复数类型有了基本的了解。接下来，我们将系统地探讨 Go 的另一种广泛使用的数据类型——字符串类型。

7.3　字符串类型

字符串类型是现代编程语言中最常用的数据类型之一，多数主流编程语言都提供了对这一类型的原生支持。少数没有提供原生字符串类型的主流语言（如 C 语言）也通过其他形式提供了对字符串类型的支持。

7.3.1　原生支持字符串类型的好处

Go 原生支持字符串类型，其类型为 string。通过 string 类型，Go 统一了对"字符串"的抽象，无论是字符串常量、字符串变量还是代码中出现的字符串字面值，它们的类型都被统一设置为 string。

```
const (
    GO_SLOGAN = "less is more" // GO_SLOGAN 是 string 类型常量
    s1 = "hello, gopher"        // s1 是 string 类型常量
)

var s2 = "I love go" // s2 是 string 类型变量
```

相对于 C 语言这种没有字符串类型的语言，Go 原生支持 string 有以下几点好处。

第 1 点：string 类型的数据是不可变的，提高了字符串的并发安全性。

Go 规定，字符串类型的值在其生命周期内是不可改变的。这意味着，如果我们声明了一

个字符串类型的变量，那么我们无法通过这个变量修改它对应的字符串内容。但这并不意味着不能为一个字符串类型变量进行二次赋值。

什么意思呢？借助以下代码就容易理解了。

```
var s string = "hello"
s[0] = 'k'     // 错误：字符串的内容是不可变的
s = "gopher"   // 正确
```

在这段代码中，我们声明了一个字符串类型变量 s。当我们试图通过下标方式把字符串的第一个字符由 'h' 改为 'k' 时，会收到编译器的错误提示：**字符串的内容是不可变的**。但我们可以像最后一行代码那样，重新给变量 s 赋值为另外一个字符串。

这种"字符串类型数据不可变"的性质使得开发者无需担心字符串的并发安全问题。多个 goroutine 可以共享同一个字符串而无需使用同步机制来保证线程安全。

第 2 点：没有结尾 '\0'，获取长度的时间复杂度是常数时间，消除了获取字符串长度的开销。

在 C 语言中，获取一个字符串的长度需要调用标准库的 strlen 函数，该函数遍历字符串中的每个字符并计数，直到遇到结尾标志 '\0' 为止。这是一个线性时间复杂度的操作，执行时间与字符串中字符个数成正比。此外，字符串必须以 '\0' 作为结束标志。

Go 修正了这个缺陷，Go 中的字符串没有结尾 '\0'，并且获取字符串长度是一个常数时间复杂度的操作，无论字符串包含多少字符，都可以快速得到其长度。

第 3 点：原生支持"所见即所得"的原始字符串，大大降低了构造多行字符串时的心智负担。

在 C 语言中构造多行字符串，通常需要使用多个字符串拼接或续行符" \ "。但转义字符的存在增加了格式控制的难度。Go 通过一对反引号原生支持构造"所见即所得"的原始字符串（raw string）。原始字符串中的任意转义字符都不会起到转义的作用。例如下面这段代码。

```
// ch7/rawstring.go
var s string = `           ,_---~~~~~----._
        _,,_,*^____      _____*g*\"*,--,
       / __/ /'     ^.  /      \ ^@q   f
      [  @f | @))    |  | @))   l  0 _/
       \/   \~____ / __ \_____/     \
        |        _l__l_           I
        }       [_____]           I
        ]        | | |            |
        ]         ~ ~             |
        |                        |
        |                       |`
fmt.Println(s)
```

在上述代码中，字符串变量 s 被赋值了一个由反引号包围的 Gopher 图案，其中包含了转义字符如"\""。通过 Println 函数输出这个字符串，得到的结果与定义时完全一致。

在 Go 的原始字符串中，唯一不能直接包含的字符就是反引号本身。如果非要包含反引号，需要通过"拼接法"来实现。例如下面这段代码。

```
// ch7/rawstringbackquote.go
package main

import "fmt"

func main() {
    str := `This is a raw string with a backquote: "` + "`" + `" inside.`
    fmt.Println(str)
}
```

运行上述代码，输出结果如下。

```
This is a raw string with a backquote: "`" inside.
```

第 4 点：对非 ASCII 字符提供原生支持，消除了源码在不同环境下显示乱码的可能。

Go 源文件默认采用的是 Unicode 字符集。这使得 Go 对非 ASCII 字符提供了原生支持。Unicode 字符集是目前最流行的字符集，它囊括了几乎所有主流的非 ASCII 字符（包括中文字符等）。这意味着在 Go 字符串中的每个字符都是一个 Unicode 字符，并且这些字符是以 UTF-8 编码格式存储在内存中的。

由于 Go 使用 UTF-8 编码，因此无论源文件是在何种环境下编写或执行，都不容易出现显示乱码的情况。

了解了 Go 原生支持字符串类型带来的诸多好处后，接下来我们将深入探讨 Go 字符串的机制，看看 Go 字符串是如何组成的。

7.3.2　Go 字符串的组成

在 Go 中，看待字符串的组成有两种视角——字节视角和字符视角。在**字节视角**下，和所有其他支持字符串的主流编程语言一样，**Go 中的字符串值是一个可空的字节序列。字节序列中的字节数量即该字符串的长度。单独的字节只是孤立的数据，无法表达具体的含义。**

例如，以下代码输出字符串中的每个字节，以及整个字符串的长度。

```
var s = " 中国人 "
fmt.Printf("the length of s = %d\n", len(s)) // 输出: 9

for i := 0; i < len(s); i++ {
    fmt.Printf("0x%x ", s[i]) // 输出: 0xe4 0xb8 0xad 0xe5 0x9b 0xbd 0xe4 0xba 0xba
}
fmt.Printf("\n")
```

可以看到，"中国人" 构成的字符串的字节序列长度为 9。单独看每一个字节，它并不能与字符串中的任一个字符相对应。

为了赋予这些字节实际的意义，需要从**字符视角**来理解字符串。从这个视角看，**字符串是由一个可空的字符序列构成的。**这时我们再看以下代码。

```
// ch7/charactercount.go
var s = " 中国人 "
fmt.Println("the character count in s is", utf8.RuneCountInString(s)) // 输出: 3
```

```
for _, c := range s {
    fmt.Printf("0x%x ", c) // 输出: 0x4e2d 0x56fd 0x4eba
}
fmt.Printf("\n")
```

这段代码输出了字符串中的字符数量以及每个字符。前面说过，由于 Go 采用的是 Unicode 字符集，每个字符都是一个 Unicode 字符，因此这里输出的 0x4e2d、0x56fd 和 0x4eba 分别是汉字 "中" "国" "人" 在 Unicode 字符集中的码点（code point）。所谓 Unicode **码点**，就是指将 Unicode 字符集中的所有字符按顺序排列后，每个字符在其序列中的**位置**。也就是说，每个码点唯一对应一个字符。这一概念与即将介绍的 rune 类型有很大关系。

1. rune 类型与字符字面值

Go 使用 rune 类型来表示一个 Unicode 码点。由于 rune 本质上是 int32 类型的别名，因此它与 int32 类型是完全等价的。

由于每个 Unicode 码点唯一对应一个 Unicode 字符，因此，可以说，**一个 rune 实例就是一个 Unicode 字符**，而一个 Go 字符串也可以被视为一系列 rune 实例的集合。我们可以通过字符字面值来初始化一个 rune 变量。

在 Go 中，字符字面值有多种表示方法，最常见的是**通过单引号括起的字符字面值**。例如以下的示例。

```
'a'  // ASCII 字符
' 中 ' // Unicode 字符集中的中文字符
'\n' // 换行字符
'\" // 单引号字符
```

此外，还可以使用 **Unicode 专用的转义字符 \u 或 \U** 来表示一个 Unicode 字符。例如以下示例。

```
'\u4e2d'     // 字符: 中
'\U00004e2d' // 字符: 中
'\u0027'     // 单引号字符
```

需要注意的是，\u 后面跟的是 4 个十六进制数，而如果需要表示超过 4 个十六进制数范围的 Unicode 字符，则可以使用 \U，其后面跟 8 个十六进制数，以表示一个 Unicode 字符。

另外，由于表示码点的 rune 本质上是一个整型数值，因此我们还可以直接**用整型值作为字符字面值给 rune 变量赋值**。例如以下示例。

```
'\x27' // 使用十六进制表示的单引号字符
'\047' // 使用八进制表示的单引号字符
```

2. 字符串字面值

字符串是字符的集合。了解了字符字面值后，理解字符串字面值的概念也就变得简单了。与字符字面值使用单引号不同，字符串字面值需要使用双引号，以表示由多个字符组成的字符串。例如以下示例。

```
"abc\n"    // 包含换行字符的字符串
" 中国人 "   // 直接包含中文字符的字符串
"\u4e2d\u56fd\u4eba" // 使用 Unicode 转义序列表示的 "中国人"
"\U00004e2d\U000056fd\U00004eba" // 同样使用 Unicode 转义序列表示的 "中国人"
" 中 \u56fd\u4eba" // 混合的字符串字面值
"\xe4\xb8\xad\xe5\x9b\xbd\xe4\xba\xba" // 使用十六进制表示的字符串字面值 "中国人"
```

可以看到，将单个 Unicode 字符字面值连接起来，并用双引号包围就构成了字符串字面值。甚至可以像倒数第二行那样，将不同字符字面值形式混合在一起，构成一个字符串字面值。

不过，你可能会注意到最后一个示例的十六进制形式字符串字面值，其每个字节的值与前面几行的码点值完全对应不上，这是为什么呢？这个字节序列实际上是 "中国人" 这个 Unicode 字符串的 UTF-8 编码值。那么，什么是 UTF-8 编码？它与 Unicode 字符集有什么关系呢？

3. UTF-8 编码方案

UTF-8 编码解决的是如何在计算机中存储和表示（位模式）Unicode 码点值的问题。你可能会问，既然每个码点唯一确定一个 Unicode 字符，直接用码点值不行吗？这的确是可以的，并且 UTF-32 编码标准就是基于这一思路设计的。UTF-32 编码方案采用固定 4 字节来表示每个 Unicode 字符的码点。这带来的好处是编解码过程简单明了，但缺点也很明显，主要有以下 3 点。

❑ 使用 4 字节存储和传输整型数时，需要考虑不同平台的字节序问题。

❑ 由于采用固定的 4 字节长度，无法兼容仅需要 1 字节的 ASCII 字符集。

❑ 对所有 Unicode 字符码点都使用 4 字节编码，导致大量空间浪费。

针对这些问题，Go 之父罗伯·派克发明了 UTF-8 编码方案。与 UTF-32 方案不同，UTF-8 采用变长度字节对 Unicode 字符的码点进行编码。编码采用的字节数量与 Unicode 字符在码点表中的序号有关：表示序号（码点）小的字符使用的字节数量少，表示序号（码点）大的字符使用的字节数量多。

UTF-8 编码使用的字节数量从 1 个到 4 个不等。前 128 个与 ASCII 字符重合的码点（U+0000~U+007F）使用 1 字节表示；带变音符号的拉丁文、希腊文、西里尔字母、阿拉伯文等使用 2 字节表示；东亚文字（包括汉字）通常使用 3 字节表示；其他极少使用的语言字符则使用 4 字节表示。

这种编码方案不仅兼容 ASCII 字符的内存表示，使得现有的 ASCII 字符可以直接作为 Unicode 字符进行存储和传输，而且由于其以字节为单位进行编解码，避免了像 UTF-32 那样需要处理字节序的问题。相比于 UTF-32 方案，UTF-8 方案的空间利用率也更高。

现在，UTF-8 已经成为 Unicode 字符编码方案的事实标准，广泛应用于各种平台和浏览器中。Go 也不例外，采用了 UTF-8 编码方案来存储 Unicode 字符。我们在前面看到的按字节输出字符串值的结果，实际上就是对字符进行 UTF-8 编码后的值。

接下来，我们使用 Go 标准库中的 utf8 包对 Unicode 字符（rune）进行编解码操作。例如以下代码。

```
// ch7/utf8.go
// rune -> []byte
func encodeRune() {
    var r rune = 0x4E2D
    fmt.Printf("the unicode charactor is %c\n", r)
    buf := make([]byte, 3)
    _ = utf8.EncodeRune(buf, r) // 对 rune 进行 UTF-8 编码
    fmt.Printf("utf-8 representation is 0x%X\n", buf) // 0xE4B8AD
}
// []byte -> rune
func decodeRune() {
    var buf = []byte{0xE4, 0xB8, 0xAD}
    r, _ := utf8.DecodeRune(buf) // 对 buf 进行 UTF-8 解码
    fmt.Printf("the unicode charactor after decoding [0xE4, 0xB8, 0xAD] is
%s\n", string(r))
}
```

在这段代码中，encodeRune 函数通过调用 utf8 包的 EncodeRune 函数实现了将一个 rune（一个 Unicode 字符）编码为 UTF-8 格式的功能，而 decodeRune 函数则通过调用 utf8 包的 DecodeRune 函数实现了从 UTF-8 编码的字节恢复为 rune 的功能。

现在我们已经了解了 Go 中字符串类型的性质和组成。了解了这些基础知识之后，我们将能够更好地理解 Go 是如何实现和处理字符串类型的。

7.3.3　Go 字符串类型的内部表示

Go 字符串类型的内部表示究竟是怎样的呢？通过标准库中的 reflect 包及 runtime 包，我们可以找到答案。先来看看以下代码。

```
// $GOROOT/src/reflect/value.go
// StringHeader 代表字符串的运行时表示形式
type StringHeader struct {
    Data uintptr
    Len  int
}

// $GOROOT/src/runtime/string.go
type stringStruct struct {
  str unsafe.Pointer
  len int
}
```

可以看到，**字符串类型实际上是一个"描述符"，它并不直接存储字符串数据，而是由一个指向底层存储的指针和表示字符串长度的字段组成**。图 7.3 形象地展示了 Go 内存中字符串类型变量的存储方式。这里以 StringHeader 为例进行介绍。

Go 编译器将源码中的字符串类型转换为运行时的一个二元组 (Data, Len)，实际的字符串数据则存储在一个由 Data 指向的底层数组中。

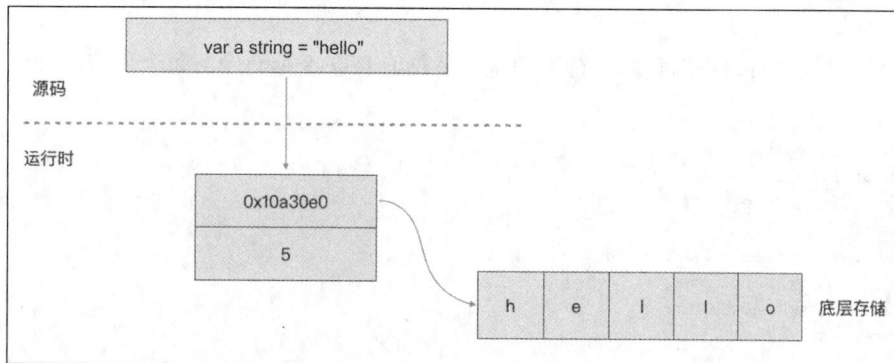

图 7.3 字符串的内部表示

理解了字符串类型的实现原理后，我们可以得出这样一个结论：**将字符串类型直接作为函数 / 方法参数传递并不会带来显著的开销**。因为传递的仅仅是一个"描述符"，而不是真正的字符串数据本身。

在掌握了 Go 字符串的基本信息及其工作原理后，我们将从理论转向实践，探讨日常开发中与字符串类型相关的一些常见操作。

7.3.4 Go 字符串类型的常见操作

由于 Go 中字符串的不可变性，我们通常对其进行读取操作，或者将其作为构建其他字符串或转换为其他类型的组成部分。接下来，我们将详细探讨这些常见的字符串操作。

1. 下标操作

在字符串的内部实现中，实际存储的数据位于底层数组中。因此，字符串的下标操作本质上是对该底层数组进行下标访问。在前面的代码中已涉及针对字符串的下标操作，形式如下。

```
var s = "中国人"
fmt.Printf("0x%x\n", s[0]) // 输出: 0xe4，即字符"中"UTF-8 编码的第一个字节
```

可以看到，通过下标操作，我们获取的是字符串中特定位置上的字节值，而非字符本身。

2. 字符迭代

Go 提供了两种迭代字符串的方式——常规 for 循环迭代与 for range 循环迭代。**注意，这两种迭代方式对字符串的操作结果存在差异。**

使用常规 for 循环进行迭代时，是从字节的视角出发，每轮迭代得到的是构成字符串的一个字节及其对应的索引标值。这种方式等价于遍历字符串底层数组的过程，例如以下代码。

```
// ch7/stringiterate.go
var s = "中国人"

for i := 0; i < len(s); i++ {
    fmt.Printf("index: %d, value: 0x%x\n", i, s[i])
```

```
}
```

运行这段代码后，可以看到字符串中每个字符的 UTF-8 编码中的每个字节。

```
index: 0, value: 0xe4
index: 1, value: 0xb8
index: 2, value: 0xad
index: 3, value: 0xe5
index: 4, value: 0x9b
index: 5, value: 0xbd
index: 6, value: 0xe4
index: 7, value: 0xba
index: 8, value: 0xba
```

相比之下，采用 for range 循环迭代时，我们得到的又是什么呢？例如以下代码。

```
// ch7/stringiterate.go
var s = " 中国人 "

for i, v := range s {
    fmt.Printf("index: %d, value: 0x%x\n", i, v)
}
```

运行这段代码，我们将得到以下结果。

```
index: 0, value: 0x4e2d
index: 3, value: 0x56fd
index: 6, value: 0x4eba
```

可以看到，通过 for range 循环迭代，每轮迭代得到的是字符串中每个 Unicode 字符的码点值，以及其在字符串中的偏移位置。这种方式可以用于计算字符串中的字符数量，而通过 Go 的内置函数 len 只能获取字符串的长度（字节数量）。当然，获取字符串中字符数量更专业的方法是调用标准库中 UTF-8 包的 RuneCountInString 函数，你可以自己试一下。

3. 字符串连接

尽管在 Go 中字符串的内容是不可变的，但这并不妨碍我们基于已有的字符串创建新的字符串。Go 原生支持通过 + 和 += 操作符进行字符串连接，这为开发者提供了良好的体验。例如以下代码。

```
s := "Rob Pike, "
s = s + "Robert Griesemer, "
s += " Ken Thompson"
fmt.Println(s) // Rob Pike, Robert Griesemer, Ken Thompson
```

虽然使用 + 和 += 操作符进行字符串连接非常直观且易于使用，但这种方式在性能上未必是最优的。为了提高连接效率，Go 还提供了 strings.Builder、strings.Join、fmt.Sprintf 等函数，这些函数适用于不同的场景。感兴趣的读者可以自行查看标准库参考手册学习，这里不赘述。

4. 字符串比较

Go 字符串类型支持多种比较操作符，包括 ==、!=、>=、<=、> 和 <。在进行字符串比较时，Go 采用字典序（按字符编码顺序）进行逐字符对比。

以下为一个关于 Go 字符串比较的代码示例。

```go
// ch7/stringcompare.go
func main() {
    // ==
    s1 := "世界和平"
    s2 := "世界" + "和平"
    fmt.Println(s1 == s2) // 输出: true

    // !=
    s1 = "Go"
    s2 = "C"
    fmt.Println(s1 != s2) // 输出: true

    // < and <=
    s1 = "12345"
    s2 = "23456"
    fmt.Println(s1 < s2)  // 输出: true
    fmt.Println(s1 <= s2) // 输出: true

    // > and >=
    s1 = "12345"
    s2 = "123"
    fmt.Println(s1 > s2)  // 输出: true
    fmt.Println(s1 >= s2) // 输出: true
}
```

需要注意的是，由于 Go 字符串内容的不可变性，如果两个字符串长度不同，则不需要比较具体字符串数据，即可断定它们不同。但如果两个字符串长度相同，则需要进一步判断数据指针是否指向同一块底层存储的数据。如果相同，那么我们可以说两个字符串是等价的；否则，还需要进一步比较实际的内容。

5. 字符串转换

Go 支持字符串与字节切片、字符串与 rune 切片之间的双向转换。这种转换无需调用额外的函数，只需通过显式的类型转换即可实现。例如以下代码。

```go
// ch7/stringconvert.go
var s string = "中国人"

// string -> []rune
rs := []rune(s)
fmt.Printf("%x\n", rs) // 输出: [4e2d 56fd 4eba]

// string -> []byte
bs := []byte(s)
fmt.Printf("%x\n", bs) // 输出: e4b8ade59bbde4baba

// []rune -> string
s1 := string(rs)
fmt.Println(s1) // 输出: 中国人

// []byte -> string
s2 := string(bs)
fmt.Println(s2) // 输出: 中国人
```

尽管这些转换看起来简单，但由于字符串内容的不可变性，在执行这些转换时，运行时环境需要为转换后的类型分配新的内存空间，因此会带来一定的开销。

7.4　本章小结

在本章中，我们开始了对 Go 数据类型的探索之旅，从最简单的布尔类型开始，逐步学习了常用的数值类型及字符串类型。

Go 提供了 3 类原生数值类型——整型、浮点类型和复数类型。

对于整型，其二进制表示采用了 2 的补码形式。要计算一个负数的补码，只需遵循"原码取反加 1"的规则即可。

另外，学习整型时要特别注意，每种整型都有特定的取值范围和边界限制，一旦超出这些界限，便会引发溢出问题。这类问题多出现在循环语句中的结束条件判断处，因此在选择用于循环语句结束判断的整型变量及其边界值时应尤其小心。

接着，我们探讨了 Go 中的浮点数二进制表示。在这种表示方式下，一个浮点数被分为符号位、阶码与尾数 3 个部分。通过一个实例，我们展示了如何推导出一个浮点数的二进制表示。如果你理解了这个推导过程，就基本掌握了浮点类型。

最后，我们深入探讨了 Go 中另一类常用的基本数据类型——字符串类型，这包括 Go 原生支持字符串类型的好处、如何以字节视角和字符视角看待字符串、Go 使用 UTF-8 编码的 Unicode 字符集、字符串在运行时的表现形式及常见的字符串操作等。

对于数值类型和字符串类型等经常使用的基本类型，大家务必熟练掌握并理解透彻。

第 8 章　常量

在前面的内容中，我们探讨了变量及 Go 原生支持的基本数据类型，包括布尔类型、数值类型与字符串类型。这 3 类基本数据类型不仅可以用来声明变量，明确变量绑定的内存块边界，还可以用来定义另一大类语法元素——**常量**。在本章中，我们就来认识一下 Go 中的常量，并探讨其在语法层面的特色。

8.1　常量基础

在 Go 中，常量是一种于源码编译期间创建的语法元素。这意味着，常量的值可以像变量一样被初始化，但其初始化表达式必须能够在编译期间求出结果。

一旦常量被声明和初始化后，在整个程序的生命周期内，它的值保持不变。因此，在并发设计时不需要考虑常量访问的同步。此外，已被初始化的常量还可以作为其他常量初始表达式的一部分。

前面内容提到，Go 使用 var 关键字来声明变量，而在声明常量时，则引入了 const 关键字。类似于 var，const 也支持单行声明多个常量，以及以代码块形式聚合常量声明。同时，就像声明变量时可以选择是否显式地指定类型，声明常量时也可以选择省略类型。例如以下代码。

```
const PI float64 = 3.14159265358979323846 // 单行常量声明
// 使用代码块形式声明常量
const (
    size int64 = 4096        // 显式地指定类型
    i, j, s = 13, 14, "bar"  // 单行声明多个常量，并且省略类型
)
```

根据 Go 规范，**常量的类型仅限于基本数据类型，包括数值类型、字符串类型和布尔类型**。

按照惯例，常量名称应该采用 MixedCaps（驼峰命名法），其中导出的常量首字母大写，未导出的常量首字母小写，例如以下代码。

```
const MaxPacketSize = 512
const (
```

```
    ExecuteBit = 1 << iota
    WriteBit
    ReadBit
)
```

避免使用其他编程语言的命名约定来命名 Go 的常量。以下代码示例**不符合 Go 常量命名习惯**。

```
const MAX_PACKET_SIZE = 512
const kMaxBufferSize = 1024
const KMaxUsersPergroup = 500
```

不过，也有一些例外情况。例如，Go 标准库 syscall 包中的一些代码如下。

```
// $GOROOT/src/syscall/errors_plan9.go
const (
    O_CREAT   = 0x02000
    O_APPEND  = 0x00400
    O_NOCTTY  = 0x00000
    O_NONBLOCK = 0x00000
    O_SYNC    = 0x00000
    O_ASYNC   = 0x00000
    ...
    S_IFMT   = 0x1f000
    S_IFIFO  = 0x1000
    ...

)
```

可以看到，对于操作系统级别的、具有跨编程语言共识或标准的常量，允许保留它们**最初的名字**，这些名字通常源自各种操作系统 API 手册及编程语言的标准库参考手册。

8.2　Go 原生支持常量的好处

那么，常量的引入究竟给 Go 带来了哪些好处呢？为了更好地理解这一点，让我们先回顾一下那些原生不支持常量的编程语言，如 C 语言所面临的状况。

在 C 语言中，字面值充当了常量的角色，我们可以通过数值型、字符串型字面值来满足不同场景下对常量的需求。

为了避免这些字面值以"魔数"（magic number）的形式分散在源码各处，早期的 C 语言实践中常用宏（macro）定义符号来代替这些字面值，这种做法被称为**宏定义常量**，例如下面这些宏。

```
#define FILE_MAX_LEN 0x22334455
#define PI 3.1415926
#define GO_GREETING "Hello, Gopher"
#define A_CHAR 'a'
```

尽管宏定义常量是 C 语言编码中的主流风格，即便在后续 C 标准中提供了 const 关键字后依然如此，但宏定义存在诸多问题：它仅在预编译阶段进行字本替换，继承了宏替换的复杂性和易错性，并且类型不安全，无法在调试时通过宏名输出常量的值等。

即使改用 C 语言标准提供的 const 关键字修饰的标识符，这一方案依旧不够完美。因为使用 const 修饰的标识符本质上依旧是变量，在某些上下文中（如数组声明中的大小指定）不能作为真正的常量使用，除非借助 GNU 扩展 C 语言。以下代码示例就存在这样的问题。

```
const int size = 5;
int a[size] = {1,2,3,4,5}; // 这里的 size 本质上不是常量，将导致编译器错误
```

正是因为如此，站在 C 语言等编程语言的肩膀之上诞生的 Go 汲取了 C 语言的经验教训。Go 原生提供的 const 关键字定义的常量整合了 C 语言中的宏定义常量、const 修饰的"只读变量"以及枚举常量这 3 种形式的优点，并消除了各自的缺点。这使得 Go 中的常量不仅类型安全，而且有利于编译器优化。

此外，Go 在消除 C 语言缺乏原生常量支持的不足之处的同时，还为常量引入了一些创新点。接下来我们将探讨这些创新点。

8.3　Go 常量的创新

Go 常量的创新点包括无类型常量、隐式转型和实现枚举。

8.3.1　无类型常量

通过前面的学习，我们知道 Go 对类型安全有着严格的要求：**即便两个类型具有相同的底层类型，但它们仍然是不同的数据类型，不能相互比较或混合在一个表达式中进行运算。**这一要求不仅适用于变量，也适用于有类型的常量。以下代码展示了这一点。

```
type myInt int
const n myInt = 13
const m int = n + 5 // 编译器错误: cannot use n + 5 (type myInt) as type int in
const initializer

func main() {
    var a int = 5
    fmt.Println(a + n) // 编译器错误: invalid operation: a + n (mismatched types
int and myInt)
}
```

同样，在有类型常量与变量混合运算求值时，必须遵守类型一致的要求，否则只能通过显式类型转换来使上述代码正常工作。例如，在下面的代码中，我们必须将常量 n 显式转换为 int 类型后才能参与后续运算。

```
type myInt int
const n myInt = 13
const m int = int(n) + 5  // 正确

func main() {
    var a int = 5
```

```
        fmt.Println(a + int(n))  // 输出: 18
    }
```

那么，在 Go 中，只有通过这种方式才能让代码编译通过并正常运行吗？当然不是，我们也可以利用 Go 中的无类型常量来获得相同的效果。例如以下代码。

```
type myInt int
const n = 13

func main() {
    var a myInt = 5
    fmt.Println(a + n)  // 输出: 18
}
```

可以看到，常量 n 在声明时没有被赋予特定类型，这样的常量在 Go 中被称为**无类型常量**。

需要注意的是，无类型常量并非真的没有类型，而是拥有根据其初始值形式决定的默认类型。像上面代码中的常量 n 的初始值是整数形式，所以它的默认类型是 int。

到这里，你可能会问，既然常量 n 的默认类型 int 与 myInt 不是同一类型，为什么它们可以在同一个表达式中计算而不会导致编译器错误？

答案在于 Go 常量的第二个创新点——隐式转型，这将在接下来的内容中详细讨论。

8.3.2　隐式转型

隐式转型指的是，在无类型常量参与的表达式求值过程中，编译器会依据上下文中的类型信息，自动将无类型常量转换为相应的类型后再进行计算，这一过程是隐式进行的。由于转型的对象是常量，因此这不会引发类型安全问题，编译器确保这种转型的安全性。

我们继续以上面的代码为例进行分析。对于 a+n 这个表达式，Go 编译器会自动将无类型常量 n 转换为 myInt 类型，然后与变量 a 相加。由于变量 a 的类型 myInt 底层也是 int 类型，因此这种隐式转型不会产生任何问题。

不过，如果 Go 编译器在尝试进行隐式转型时发现无法将常量转换为目标类型，它会报错。例如以下代码。

```
const m = 1333333333
var k int8 = 1
j := k + m // 编译器错误: constant 1333333333 overflows int8
```

在上述代码中，常量 m 的值 1333333333 超出了 int8 类型能表示的范围，所以在尝试将其转换为 int8 类型时，会导致编译器报告溢出错误。

从前面的分析可以看到，无类型常量与隐式转型机制的结合使用，使得在具有强类型系统的 Go 中处理混合数据类型的表达式运算变得更加灵活，同时也简化了代码编写。也就是说，在很多情况下，我们不需要在表达式中进行显式的类型转换。在 Go 中，使用无类型常量是一种惯用法。

接下来，我们将探讨 Go 常量的第 3 个创新点——实现枚举。这一创新点也展示了常量在实际应用中的重要性和灵活性。

8.3.3　实现枚举

在前面讲解 Go 的基本数据类型时，我们并没有提到枚举类型。这是因为 Go 并没有提供原生的枚举类型。但是，Go 开发者对枚举类型的需求是现实存在的。这要怎么办呢？**在 Go 中，我们可以使用 const 代码块定义的常量集合来实现枚举功能。**毕竟，枚举类型本质上就是一组有限数量的常量集合，这样做并没有什么问题。

不过，利用常量实现枚举可不是我们的临时起意，而是 Go 设计者有意为之的设计决策。他们希望将枚举与常量结合在一起，从而避免单独引入枚举类型。这一设计理念借鉴并改进了 C 语言中的枚举特性。

接下来，我们先回顾一下 C 语言中的枚举类型。在 C 语言中，枚举是一个命名的整型常数集合。例如，使用枚举定义的 Weekday 类型如下。

```
enum Weekday {
    SUNDAY,
    MONDAY,
    TUESDAY,
    WEDNESDAY,
    THURSDAY,
    FRIDAY,
    SATURDAY
};

int main() {
    enum Weekday d = SATURDAY;
    printf("%d\n", d); // 输出: 6
}
```

运行上述 C 语言代码后可以发现，如果没有显式给枚举常量赋初始值，那么第一个枚举常量的值默认为 0，后续每个常量依次递增 1。因此，在这个示例中，SATURDAY 的值为 6。

尽管 Go 没有直接继承这种自动赋值的方式，但它通过两种机制实现了类似的功能：隐式重复前一个非空表达式和 iota 关键字。这两种机制在 const 声明块中分别独立使用。

接下来我们看看这两种机制。首先，**Go 的 const 语法提供了"隐式重复前一个非空表达式"的机制**，例如以下代码。

```
const (
    Apple, Banana = 11, 22
    Strawberry, Grape
    Pear, Watermelon
)
```

在这段代码中，后两行没有显式地赋予初始值，所以 Go 编译器会自动使用上一行的初始化表达式。等价于以下代码。

```
const (
    Apple, Banana = 11, 22
```

```
    Strawberry, Grape  = 11, 22 // 使用上一行的初始化表达式
    Pear, Watermelon  = 11, 22  // 使用上一行的初始化表达式
)
```

然而，仅仅重复上一行的值显然无法满足"枚举"的需求，因为枚举类型中的每个常量值都是唯一的。所以，**Go 在此基础上提供了"神器"**——iota。通过 iota，我们可以定义适应各种场景的枚举常量。

iota 是 Go 中的一个预定义标识符，它表示在 const 声明块（包括单行声明）中每个常量所处位置的偏移值（从零开始）。同时，每一行中的 iota 自身也是一个无类型常量，可以自动参与到不同类型的求值过程中，不需要显式转换。

在 Go 标准库中，sync/mutex.go 的一个基于 iota 实现枚举常量的示例如下。

```
// $GOROOT/src/sync/mutex.go
const (
    mutexLocked = 1 << iota
    mutexWoken
    mutexStarving
    mutexWaiterShift = iota
    starvationThresholdNs = 1e6
)
```

这是一个展示 iota 用法的典型示例，我们逐行看一下。

首先，const 声明块的第一行是 mutexLocked = 1 << iota 。其中，iota 的值为该行在 const 声明块中的偏移量，即 0。因此，mutexLocked 这个常量的值为 1 << 0，也就是 1。

接着，第二行是 mutexWoken。因为这行没有显式的初始化表达式，所以根据 const 声明块中"隐式重复前一个非空表达式"的机制，这一行等价于 mutexWoken = 1 << iota。另外，因为这是 const 声明块中的第二行，所以 iota 的值为 1。因此，mutexWoken 这个常量的值为 1 << 1，也就是 2。

然后是 mutexStarving。与 mutexWoken 一样，这一行等价于 mutexStarving = 1 << iota。因为这行是 const 声明块中的第三行，所以 iota 的值为 2。因此，mutexStarving 这个常量的值为 1 << 2，也就是 4。

我们再看 mutexWaiterShift = iota 这一行，这里对常量 mutexWaiterShift 进行了显式初始化，不再重复前一行。由于这是 const 声明块的第四行，所以 iota 的值为 3。因此，mutexWaiterShift 这个常量的值为 3。

最后，常量 starvationThresholdNs 直接被赋值了具体值 1e6，因此，这个常量的值就是 1e6 本身。

看完这个例子的分析，相信你对 iota 会有更深的了解。需要注意的是，在同一行中的 iota 即便出现多次，其值也是相同的，例如以下代码。

```
const (
    Apple, Banana = iota, iota + 10 // 0, 10 (iota = 0)
    Strawberry, Grape              // 1, 11 (iota = 1)
    Pear, Watermelon               // 2, 12 (iota = 2)
)
```

以第一组常量 Apple 与 Banana 为例，它们分别被赋值为 iota 与 iota+10。由于这是 const 声明块的第一行，因此两个 iota 的值都为 0，于是有 Apple=0，Banana=10 的结果。后续两组变量的分析过程类似。

如果希望枚举常量从 iota = 1 开始，可以参考 Go 标准库中的做法。

```
// $GOROOT/src/syscall/net_js.go
const (
    _ = iota
    IPV6_V6ONLY  // 1
    SOMAXCONN    // 2
    SO_ERROR     // 3
)
```

在这段代码中，第一个枚举常量使用了空白标识符，其值就是 iota。虽然它本身没有实际意义，但后面的常量值会基于这个 iota 值递增，因此，真正的枚举常量值从 1 开始。

当需要略过某些值时，可以利用空白标识符，例如以下代码。

```
const (
    _ = iota // 0
    Pin1
    Pin2
    Pin3
    _
    Pin5     // 5
)
```

在上述定义中，Pin4 被略过了。

此外，iota 特性让维护枚举常量列表变得更加容易。例如，按字母顺序排列颜色常量。

```
const (
    _ = iota
    Blue
    Red
    Yellow
)
```

无论后期增加多少种颜色，只需要将新常量名插入对应位置即可，不需要手动调整数值。

值得注意的是，每个 const 声明块中的 iota 是独立变化的，例如以下代码。

```
const (
    a = iota + 1 // 1, iota = 0
    b            // 2, iota = 1
    c            // 3, iota = 2
)
const (
    i = iota << 1 // 0, iota = 0
    j             // 2, iota = 1
    k             // 4, iota = 2
)
```

每个 iota 的生命周期始于一个 const 声明块的开始，并在其结束时终止。

然而，iota 并非万能。对于不规则序列的常量值（如跳跃较大或不遵循某种规律），手动指定常量值更为合适。

此外，如果 iota 影响了代码的可读性和直观性，应谨慎使用。

8.4　本章小结

在本章中，我们探讨了 Go 中常用的一类语法元素——**常量**。

Go 原生支持常量，这使得我们可以避免像 C 语言那样使用宏定义常量，后者不仅复杂且容易出错。此外，Go 编译器还提供了类型安全的保障。

我们学习了无类型常量，这是 Go 在常量设计上的一项创新。无类型常量具有与字面值一样的灵活性，可以直接参与表达式求值，而不需要显式的类型转换。这种灵活性得益于 Go 对常量的另一个创新——**隐式转型**。也就是说，无类型常量的默认类型会被自动隐式转换为求值上下文所需的类型，这一过程由 Go 编译器保证其安全性，从而大大简化了代码编写。

此外，Go 常量移植并"改良"了 C 语言中的枚举类型特性，在 const 声明块中支持自动重复前一行和 iota 行偏移量指示器。这样我们就可以使用 Go 常量语法来实现枚举常量的定义。基于 Go 常量特性的枚举定义十分灵活，维护起来也更加简便。例如，我们可以选择任意数值作为枚举值列表的起始值，也可以定义一些跨度不大的不连续枚举常量。当添加和删除有序枚举常量时，不需要手工调整枚举值，极大地方便了代码维护工作。

第 9 章 复合数据类型

在前面的学习中，我们深入探讨了 Go 的基本数据类型，如布尔类型、数值类型与字符串类型。但是，仅掌握这些基本数据类型构建的抽象概念，并不足以应对现实世界中的复杂问题。

Go 还支持一种由多个同构（相同类型）或异构（不同类型）元素组成的数据类型。这类数据类型在 Go 中被称为**复合数据类型**。

Go 原生支持多种复合数据类型，包括数组、切片（slice）、map、结构体，以及用于并发编程的高级复合数据类型 channel 等。在本章中，我们先学习一些最为基础且常见的复合类型：数组、切片、map 和结构体。

我们将从最基础的复合数据类型——数组开始探讨。

9.1 数组：同构静态复合类型

9.1.1 数组的基本特性

我们先来看看数组类型的概念。Go 中的数组是由固定长度的同构元素组成的连续序列。根据这一定义，我们可以提炼出 Go 数组类型的两个重要属性——**元素的类型**和**数组的长度（元素的数量）**。这两个属性直接决定如何声明一个 Go 数组类型变量。例如以下代码。

```
var arr [N]T
```

上述代码声明了一个数组变量 arr，其类型为 [N]T，其中元素类型为 T，数组长度为 N。注意，数组元素的类型 T 可以为任意的 Go 原生类型或自定义类型，而且数组的长度必须在声明时确定，因为 Go 编译器需要在编译阶段就知道数组类型的长度。所以，只能用整型常量或常量表达式作为 N 值，这也是**数组静态特性**的体现。

这行代码还表明，如果两个数组类型的元素类型 T 与数组长度 N 都相同，那么这两个数组类型是等价的；如果任意一项属性不同，则它们被视为不同的数组类型。例如，以下示例很好地说明了这一点。

```
func foo(arr [5]int) {}
```

```
func main() {
    var arr1 [5]int
    var arr2 [6]int
    var arr3 [5]string

    foo(arr1) // 正确
    foo(arr2) // 错误: [6]int 与函数 foo 参数的类型 [5]int 不匹配
    foo(arr3) // 错误: [5]string 与函数 foo 参数的类型 [5]int 不匹配
}
```

在这段代码中，arr2 与 arr3 两个变量的类型分别为 [6]int 和 [5]string，前者由于长度属性与 [5]int 不一致，后者由于元素类型属性与 [5]int 不一致，因此这两个变量都不能作为调用函数 foo 的实际参数。

理解了数组类型的逻辑定义后，我们再来看看数组类型在内存中的实际表示形式，这是区分不同数组类型的基础，也是数组区别于其他类型的关键点。

数组不仅在逻辑上表现为连续序列，而且在内存分配上也占据一块连续的空间。当 Go 编译器为数组类型变量分配内存时，会为其所有元素分配一块连续的内存空间，如图 9.1 所示。

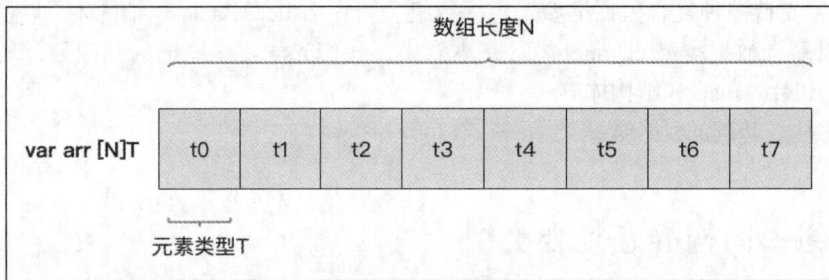

图 9.1　Go 数组在内存中的表示

我们从数组类型的内存表示中可以看出，这块内存的所有空间都被用来表示数组元素，所以，这块内存的大小等于各数组元素大小之和。如果两个数组分配的内存大小不同，那么它们肯定是不同的数组类型。Go 提供了内置函数 len，用于获取一个数组变量的长度，而通过 unsafe 包中的 Sizeof 函数，则可以获得一个数组变量的总大小，例如以下代码。

```
var arr = [6]int{1, 2, 3, 4, 5, 6}
fmt.Println(" 数组长度: ", len(arr))          // 输出: 6
fmt.Println(" 数组大小: ", unsafe.Sizeof(arr)) // 输出: 48
```

数组的大小是所有元素大小之和。这里数组元素的类型为 int。在 64 位平台上，int 类型的大小为 8 字节，数组 arr 一共有 6 个元素，因此其总大小为 48 字节。

与基本数据类型相似，在声明数组类型变量时也可以对其进行显式初始化。如果没有进行显式初始化，数组元素将被赋予该类型的零值。例如，下面的数组类型变量 arr1 的所有元素值均为 0。

```
var arr1 [6]int // 结果为 [0 0 0 0 0 0]
```

如果要显式初始化数组，可以在声明时使用大括号给各个元素赋值（如下面代码中的 arr2）。当然，也可以用"…"代替数组的长度，让 Go 编译器根据提供的元素数量，自动计算数组长度（如下面代码中的 arr3）。

```
var arr2 = [6]int {
    11, 12, 13, 14, 15, 16,
} // 结果为 [11 12 13 14 15 16]
var arr3 = […]int {
    21, 22, 23,
} // 结果为 [21 22 23]
fmt.Printf("%T\n", arr3) // 输出: [3]int
```

然而，对于较大长度且稀疏的数组进行逐一初始化会比较麻烦。在这种情况下，可以通过指定下标的方式对特定元素进行初始化，例如下面代码中的 arr4。

```
var arr4 = […]int{
    99: 39, // 将第 100 个元素（下标值为 99）的值设为 39，其余元素值均为 0
}
fmt.Printf("%T\n", arr4) // [100]int
```

借助数组类型变量及下标值，我们可以高效地访问数组中的元素值。这种访问方式非常直接，没有额外的运行时开销。但要记住，数组的**下标值是从 0 开始的**。如果下标值超出数组长度范围或为负数，Go 编译器会给出错误提示，防止发生溢出错误。

```
var arr = [6]int{11, 12, 13, 14, 15, 16}
fmt.Println(arr[0], arr[5]) // 输出: 11 16
fmt.Println(arr[-1])        // 错误: 下标值不能为负数
fmt.Println(arr[8])         // 错误: 下标值超出 arr 的长度范围
```

9.1.2　多维数组

上述讨论的元素类型为非数组类型的数组都是简单的一维数组。然而，在 Go 中，还有更为复杂的数组类型——多维数组。具体来说，数组类型自身也可以作为数组元素的类型，从而形成**多维数组**。例如，下面代码中的变量 mArr 就是一个类型为 [2][3][4]int 的多维数组。

```
var mArr [2][3][4]int
```

多维数组也不难理解。以上面示例中的多维数组类型为例，我们可以从左到右逐层分析其结构，将其拆分成图 9.2 所示的形式。

从上往下看，首先将 mArr 视为一个包含两个元素且每个元素类型都为 [3][4]int 的数组，正如图 9.2 中最上层所展示的那样。这样，mArr 的两个元素分别是 mArr[0] 和 mArr[1]，它们的类型均为 [3][4]int，也就是说，它们都是二维数组。

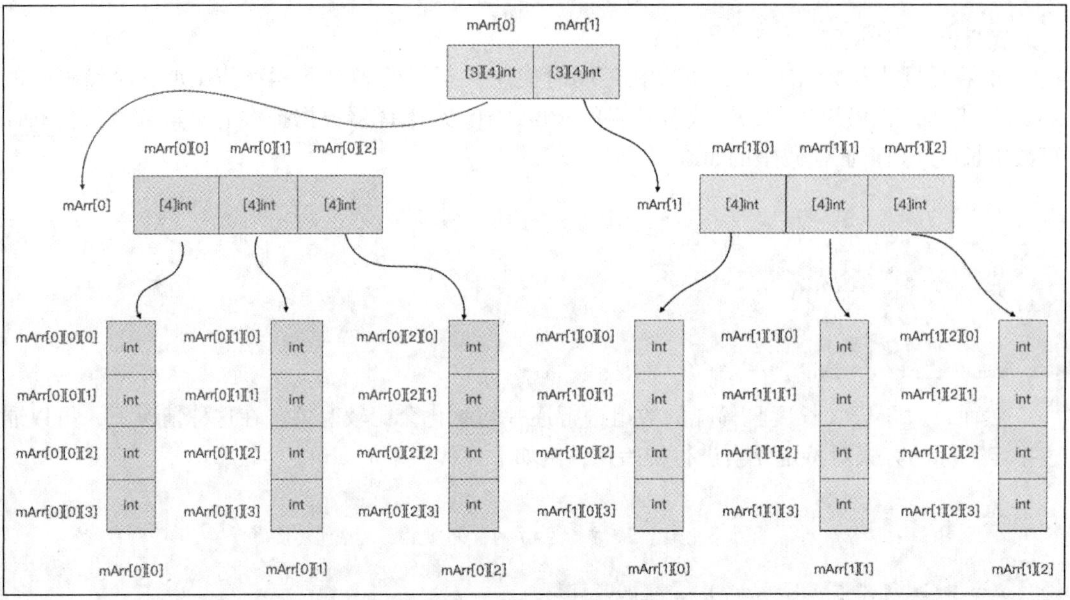

图 9.2　多维数组

接着以 mArr[0] 为例，可以进一步将其看成一个拥有 3 个元素且每个元素类型都为 [4]int 的数组，正如图 9.2 中中间层左侧所展示的那样。这样，mArr[0] 的 3 个元素分别是 mArr[0][0]、mArr[0][1] 和 mArr[0][2]，它们的类型均为 [4]int，也就是说，它们都是一维数组。

图 9.2 中最后一层展示了 mArr[0] 的 3 个元素及 mArr[1] 的 3 个元素各自的展开形式。以此类推，无论多维数组的实际维度有多少，我们都可以按照从左到右的顺序逐一展开，最终将其简化为我们熟悉的一维数组形式。

9.2　切片：同构动态复合类型

9.2.1　切片基础

数组作为 Go 中最基本的同构类型被保留下来，但在使用上有两点不足——固定的元素数量以及由于传值机制导致的较大开销。为此，Go 设计者引入了另一种同构复合类型——切片，以弥补这两处不足。

切片和数组就像一对同胞兄弟，相似却又各有特点。我们可以通过声明并初始化一个切片变量来观察这一点。

```
var nums = []int{1, 2, 3, 4, 5, 6}
```

与数组声明相比，切片声明中少了"长度"这一属性。去掉"长度"这一束缚后，切片展现出更高的灵活性，这些特性将在后续内容中分析。

　　尽管不需要像数组那样在声明时指定长度，但切片也有自己的长度，这个长度不是固定的，而是随着切片中元素数量的变化而变化，这也是切片类型**动态特性**的体现。

　　我们可以使用 len 函数来获得切片变量的长度，例如上面那个切片变量的长度为 6。

```
fmt.Println(len(nums)) // 输出: 6
```

　　此外，通过 Go 内置的 append 函数，可以动态地向切片中添加元素。当然，添加元素后切片的长度也随之发生变化，例如以下代码。

```
nums = append(nums, 7) // 切片变为 [1 2 3 4 5 6 7]
fmt.Println(len(nums)) // 输出: 7
```

　　到这里，你应该已经初步了解了切片类型。前面提到过，相比于数组类型，切片展现了更为灵活的特性。那么，这些特性是什么呢？它们又是如何实现的？接下来我们将探讨切片的实现原理及其基于该原理展现出的特性。

9.2.2　切片类型的实现

　　Go 切片在运行时其实是一个三元组结构，其定义如下。

```
type slice struct {
    array unsafe.Pointer
    len   int
    cap   int
}
```

　　可以看到，每个切片包含以下 3 个字段。

❑ array：指向底层数组的指针。

❑ len：切片的长度，即当前切片中元素的数量。

❑ cap：底层数组的长度，表示切片可扩展的最大长度。cap 值永远大于等于 len 值。

　　图 9.3 展示了用这个三元组结构表示上面示例中的切片类型变量 nums 的情况。

　　可以看到，**Go 编译器会自动为新创建的切片**建立一个底层数组，默认底层数组的长度与切片初始元素数量相同。我们还可以通过以下几种方法创建切片，并指定底层数组的长度。

　　方法 1：通过 make 函数创建切片，并指定底层数组的长度。

　　例如以下代码。

```
sl := make([]byte, 6, 10) // 其中，10 为 cap 值，即底层数组长度，6 为切片的初始长度
```

　　如果没有在 make 中指定 cap 参数，那么底层数组的长度 cap 等于 len，例如以下代码。

```
sl := make([]byte, 6) // cap = len = 6
```

　　你可能会问，为什么图 9.3 中 nums 切片的底层数组长度为 12，而不是初始的 len 值 6？你可以先自己思考一下，我们在后面再细讲。

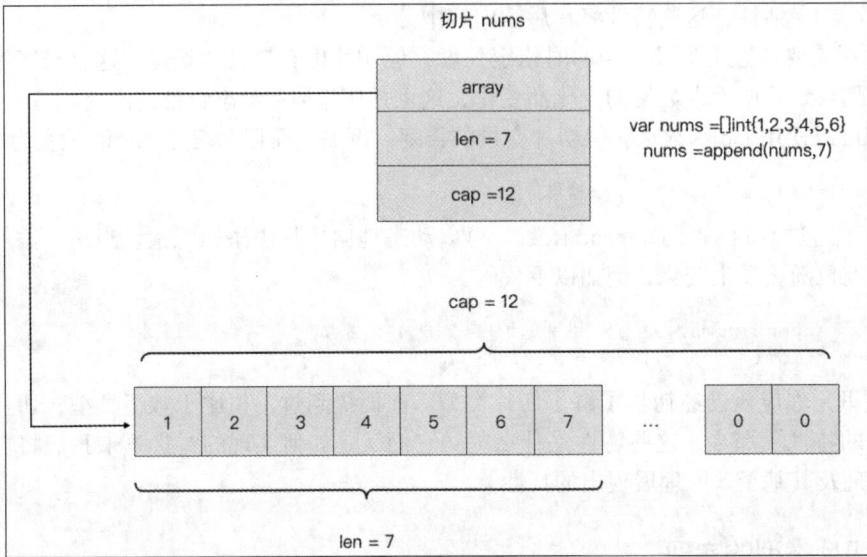

图 9.3　切片类型变量 nums 表示

方法 2：采用 array[low : high : max] 语法基于一个已存在的数组创建切片。
这种方式被称为**数组的切片化**，例如以下代码。

```
arr := [10]int{1, 2, 3, 4, 5, 6, 7, 8, 9, 10}
sl := arr[3:7:9]
```

基于数组 arr 创建了一个切片 sl，其在运行时的表示如图 9.4 所示。

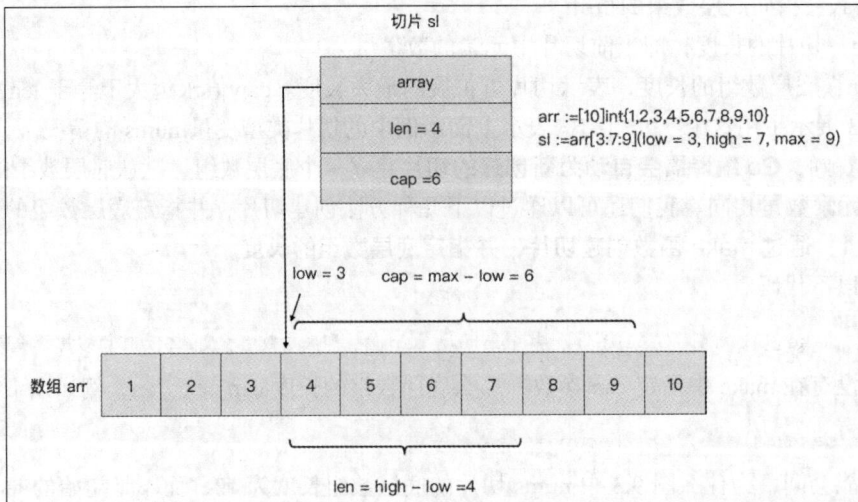

图 9.4　切片在运行时的表示

可以看到，基于数组创建的切片的起始元素从 low 所标识的下标值开始，切片的长度

（len）是 high –low，容量是 max –low。由于切片 sl 的底层数组就是数组 arr，因此对切片 sl 中元素的修改将直接影响数组 arr。例如，如果我们将切片的第 1 个元素加 10，那么数组 arr 的第 4 个元素将变为 14。

```
sl[0] += 10
fmt.Println("arr[3] =", arr[3]) // 输出: 14
```

这表明切片就像是**访问与修改数组的一个"窗口"**，类似于**文件描述符之于文件，切片对于数组的操作提供了便捷的方式**。

在 Go 中，数组更多扮演的是底层存储空间的角色，而切片则是数组的"描述符"。正因为这一特性，切片在函数参数传递时能够避免较大的性能开销。因为传递的并不是数组本身，而是数组的"描述符"，而这个描述符的大小是固定的（见上面的三元组结构），无论底层的数组有多大，切片打开的"窗口"长度有多长。此外，在进行数组切片化时，通常省略 max，此时 max 的默认值为数组的长度。

另外，针对一个已存在的数组，我们可以创建多个操作该数组的切片，这些切片共享同一底层数组，对底层数组的操作同样会影响其他切片。图 9.5 展示了数组 arr 创建的两个切片的内存表示。

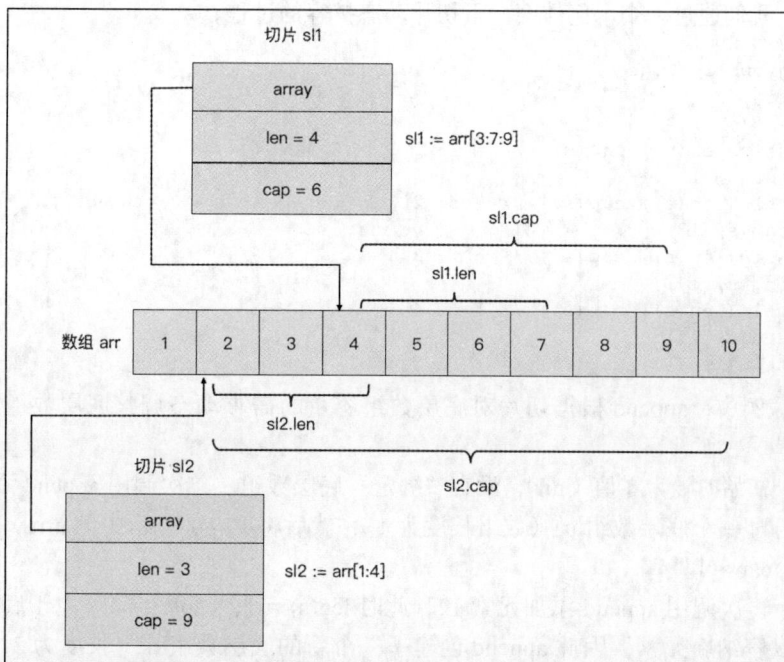

图 9.5　基于数组 arr 创建两个切片的内存表示

图 9.5 中的两个切片 sl1 和 sl2 作为数组 arr 的"描述符"，无论通过哪个切片对数组进行修改操作，都会反映到另一个切片中。例如，将 sl2[2] 置为 14，那么 sl1[0] 也会变成 14，因

为 sl2[2] 直接操作的是底层数组 arr 的第四个元素 arr[3]。

方法 3：基于切片创建新的切片。例如以下代码。

```
sl := []int{1, 2, 3, 4, 5, 6, 7, 8, 9, 10}
sl1 := sl[2:4] // 结果为 [3 4]
```

这种切片的运行时表示原理与前面的一样，这里不赘述，你可以自己思考一下。

最后，关于切片变量 nums 在执行一次 append 操作后容量变为 12 的问题，我们要清楚一个概念：切片与数组最大的不同就在于其长度的动态变化，这种变化需要 Go 运行时的支持，具体来说就是切片的"**动态扩容**"机制。

9.2.3　切片的扩容

动态扩容指的是，当我们通过 append 操作向切片追加数据时，如果切片的 len 值和 cap 值相等，也就是说，底层数组已经没有空闲空间存储追加的值，Go 运行时会自动对切片进行扩容操作，以确保切片能存储追加的新值。

前面提到的切片变量 nums 之所以可以存储追加的值，是因为 Go 对其进行了动态扩容，即重新分配了底层数组，从长度 6 扩展到长度 12。

接下来，我们通过一个示例体会一下切片动态扩容的过程。

```
// ch9/growslice1.go
var s []int
s = append(s, 11)
fmt.Println(len(s), cap(s)) // 输出: 1 1
s = append(s, 12)
fmt.Println(len(s), cap(s)) // 输出: 2 2
s = append(s, 13)
fmt.Println(len(s), cap(s)) // 输出: 3 4
s = append(s, 14)
fmt.Println(len(s), cap(s)) // 输出: 4 4
s = append(s, 15)
fmt.Println(len(s), cap(s)) // 输出: 5 8
```

在这个示例中，append 根据切片对底层数组容量的需求动态调整底层数组。具体分析如下。

第 1 步，初始时 s 为零值（nil），没有"绑定"底层数组。首次调用 append 添加元素 11，append 会先分配一个底层数组 u1（数组长度为 1），然后将 s 内部表示中的 array 指向 u1，并设置 len = 1，cap = 1。

第 2 步，再次调用 append 添加元素 12，此时 len(s) = 1，cap(s) = 1。由于底层数组的剩余空间不足以容纳新元素，因此 append 创建了一个新的底层数组 u2（长度为 2，是 u1 长度的 2 倍），将 u1 中的元素复制到 u2 中，然后将 s 内部表示中的 array 指向 u2，并设置 len = 2，cap = 2。

第 3 步，继续调用 append 添加元素 13，此时 len(s) = 2，cap(s) = 2。由于底层数组的剩余空间不足以容纳新元素，因此 append 创建了一个新的底层数组 u3（长度为 4，是 u2 长度的 2 倍），将 u2 中的元素复制到 u3 中，然后将 s 内部表示中的 array 指向 u3，并设置 len = 3，cap 为 u3 数组长度，也就是 4。

第 4 步，继续调用 append 添加元素 14，此时 len(s) = 3，cap(s) = 4。由于底层数组仍有足够的空间容纳新元素，因此直接在数组 u3 末尾添加元素 14，并将 s 内部表示中的 len 加 1，变为 4。

第 5 步，最后一次调用 append 添加元素 15，此时 len(s) = 4，cap(s) = 4。由于底层数组的剩余空间不足以容纳新元素，因此 append 创建了一个新的底层数组 u4（长度为 8，是 u3 长度的 2 倍），将 u3 中的元素复制到 u4 中，然后将 s 内部表示中的 array 指向 u4，并设置 len = 5，cap 为 u4 数组长度，也就是 8。

至此，动态扩容过程结束。可以看到，当现有底层数组容量无法满足需求时，append 会动态分配新的数组，其长度按一定规律扩展。在前面的这段代码中，新数组的容量是当前数组的 2 倍。建立新数组后，append 会把旧数组的数据复制到新数组中，之后新数组成为切片的底层数组，旧数组会被垃圾回收。

小贴士

Go 切片的动态扩容算法可能会随着 Go 版本的演进而变化。此外，小切片与大切片的扩容比例不一样，小切片通常以 2 倍的比值进行扩容。关于大小切片的评定标准值，在 Go 1.18 版本以前是 1024，而 Go 1.18 版本后变为 256。

需要注意的是，append 操作的这种自动扩容行为有时会给开发者带来困惑。例如，基于已有数组创建的切片一旦追加数据达到切片容量上限（数组容量上限），切片将与原数组解除"绑定"，后续对切片的任何修改都不会反映到原数组中。这种情况下的"绑定关系"解除可能成为实践中的一个小陷阱，一定要注意。

9.3　map 类型

到这里，我们已经学习了 Go 中常用的两种复合类型——数组与切片。它们代表**一组连续存储的同构元素集合**。不同的是，数组的长度是固定的，而切片可以理解为一种"动态数组"，其长度在运行时是可变的。

接下来，我们会继续讨论另一种日常 Go 编码中比较常用的复合类型——map。这种类型允许你将一个值（value）唯一关联到一个特定的键（key），用于实现特定键值的快速查找与更新。很多中文 Go 编程语言类技术图书将它翻译为映射、哈希表或字典，但在本节中，**为了保持原汁原味，直接使用它的英文名 map**。

map 是我们继切片之后学习的第二个由 Go 编译器与运行时联合实现的复合数据类型，虽然内部实现复杂，但它提供了十分简单友好的开发者接口。本节将从 map 类型的定义开始，介绍其基本操作及使用时的注意事项，帮助你由浅入深地掌握 map 类型。

9.3.1 map 基础

map 是 Go 提供的一种抽象数据类型，用于表示一组无序的键值对。在后续讲解中，我们将直接使用 key 和 value 来分别指代 map 的键和值，并且每个 map 集合中的 key 都是唯一的，如图 9.6 所示。

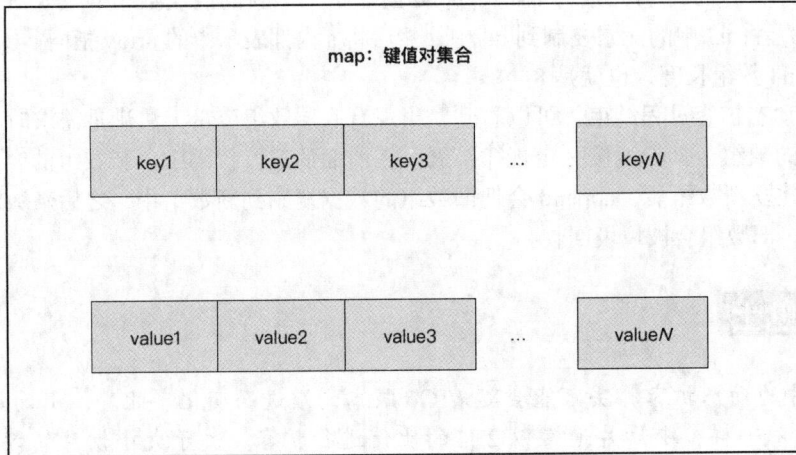

图 9.6 map 用于表示键值对集合

和切片类似，作为复合类型，map 在 Go 中的类型表示是由 key 类型与 value 类型共同组成的，例如以下代码。

```
map[key_type]value_type
```

key 与 value 的类型可以相同，也可以不同，例如以下代码。

```
map[string]string // key 与 value 的类型相同
map[int]string    // key 与 value 的类型不同
```

如果两个 map 类型的 key 类型相同，value 类型也相同，那么可以说它们是同一种 map 类型；否则，它们就是不同的 map 类型。

需要注意的是，map 类型对 value 的类型没有限制，但是对 key 的类型有严格要求，因为 map 类型要保证 key 的唯一性。Go 要求，**key 的类型必须支持"=="和"!="两种比较操作符**。

然而，在 Go 中，函数类型、map 类型自身及切片类型只支持与 nil 的比较，而不支持同类型变量之间的比较。如果进行这些类型的比较，Go 编译器将会报错，例如以下代码。

```
s1 := make([]int, 1)
s2 := make([]int, 2)
f1 := func() {}
```

```
f2 := func() {}
m1 := make(map[int]string)
m2 := make(map[int]string)
printf(s1 == s2) // 编译器错误: invalid operation: s1 == s2 (slice can only be
compared to nil)
printf(f1 == f2) // 编译器错误: invalid operation: f1 == f2 (func can only be
compared to nil)
printf(m1 == m2) // 编译器错误: invalid operation: m1 == m2 (map can only be
compared to nil)
```

因此，一定要注意：函数类型、map 类型自身和切片类型不能作为 map 的 key 类型。

了解了如何表示一个 map 类型后，接下来，我们将探讨如何声明和初始化一个 map 类型的变量。

9.3.2　map 变量的声明和初始化

我们可以通过以下方式声明一个 map 变量。

```
var m map[string]int // 一个 map[string]int 类型的变量
```

和切片类型变量一样，如果没有显式地赋予初始值，map 类型变量的默认值为 nil。

然而，切片变量和 map 变量也有些不同。对于初始值为零值 nil 的切片类型变量，可以借助能够内置的 append 函数进行操作，这种特性在 Go 中被称为"**零值可用**"。定义零值可用的类型能够提升开发者的使用体验，因为开发者不必担心变量的初始状态是否有效。**但是，由于 map 类型内部实现的复杂性，它无法实现"零值可用"。**所以，如果我们对处于零值状态的 map 变量直接进行操作，就会导致运行时异常（panic），从而使程序异常退出。

```
var m map[string]int // m = nil
m["key"] = 1          // 发生运行时异常: panic: assignment to entry in nil map
```

因此，我们必须对 map 类型变量进行显式初始化后才能使用。那么，如何对 map 类型变量进行初始化呢？

和切片一样，为 map 类型变量显式赋值有两种方式：一种是使用复合字面值；另一种是使用 make 这个预声明的内置函数。

方法 1：使用复合字面值初始化 map 类型变量。

我们先来看以下代码。

```
m := map[int]string{}
```

在这里，我们显式初始化了 map 类型变量 m。尽管此时 map 类型变量 m 中没有任何键值对，但它不等同于初始值为 nil 的 map 变量。这时，我们可以对 m 进行键值对的插入操作，而不会引发运行时异常。

再来看看如何通过稍微复杂的复合字面值对 map 类型变量进行初始化，例如以下代码。

```
m1 := map[int][]string{
    1: []string{"val1_1", "val1_2"},
    3: []string{"val3_1", "val3_2", "val3_3"},
```

```
    7: []string{"val7_1"},
}
type Position struct {
    x float64
    y float64
}

m2 := map[Position]string{
    Position{29.935523, 52.568915}: "school",
    Position{25.352594, 113.304361}: "shopping-mall",
    Position{73.224455, 111.804306}: "hospital",
}
```

虽然上述代码完成了对两个 map 类型变量 m1 和 m2 的显式初始化，但你可能注意到了一个问题：作为初始值的字面值似乎有些"臃肿"。这是因为初始值的字面值包含了复合类型的元素类型，并且在编写字面值时还带有各自的元素类型，例如作为 map[int][]string 值类型的 []string，以及作为 map[Position]string 的键类型的 Position。

针对这种情况，Go 提供了"语法糖"：**Go 允许省略字面值中的元素类型**。因为 map 类型表示中已经包含了 key 和 value 的元素类型，Go 编译器有足够的信息来推导出字面值中各个值的类型。以 m2 为例，简化后的显式初始化代码如下，它与前面变量 m2 的初始化代码等价。

```
m2 := map[Position]string{
    {29.935523, 52.568915}: "school",
    {25.352594, 113.304361}: "shopping-mall",
    {73.224455, 111.804306}: "hospital",
}
```

在本书后续内容中，若无特殊说明，我们都将使用这种简化后的字面值初始化方式。

方法 2：使用 make 为 map 类型变量进行显式初始化。

和切片通过 make 进行初始化一样，通过 make 的初始化方式，我们可以为 map 类型变量指定键值对的初始容量，但无法进行具体的键值对赋值，例如以下代码。

```
m1 := make(map[int]string) // 未指定初始容量
m2 := make(map[int]string, 8) // 指定初始容量为 8
```

不过，map 类型的容量不会受限于它的初始容量值。当其中的键值对数量超过初始容量后，Go 运行时会自动增加 map 类型的容量，确保后续键值对的正常插入。

了解完 map 类型变量的声明与初始化之后，接下来，我们将探讨在日常开发中 map 类型的基本操作及其注意事项。

9.3.3 map 的基本操作

针对一个 map 类型变量，我们可以执行诸如插入新键值对、获取键值对数量、查找和数据读取、删除数据，以及遍历键值等操作。接下来我们将逐一学习这些操作。

1. 插入新键值对

面对一个非 nil 的 map 类型变量，我们可以在其中插入符合 map 类型定义的新键值对。插入新键值对的方式非常直接，只需要把 value 赋值给 map 中对应的 key 即可。

```
m := make(map[int]string)
m[1] = "value1"
m[2] = "value2"
m[3] = "value3"
```

不需要手动判断数据是否插入成功，因为 Go 会确保插入总是成功的。在这里，Go 运行时负责管理 map 变量内部的内存，因此，除非系统内存耗尽，否则可以放心地向 map 中添加任意数量的新数据。

如果插入新键值对时，某个 key 已经存在于 map 中，则该操作会用新值覆盖旧值。

```
m := map[string]int {
    "key1" : 1,
    "key2" : 2,
}
m["key1"] = 11 // 新值 11 会覆盖 key1 对应的旧值 1
m["key3"] = 3  // 此时 m 为 map[key1:11 key2:2 key3:3]
```

从这段代码可以看到，map 类型变量 m 在声明的同时进行了初始化，其内部建立了两个键值对，包括键 key1。当我们对键 key1 进行赋值时，Go 不会重新创建键 key1，而是用新值（11）替换旧值（1）。

2. 获取键值对数量

和切片一样，可以通过内置函数 len 获取当前 map 类型变量中已建立的键值对数量。

```
m := map[string]int {
    "key1" : 1,
    "key2" : 2,
}
fmt.Println(len(m)) // 输出: 2
m["key3"] = 3
fmt.Println(len(m)) // 输出: 3
```

需要注意的是，**不能对 map 类型变量调用 cap 函数来获取当前容量**，这是 map 类型与切片类型的一个不同点。

3. 查找和数据读取

和写入相比，map 类型更多地用于查找和数据读取。查找指的是判断某个 key 是否存在于某个 map 中。基于前面插入键值对的基础知识，我们可能会尝试通过以下代码来查找一个 key 并获得该 key 对应的 value。

```
m := make(map[string]int)
v := m["key1"]
```

乍一看，上述代码似乎没有语法问题。实际上，通过这种方式，我们还是无法确定键

key1 是否真实存在于 map 中。这是因为，当我们尝试获取一个不存在于 map 中的键对应的值时，会得到该 value 类型的**零值**。

以前面的代码为例，如果键 key1 并不存在于 map 中，那么 v 会被赋予 int 类型的零值，也就是 0。所以，我们无法仅凭 v 的值判断键 key1 是不存在还是其对应的 value 恰好为 0。

那么在 map 中查找 key 的正确方式是什么呢？ Go 的 map 类型支持通过一种名为 comma ok 的惯用法对某个 key 进行查询。接下来我们就用 comma ok 惯用法改造一下前面的代码。

```
m := make(map[string]int)
v, ok := m["key1"]
if !ok {
    // key1 不在 map 中
}
// key1 在 map 中，v 将被赋予 key1 键对应的 value
```

可以看到，这里通过布尔类型变量 ok 判断键 key1 是否存在于 map 中。如果存在，变量 v 会被正确赋值为键 key1 对应的 value。

不过，如果我们不关心某个键对应的值，而只关心某个键是否存在于 map 中，可以使用空标识符替代变量 v，忽略可能返回的 value，例如以下代码。

```
m := make(map[string]int)
_, ok := m["key1"]
...
```

因此，你一定要记住：**在 Go 中，请使用 comma ok 惯用法对 map 进行键查找和键值读取操作。**

4. 删除数据

接下来，我们看看如何从 map 中删除某个键值对。在 Go 中，可以通过**内置函数 delete** 实现这一操作。当使用 delete 函数时，第一个参数是 map 类型变量，第二个参数是要删除的键。例如以下代码。

```
m := map[string]int {
    "key1" : 1,
    "key2" : 2,
}
fmt.Println(m) // 输出: map[key1:1 key2:2]
delete(m, "key2") // 删除 key2
fmt.Println(m) // 输出: map[key1:1]
```

需要注意的是，**delete 函数是从 map 中删除键的唯一方法**。即便传给 delete 函数的键在 map 中不存在，该函数也不会失败或抛出运行时异常。

5. 遍历键值

尽管遍历 map 中的键值数据不像查询和读取操作那么常见，但在日常开发中还是有这个需求的。在 Go 中，遍历 map 的键值对只有一种方法——使用 for range 语句，类似于遍历切片。例如以下代码。

```go
// ch9/mapiterate.go
package main

import "fmt"

func main() {
    m := map[int]int{
        1: 11,
        2: 12,
        3: 13,
    }

    fmt.Printf("{ ")
    for k, v := range m {
        fmt.Printf("[%d, %d] ", k, v)
    }
    fmt.Printf("}\n")
}
```

上述代码通过 for range 遍历 map 变量 m，每次迭代都会返回一个键值对，其中键存在于变量 k 中，对应的值存在于变量 v 中。运行上述代码，可以得到以下预期结果。

```
{ [1, 11] [2, 12] [3, 13] }
```

如果我们只关心每次迭代的键，可以使用以下方式。

```go
for k, _ := range m {
    // 使用 k
}
```

当然，更地道的方式如下。

```go
for k := range m {
    // 使用 k
}
```

如果只关心每次迭代返回的键所对应的 value，可以通过空标识符替代变量 k，例如以下代码。

```go
for _, v := range m {
    // 使用 v
}
```

然而，前面提到的 map 遍历的输出结果似乎表明迭代器按照元素插入顺序进行遍历。那么，事实是不是这样的呢？我们可以多遍历几次同一 map，以验证这一点。

我们先来改造代码。

```go
// ch9/mapiteratemulti.go
package main

import "fmt"
func doIteration(m map[int]int) {
    fmt.Printf("{ ")
```

```
    for k, v := range m {
        fmt.Printf("[%d, %d] ", k, v)
    }
    fmt.Printf("}\n")
}

func main() {
    m := map[int]int{
        1: 11,
        2: 12,
        3: 13,
    }

    for i := 0; i < 3; i++ {
        doIteration(m)
    }
}
```

运行上述代码，可以得到以下结果。

```
{ [3, 13] [1, 11] [2, 12] }
{ [1, 11] [2, 12] [3, 13] }
{ [3, 13] [1, 11] [2, 12] }
```

可以看到，对同一 map 进行多次遍历时，每次遍历元素的顺序都不同。这是 Go 的 map 类型的一个重要特性，也是初学者容易掉入陷阱的一个地方。所以，一定要记住：**不要依赖遍历 map 时所得到的元素顺序来编写程序逻辑。**

根据前面的讲解你应该已感受到，map 类型非常好用，那么在各个函数／方法间传递 map 变量会不会带来很大的开销呢？

9.3.4　map 变量的传递开销

由于 map 在底层实际上是一个指针类型，因此，当一个 map 类型变量作为参数被传递给函数或方法时，实际上传递的是这个 map 的**指针**而非整个 map 的数据副本。这意味着传递中的开销是固定的且非常小。

另外，当 map 类型变量传递到函数或方法内部后，对该 map 类型参数进行的任何修改在调用函数或方法的外部也是可见的。例如，在以下示例中，函数 foo 对传入的 map 类型变量 m 进行了修改，这些修改在 foo 函数外部同样可见。

```
// ch9/mappass.go
package main

import "fmt"

func foo(m map[string]int) {
    m["key1"] = 11
    m["key2"] = 12
}

func main() {
    m := map[string]int{
```

```
        "key1": 1,
        "key2": 2,
    }

    fmt.Println(m) // 输出: map[key1:1 key2:2]
    foo(m)
    fmt.Println(m) // 输出: map[key1:11 key2:12]
}
```

9.3.5　map 的并发访问

在 Go 中，map 实例并不支持并发写安全，也不支持并发读写。这意味着，如果尝试在多个 goroutine 中同时对同一个 map 实例进行读写操作，程序运行时可能抛出异常，导致程序崩溃。因此，为了确保数据的一致性和完整性，我们需要手动同步对 map 实例的访问。

不过，在仅进行并发读取的情况下，map 是没有问题的。此外，自 Go 1.9 版本起，引入了支持并发读写的 sync.Map 类型。如果你有这方面的需求，可以查阅 sync.Map 的相类文档以获取更多信息。

9.4　结构体类型：建立对真实世界的抽象

不同的数据类型具有各自独特的抽象能力，例如整数类型 int 可以用于表示现实世界物体的长度，字符串类型 string 可以用于表示名字等。但是，光有这些类型的抽象能力还不够，我们还缺少一种通用的、对实体对象进行聚合抽象的能力。例如，我们可能希望定义一个能够包含书名、页数及索引等多种属性的"书"实体对象。

在 Go 中，提供这种聚合抽象能力的类型是结构体类型。在本节中，我们将围绕结构体的使用和内存表示，由外及里地学习 Go 中的结构体类型。

不过，在探讨如何定义和使用结构体之前，我们首先了解如何在 Go 中定义新类型，这为理解结构体类型奠定了基础。

9.4.1　定义一个新类型

在 Go 中，定义新类型的方法一般有两种。

第 1 种方法是类型定义（type definition），这也是常用的定义方法。通过 type 关键字创建一个新类型 T，其基于已有类型 S，具体形式如下。

```
type T S // 定义一个新类型 T
```

在这里，S 可以是任何已定义类型，包括 Go 原生类型或者其他自定义类型。这两种情况的例子如下。

```
type T1 int
type T2 T1
```

在上述代码中，新类型 T1 基于 Go 原生类型 int 定义，而新类型 T2 则基于类型 T1

定义。

这里涉及**底层类型**（underlying type）的概念：如果新类型基于某个 Go 原生类型定义，那么该原生类型是新类型的底层类型。在前面的示例中，类型 int 是类型 T1 的底层类型。由于类型 T2 基于类型 T1 定义，因此类型 T2 的底层类型也是类型 int。

为什么这里强调底层类型这个概念呢？因为底层类型在 Go 中有重要作用：**它被用于判断两个类型是否本质上相同。**

在前面的示例中，虽然 T1 和 T2 的类型不同，但由于它们的底层类型都是 int，因此它们本质上是相同的，并且**可以通过显式转换相互赋值。**

除了基于已有类型定义新类型以外，还可以基于**类型字面值**定义新类型，这种方法常用于创建复合类型，例如以下代码。

```
type M map[int]string
type S []string
```

类型定义支持使用 type 代码块的方式进行，例如以下代码。

```
type (
    T1 int
    T2 T1
    T3 string
)
```

第 2 种方法是类型别名（type alias）。这种方法常用于项目重构或二次封装现有包，具体形式如下。

```
type T = S
```

实际上，类型别名并未定义新类型，而是给已有类型起了另一个名字。我们看看以下这个简单的示例。

```
type T = string

var s string = "hello"
var t T = s // 正确
fmt.Printf("%T\n", t) // 输出: string
```

掌握了这两种定义新类型的方法后，接下来我们将探讨如何定义一个结构体类型。

9.4.2 定义结构体类型

复合类型的定义一般通过类型字面值的方式进行，作为复合类型之一的结构体类型也不例外。下面是典型的结构体类型定义形式。请注意，为了避免增加学习难度，本章讲解结构体类型定义时**暂不涉及泛型的概念**。关于泛型的内容，包括带有类型参数的泛型类型，将在后续内容中详细介绍。

```
type T struct {
    Field1 T1
```

```
        Field2 T2
        ...
        FieldN Tn
    }
```

根据上述定义，我们得到一个名为 T 的结构体类型。struct 关键字后面的大括号包含了**类型字面值**，这些类型字面值由若干个字段（field）聚合而成，每个字段都有自己的名称和类型，并且在一个结构体中，字段名称应该是唯一的。

通过聚合其他类型的字段，结构体类型展示了其强大而灵活的抽象能力。接下来，我们将结合案例来说明这一点。

例如，为了对现实世界中的书进行抽象，我们可以使用结构体类型实现。这里，按照前面介绍的方法定义了一个结构体。

```
package book

type Book struct {
    Title string              // 书名
    Pages int                 // 页数
    Indexes map[string]int    // 索引
}
```

在上述代码中，类型 Book 及其各个字段都是导出标识符。这意味着，只要其他包导入了包 book，就可以直接引用类型名 Book，并通过 Book 类型的变量访问 Title、Pages 等字段，例如以下代码。

```
var b book.Book
b.Title = "The Go Programming Language"
b.Pages = 800
```

如果结构体类型仅在其定义的包内使用，则可以将类型名的首字母小写；同样地，如果不想让结构体类型中的某个字段暴露给其他包，也可以将该字段名称的首字母小写。

此外，我们还可以在结构体类型定义中使用空标识符作为字段名称。以空标识符为名称的字段不能被外部包引用，甚至无法在结构体所在的包中使用。那么，这么做有什么实际意义？这主要用作占位符，属于高级用法，了解即可。

除了通过类型字面值定义结构体这种典型操作以外，还有几种特殊的情况。

1. 定义一个空结构体类型

我们可以定义一个不包含任何字段的结构体类型——空结构体，例如以下代码。

```
type Empty struct{} // Empty是一个不包含任何字段的空结构体类型
```

空结构体类型有什么用呢？我们继续看以下代码。

```
var s Empty
println(unsafe.Sizeof(s)) // 输出：0
```

可以看到，输出的空结构体类型变量的大小为 0，即空结构体类型变量的内存占用为 0。由于空结构体类型的变量不占用内存空间，它们常被用"事件"信息在 goroutine 之间进行通信，例如以下代码。

```
var c = make(chan Empty) // 声明一个元素类型为 Empty 的 channel
c<-Empty{}               // 向 channel 写入一个 "事件"
```

这种方式创建的以空结构体为元素的 channel，是在 Go 中实现最小内存占用的 goroutine 间通信方式之一。

2. 使用其他结构体作为自定义结构体中字段的类型

以下代码展示了如何将一个结构体类型用作自定义结构体的字段类型。

```
type Person struct {
    Name string
    Phone string
    Addr string
}

type Book struct {
    Title string
    Author Person
    ...
}
```

如果要访问 Book 结构体字段 Author 中的 Phone 字段，可以这样操作。

```
var book Book
println(book.Author.Phone)
```

此外，Go 还提供了更简洁的方法来定义这样的结构体。以上面的 Book 结构体定义为例，可以通过以下方式提供一个等价的定义。

```
type Book struct {
    Title string
    Person
    ...
}
```

以这种方式定义的结构体字段称为**嵌入字段**（embedded field）或匿名字段。如果要访问 Person 中的 Phone 字段，可以通过以下两种方式进行。

```
var book Book
println(book.Person.Phone) // 使用类型名作为字段名称
println(book.Phone)        // 直接访问嵌入字段中的成员
```

第一种方式通过把类型名当作嵌入字段的名称进行操作，而第二种方式更像是一种 "语法糖"，可以 "绕过"Person 类型这一层，直接访问 Person 中的字段。关于这种类型嵌入特性，我们在以后的章节中还会详细说明。

看到这里，针对结构体定义，你可能会问，**在结构体类型 T 的定义中是否可以包含类型为 T 的字段呢**？例如以下代码。

```
type T struct {
    t T  // 编译器错误: invalid recursive type T
    ...
}
```

答案是不可以。Go 不支持这种在结构体类型定义中递归地包含自身类型字段的定义方式。同样，以下递归定义也是非法的。

```
type T1 struct {
    t2 T2
}

type T2 struct {
    t1 T1
}
```

不过，可以包含指向自身的指针、以自身类型为元素的切片，或者以自身类型作为 value 类型的 map 等。例如以下代码。

```
type T struct {
    t  *T              // 正确
    st []T             // 正确
    m  map[string]T // 正确
}
```

关于结构体类型的知识我们已经学习得差不多了，接下来我们将探讨如何应用这些结构体类型声明变量并进行初始化。

9.4.3　结构体变量的声明与初始化

与其他类型的变量一样，我们可以使用标准变量声明语句或者短变量声明语句来声明一个结构体类型的变量，例如以下代码。

```
type Book struct {
    ...
}
var book Book
var book = Book{}
book := Book{}
```

需要注意的是，结构体类型通常用于对现实世界复杂实体的抽象，这与简单的数值、字符串、数组、切片等类型不同。因此，**结构体类型的变量通常需要赋予适当的初始值，才能具有合理的意义**。

接下来，我们将结构体类型变量的初始化分为 3 种情况逐一介绍。

1. 零值初始化

零值初始化指的是使用结构体类型的默认值作为其初始值。在前面的章节中，"零值"这个术语出现过多次，它指的是一个类型的默认值。对于基本类型，这些零值分别是 0（对于整型）、false（对于布尔类型）和空字符串 ""（对于字符串类型）。对于结构体类型，如果所有字段都处于各自的零值状态，则称这个结构体类型处于零值状态。

例如，通过以下代码得到的 book 变量就是一个零值结构体类型变量。

```
var book Book // book 为零值结构体变量
```

想象一下，如果一本书既没有书名，也没有作者、页数、索引等信息，那么这种抽象将失去实际价值。所以，对于像 Book 这样的结构体类型，使用零值初始化并不是一个好的选择。

那么采用零值初始化的零值结构体变量真的没有任何价值吗？恰恰相反。如果一种类型的零值变量是有意义且可以直接使用的，我们称这种类型为**"零值可用"类型**。定义零值可用类型是简化代码、提升开发者体验的重要手段。

Go 标准库中的许多类型践行了"零值可用"理念，其中最典型的例子是 sync 包的 Mutex 类型。Mutex 是 Go 标准库提供的用于多个并发 goroutine 之间进行同步的互斥锁。

运用"零值可用"类型，会给 Go 中的线程互斥锁带来哪些好处呢？我们横向对比一下 C 语言中的做法就知道了。在 C 语言中使用线程互斥锁时，需要这么做。

```
pthread_mutex_t mutex;
pthread_mutex_init(&mutex, NULL);

pthread_mutex_lock(&mutex);
...
pthread_mutex_unlock(&mutex);
```

可以看到，在 C 语言中使用线程互斥锁前，需要首先声明一个 mutex 变量。然后，必须调用 pthread_mutex_init 函数进行初始化后才能使用。

但是，在 Go 中，只需运行以下几行代码即可完成同样的操作。

```
var mu sync.Mutex
mu.Lock()
mu.Unlock()
```

sync.Mutex 的设计使其零值状态即可用状态，从而避免额外的初始化操作。

当然，并非所有类型都能设计成零值可用类型，例如前面提到的 Book 类型。对于这种类型，我们需要对其变量进行显式初始化后才能正确使用。在日常开发中，对结构体类型变量进行显式初始化的常用方法就是使用复合字面值。接下来我们看看这种方法。

2. 使用复合字面值

我们已经多次接触复合字面值，在讲解数组、切片和 map 类型变量初始化时都曾涉及。

对于结构体变量的显式初始化，最直接的方式是**按顺序给每个字段赋值**，例如以下代码。

```
type Book struct {
    Title string              // 书名
    Pages int                 // 页数
    Indexes map[string]int    // 索引
}
var book = Book{"The Go Programming Language", 700, make(map[string]int)}
```

但这种方法也存在一些问题。首先，当结构体类型定义中的字段顺序发生改变，或者字段被增删时，需要手动调整结构体类型变量初始化代码，以匹配新的字段顺序；其次，对于字段较多的结构体，逐一赋值的方式容易出错且维护困难，开发者需要反复对照结构体定义进行赋值操作；必须为所有字段提供初始值，否则编译器报错。

```
// ch9/structinit1.go
type T struct {
    F1 int
    F2 string
    f3 int
    F4 int
    F5 int
}

var t = T{11, "hello", 13} // 编译器错误: too few values in struct literal of
type T
var t = T{11, "hello", 13, 14, 15} // 正确
```

Go 并不推荐使用按字段顺序初始化结构体类型的方法，甚至在 go vet 工具中内置了一条检查规则——composites，用于静态检测并警告这种初始化方式。

推荐使用 field:value 形式的**复合字面值**来初始化结构体变量。这种方式可以减少结构体类型使用者与设计者之间的耦合度，并遵循 Go 的惯用法。例如，以下代码初始化了前面介绍的类型 T 变量。

```
var t = T{
    F2: "hello",
    F1: 11,
    F4: 14,
}
```

可以看到，这种方式非常灵活。字段可以任意顺序出现，未出现在字面值中的字段（如上面示例中的 F3 和 F5）将自动采用其类型的零值。即使当结构体采用类型零值时，也推荐使用复合字面值的形式。

```
t := T{}
```

相比之下，较少使用 new 函数来创建结构体变量实例。

```
tp := new(T)
```

需要注意的是，不能使用从其他包导入的结构体中的未导出字段作为复合字面值中的字段。这会导致编译器错误，因为未导出字段是不可见的。

如果一个结构体包含未导出字段且这些字段的零值不可用，或某些字段需要复杂的初始化逻辑，则应使用特定的构造函数来创建和初始化结构体变量。

3. 使用特定的构造函数

使用特定的构造函数来创建和初始化结构体变量，在 Go 标准库中是常见做法。一个典型例子是 time.Timer 结构体。它有一个专用构造函数 NewTimer，用于创建和初始化定时器实例。

```
// $GOROOT/src/time/sleep.go
```

```
func NewTimer(d Duration) *Timer {
    c := make(chan Time, 1)
    t := &Timer{
      C: c,
      r: runtimeTimer{
          when: when(d),
          f:    sendTime,
          arg:  c,
      },
    }
    startTimer(&t.r)
    return t
}
```

可以看到，NewTimer 函数接受一个表示定时时间的参数 d，经过一系列复杂的初始化步骤后返回一个可用的 Timer 类型指针实例。

这种通过专用构造函数进行结构体变量创建与初始化的例子还有很多。通常，这些专用构造函数遵循以下模式。

```
func NewT(field1, field2, …) *T {
    …
}
```

这里，NewT 是结构体类型 T 的专用构造函数，其参数列表中的参数通常对应于 T 定义中的导出字段，而返回值是一个指向 T 类型的指针。T 的非导出字段在 NewT 内部完成初始化，一些需要复杂初始化逻辑的字段也会在 NewT 内部完成初始化。这样，我们只需要调用 NewT 函数即可得到一个已正确初始化的 T 指针类型变量。

9.5 本章小结

在本章中，我们探讨了 Go 的另一类常用的数据类型——复合数据类型，并重点讲解了其中最常用的两种同构复合数据类型（数组和切片）、存储无序键值对的 map，以及用于对现实世界进行抽象的结构体类型。每种复合数据类型都有其特点、适用场景及使用注意事项。

第 10 章　指针类型

在前面的章节中，我们已经探讨了 Go 的基础数据类型、常量和复合数据类型。在此过程中，我们或多或少接触过一种特殊的类型——**指针类型**，但尚未深入探究。

指针类型在许多静态编译型编程语言中扮演着重要角色，它提供了一种直接访问和操作内存中的数据的强大机制。通过理解指针的概念和使用方法，我们可以更好地掌握 Go 的内存管理和数据传递方式。引入指针类型将为我们打开一扇新的大门，使我们能够更加高效地处理数据并构建复杂的数据结构。

如果你是编程初学者，或者仅有动态编程语言的经验，又或是仅熟悉如 Java 这类不支持指针的静态编程语言，那么缺少对指针的系统理解可能会给你的 Go 学习过程带来一些困惑。

因此，在本章中，我们将详细介绍 Go 中的指针类型。首先了解什么是指针，以及如何定义和使用指针。随后，我们将探讨稍微复杂的指向指针的指针，包括二级指针和多级指针等概念。最后，我们将讨论指针的用途以及 Go 对于这一强大工具的一些使用限制。

接下来，让我们一同进入指针的世界。

10.1　什么是指针类型

与我们学过的所有其他类型不同，指针类型依赖于某个特定的类型而存在。例如，如果有一个整型 int，那么它对应的整型指针是 *int，即在 int 的前面加上一个星号。没有 int 类型，就不会有 *int 类型。这里，int 被称为 *int 指针类型的**基类型**。

我们可以将指针类型的定义泛化如下：**如果我们有一个类型 T，那么以 T 作为基类型的指针类型就是 *T**。

声明一个指针类型变量的语法与声明非指针类型的普通变量相同。以下是声明一个 *T 指针类型变量的示例。

```
var p *T
```

然而，Go 中有一种特殊的指针类型不需要基类型，那就是 unsafe.Pointer。unsafe. Pointer 类似于 C 语言中的 void*，用于表示通用指针类型，这意味着**任何指针类型都可以显式转换为 unsafe.Pointer，反之亦然**。

例如以下代码。

```
var p *T
var p1 = unsafe.Pointer(p) // 将任意指针类型显式转换为 unsafe.Pointer
p = (*T)(p1)               // 将 unsafe.Pointer 显式转换为任意指针类型
```

unsafe.Pointer 是 Go 的一个高级特性，在 Go 运行时与标准库中都有广泛应用。不过，由于它属于不安全编程范畴，这里不再深入讨论。感兴趣的读者可以阅读一下关于 unsafe 包的资料。

如果一个指针类型变量未被显式赋予初始值，那么它的值将是 nil。

```
var p *T
println(p == nil) // 输出: true
```

如果要给一个指针类型变量赋值，该怎么做呢？我们以一个整型指针类型为例来看一下。

```
var a int = 13
var p *int = &a  // 给整型指针变量 p 赋初始值
```

在这个示例中，使用 &a 作为 *int 指针类型变量 p 的初始值。这里的 & 符号称为**取地址符**，这一行代码的作用是将变量 a 的地址赋值给指针变量 p。注意，只能使用基类型变量的地址来为对应的指针类型变量赋值。如果类型不匹配，Go 编译器会报错。例如以下代码。

```
var b byte = 10
var p *int = &b // 编译器错误: cannot use &b (value of type *byte) as type *int
in variable declaration
```

到这里，可以看出，指针类型变量的值与之前了解的任何类型值都不同，那么它究竟有什么特别之处呢？让我们继续往下看。

在第 6 章中，我们学习了如何在 Go 中声明一个变量。每当我们声明一个变量时，Go 都会为其分配相应的内存空间。对于非指针类型的变量，Go 在其对应的内存单元中究竟存储了什么呢？

这里以最简单的整型变量为例，其对应的内存单元存储的内容如图 10.1 所示（注意，这里只是示意图，并非真实内存布局）。

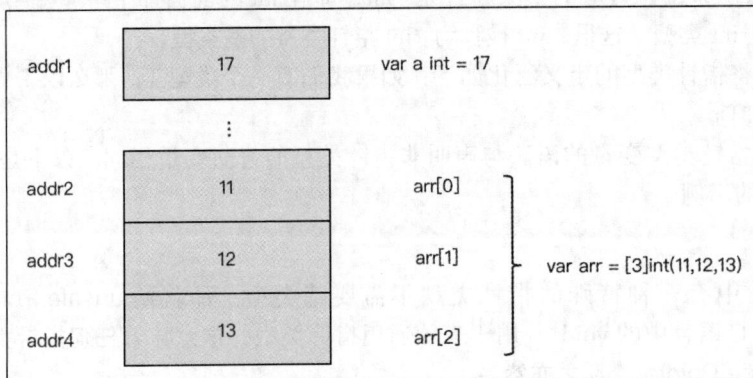

图 10.1　整型变量的内存单元

对于非指针类型的变量，Go 在其对应的内存单元中直接存储该变量的值。当我们对这些变量进行修改操作时，结果也会直接反映在相应的内存单元上，如图 10.2 所示。

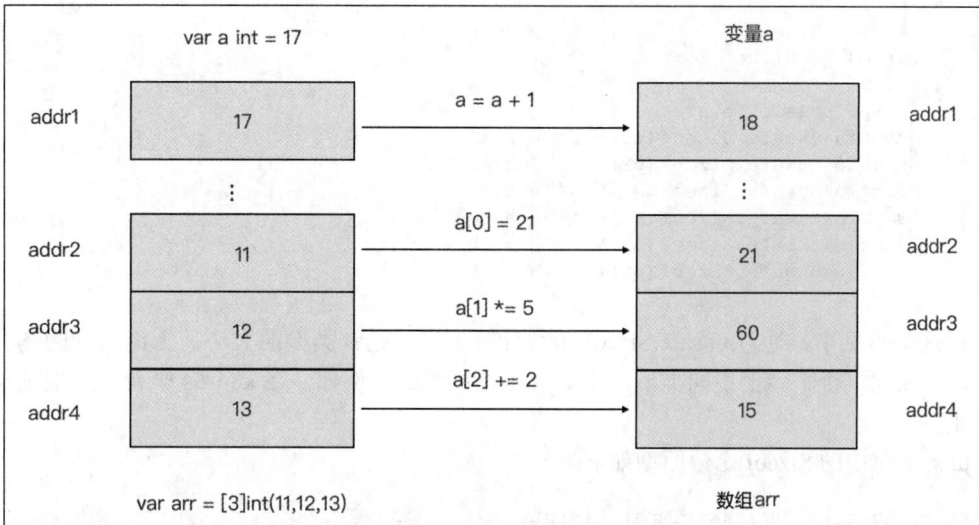

图 10.2 修改整型变量后的内存单元

那么，指针类型变量在其对应的内存空间中存放的是什么呢？以 *int 类型的指针变量为例，图 10.3 展示了该变量对应内存空间中存储的值。

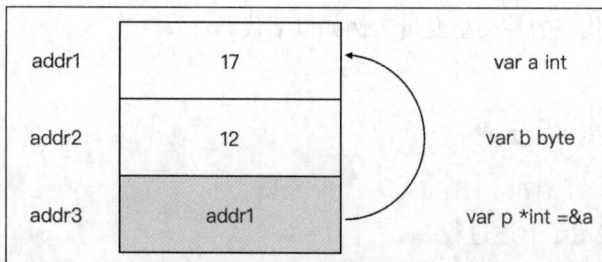

图 10.3 指针变量的内存单元

可以看到，**Go 为指针变量 p 分配的内存单元中存储的是整型变量 a 对应的内存单元的地址**。由于指针类型变量存储的是内存单元的地址，因此其大小与基类型的大小无关，而是取决于系统地址表示的长度。例如以下代码。

```
// ch10/ptrsize.go
package main
import "unsafe"
type foo struct {
    id   string
    age  int8
    addr string
```

```
}
func main() {
    var p1 *int
    var p2 *bool
    var p3 *byte
    var p4 *[20]int
    var p5 *foo
    var p6 unsafe.Pointer
    println(unsafe.Sizeof(p1)) // 输出: 8
    println(unsafe.Sizeof(p2)) // 输出: 8
    println(unsafe.Sizeof(p3)) // 输出: 8
    println(unsafe.Sizeof(p4)) // 输出: 8
    println(unsafe.Sizeof(p5)) // 输出: 8
    println(unsafe.Sizeof(p6)) // 输出: 8
}
```

在这个示例中，通过 unsafe.Sizeof 函数计算了每个指针类型的大小。无论指针的基类型是什么，在同一个平台上不同类型的指针大小是一致的。例如，在 x86-64 平台上，地址长度都是 8 字节。

unsafe 包中的 Sizeof 函数原型如下。

```
func Sizeof(x ArbitraryType) uintptr
```

这个函数返回值的类型是 uintptr，这是 Go 预定义的一个标识符。官方文档描述 uintptr 为：**一个足够大的整型，可以容纳任何指针的比特模式（bit pattern）**。

我们可以将这句话理解为：**在 Go 中，uintptr 类型的大小就代表了指针类型的大小**。

一旦指针变量被正确赋值，即指向某一合法类型的变量，就可以通过该指针读取或修改其指向的内存单元所代表的基类型变量。例如以下代码。

```
var a int = 17
var p *int = &a
println(*p) // 输出: 17
(*p) += 3
println(a)  // 输出: 20
```

图 10.4 直观地展示了上述过程。

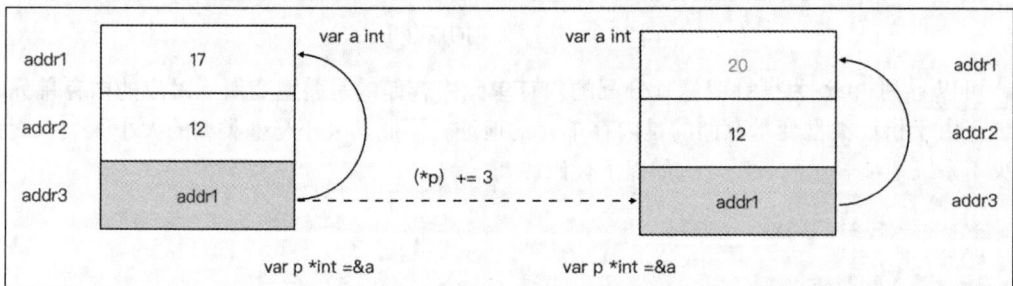

图 10.4　通过指针修改其指向的内存单元的值

通过指针变量读取或修改其指向的内存地址上的变量值的操作被称为指针的**解引用**

（dereference）。这种操作的形式是在指针类型变量前加上一个星号，就像前面的例子中那样。

从前面的示例和图 10.4 都可以看出，通过解引用操作输出或修改的并不是指针变量本身的值，而是它指向的内存单元中的值。如果要输出指针变量自身的值，即其所指向的内存单元地址，可以使用 Printf 函数结合 % p 格式化标识符来实现。

```
fmt.Printf("%p\n", p) // 示例输出：0xc0000160d8
```

指针变量可以改变其指向的内存单元，这在语法上表现为重新为指针变量赋值。例如以下代码。

```
var a int = 5
var b int = 6
var p *int = &a   // 指向变量 a 所在的内存单元
println(*p)        // 输出变量 a 的值，即与
p = &b             // 指向变量 b 所在的内存单元
println(*p)        // 输出变量 b 的值，即 6
```

多个指针变量可以同时指向同一个变量的内存单元。这意味着通过其中一个指针变量对内存单元的修改都可以通过另一个指针变量的解引用反映出来。例如以下代码。

```
var a int = 5
var p1 *int = &a   // p1 指向变量 a 所在的内存单元
var p2 *int = &a   // p2 指向变量 a 所在的内存单元
(*p1) += 5         // 通过 p1 将变量 a 的值增加 5
println(*p2)        // 输出 10 ，表明对变量 a 的修改可以通过 p2 解引用反映出来
```

到这里，你应该对指针的概念有了一定的了解。不过，有读者可能会问，既然指针变量也是一个存储在内存中的实体，那么是否可以用另一个指针变量来指向它呢？

10.2　指向指针类型变量的指针

10.1 节最后所提问题的答案是：**可以！**我们来看下面的例子。

```
// ch10/ptr2ptr.go
package main
func main() {
    var a int = 5
    var p1 *int = &a
    println(*p1) // 输出：5
    var b int = 55
    var p2 *int = &b
    println(*p2) // 输出：55
    var pp **int = &p1
    println(**pp) // 输出：5
    pp = &p2
    println(**pp) // 输出：55
}
```

在这个例子中，我们声明了两个 *int 类型的指针 p1 和 p2，分别指向整型变量 a 和 b。同时，我们还声明了一个 **int 类型的指针变量 pp，它的初始值为指针变量 p1 的地址。之后，

我们将 p2 的地址赋值给 pp。

通过图 10.5，我们可以更容易地理解这个示例。

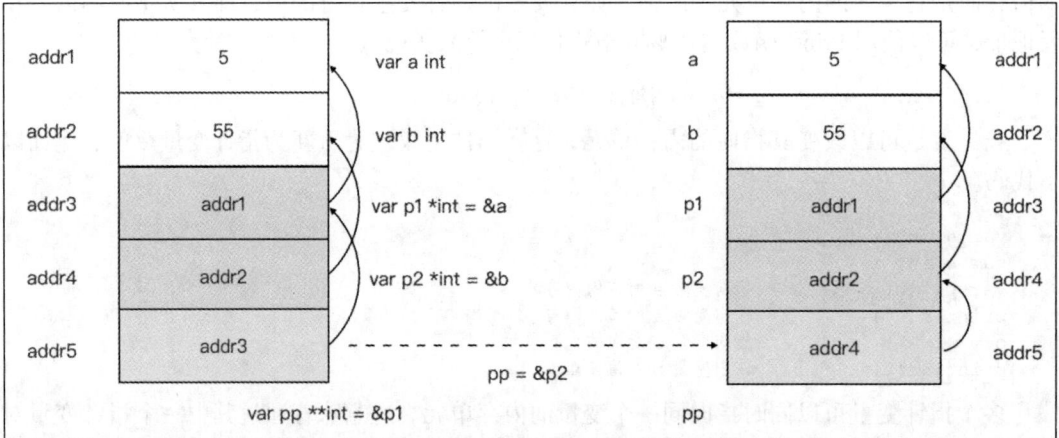

图 10.5　指向指针类型变量的指针的内存单元

可以看到，**int 类型的变量 pp 中存储的是 *int 类型变量的地址。这与前面提到的 *int 类型变量存储的是 int 类型变量的地址的原理相同。**int 被称为二级指针，也就是指向指针的指针，而 *int 则是一级指针。

对一级指针解引用一次，我们得到的是它指向的变量。对二级指针 pp 解引用一次，我们得到的是 pp 指向的指针变量。

```
println((*pp) == p1) // 输出: true
```

对 pp 解引用两次，则相当于对一级指针解引用一次，我们得到的是 pp 指向的指针变量所指向的整型变量。

```
println((**pp) == (*p1)) // 输出: true
println((**pp) == a)     // 输出: true
```

那么，二级指针通常用来做什么呢？我们知道一级指针常被用来改变普通变量的值，因此可以推断，**二级指针可以用来改变指针变量的值，也就是改变指针变量的指向**。

在同一个函数中，改变指针的指向相对容易，只需要重新赋值即可。但是，如果需要跨函数改变一个指针变量的指向，就不能选择一级指针作为形参类型，因为一级指针只能改变普通变量的值，无法改变指针变量的指向。此时，我们需要选择二级指针作为形参类型。

我们来看一个例子。

```go
// ch10/passptr2ptr.go
package main
func foo(pp **int) {
    var b int = 55
    var p1 *int = &b
    (*pp) = p1
```

```
}
func main() {
    var a int = 5
    var p *int = &a
    println(*p) // 输出: 5
    foo(&p)
    println(*p) // 输出: 55
}
```

对应这段代码的示意图如图 10.6 所示。

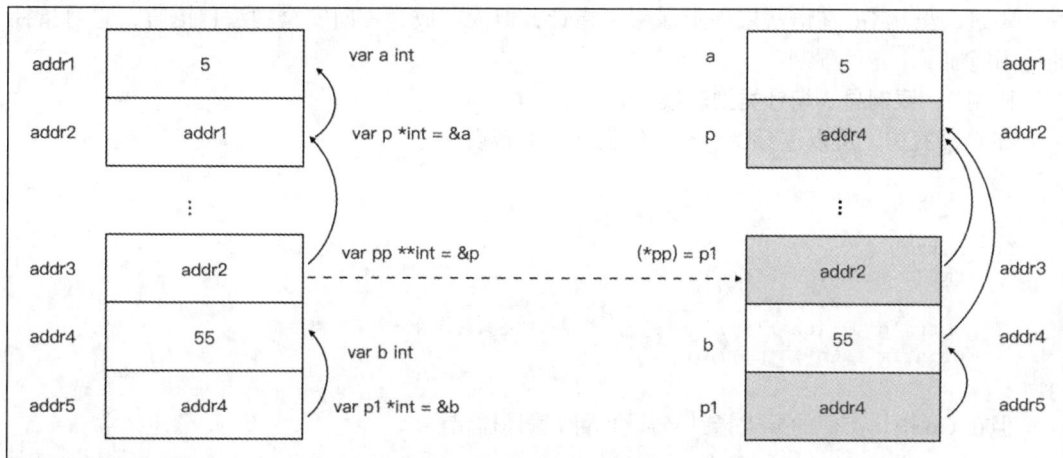

图 10.6　改变指针的执行

在这个例子中，可以看到，通过二级指针 pp，我们改变了它指向的一级指针变量 p 的指向，从指向变量 a 的地址变为指向变量 b 的地址。

即便借助示意图，理解二级指针仍然可能感到困难，这很正常。无论是学习 C 语言还是学习 Go，又或是其他带有指针的静态编程语言，二级指针虽然仅仅增加了一个"间接环节"，但理解起来都十分困难。这也是二级指针在 Go 中很少使用的原因。至于三级指针或其他多级指针，我们更是要慎用，它们会大幅降低 Go 代码的可读性。

接下来，我们将继续探讨指针在 Go 中的用途及其使用限制。

10.3　指针用途与使用限制

尽管 Go 是一门带有垃圾回收机制的编程语言，但指针在 Go 中依然扮演着核心角色。它的作用不仅体现在语法层面上，更体现在 Go 运行时层面，尤其是内存管理与垃圾回收这两个关键机制上。这些运行时机制**只关心指针**。

在语法层面，相较于"指针为王"的 C 语言，Go 中的指针使用量要少得多。这主要是因为 Go 提供了更为灵活和高级的复合类型，如切片、map 等，并将使用指针的复杂性隐藏在其运行时实现层面。因此，Go 开发者不需要在语法层面通过指针来实现这些高级复合类型的功能。

无论是在 Go 中，还是在其他支持指针的编程语言中，指针存在的意义是其"**可变性**"。在 Go 中，我们使用 *T 类型的变量调用方法、以 *T 类型作为函数或方法的形式参数、返回 *T 类型的返回值等，都是因为指针能够改变其所指向的内存单元的值。

此外，指针的另一个好处是传递开销是常数级的（在 x86-64 平台上仅为 8 字节的复制），可控且可预测。无论指针指向的是 1 字节的变量，还是一个包含 10 000 个元素的 [10000]int 数组，传递指针的开销都是一样的。

不过，虽然 Go 在语法层面上保留了指针，但为了成为一门安全的编程语言，它对指针的使用施加了一定的限制。

限制 1：限制显式指针类型转换。

在 C 语言中，可以进行以下显式的指针类型转换。

```c
#include <stdio.h>

int main() {
    int a = 0x12345678;
    int *p = &a;
    char *p1 = (char*)p; // 将一个整型指针显式转换为一个字符类型指针
    printf("%x\n", *p1);
}
```

但在 Go 中，类似的显式指针转换会导致编译器错误。

```go
package main
import (
    "fmt"
    "unsafe"
)
func main() {
    var a int = 0x12345678
    var pa *int = &a
    var pb *byte = (*byte)(pa) // 编译器错误: cannot convert pa (variable of type
*int) to type *byte
    fmt.Printf("%x\n", *pb)
}
```

如果确实需要进行这种转换，Go 也提供了一种途径——使用 unsafe.Pointer。例如以下代码。

```go
// ch10/unsafeconvert.go
func main() {
    var a int = 0x12345678
    var pa *int = &a
    var pb *byte = (*byte)(unsafe.Pointer(pa)) // 正确
    fmt.Printf("%x\n", *pb) // 输出: 78
}
```

当使用 unsafe 包中的类型或函数时，**代码的安全性需要由开发者自行保证，这意味着开发者必须明确知道自己在做什么。**

限制 2：不支持指针运算。

在 C 语言中，指针运算是一个强大的工具，允许开发者执行各种高级操作，例如简单地遍历数组元素。

```
#include <stdio.h>

int main() {
    int a[] = {1, 2, 3, 4, 5};
    int *p = &a[0];
    for (int i = 0; i < sizeof(a)/sizeof(a[0]); i++) {
            printf("%d\n", *p);
            p = p + 1; // 指针运算
    }
}
```

然而，指针运算也是许多安全问题的源头。为了提高安全性，Go 在语法层面上放弃了指针运算这一特性。尝试在 Go 中进行类似的指针运算会导致编译器错误。

```
package main
func main() {
    var arr = [5]int{1, 2, 3, 4, 5}
    var p *int = &arr[0]
    println(*p)
    p = p + 1  // 编译器错误: cannot convert 1 (untyped int constant) to *int
    println(*p)
}
```

如果确实需要执行类似的操作，Go 提供了 unsafe 包作为解决途径。例如通过 unsafe 实现数组遍历。

```
// ch10/unsafeiterate.go
package main

import "unsafe"

func main() {
    var arr = [5]int{11, 12, 13, 14, 15}
    var p *int = &arr[0]
    var i uintptr
    for i = 0; i < uintptr(len(arr)); i++ {
        p1 := (*int)(unsafe.Pointer(uintptr(unsafe.Pointer(p)) + i*unsafe.
Sizeof(*p)))
        println(*p1)
    }
}
```

这段代码通过 unsafe.Pointer 与 uintptr 之间的相互转换，间接实现了"指针运算"。但是，即便可以使用 unsafe 方法来实现"指针运算"，Go 编译器也不会为开发者提供任何帮助，开发者需要自行计算绝对地址偏移量，而不是像在 C 语言例子中那样，根据指针类型自动确定数值 1 所代表的实际地址偏移量。

10.4　本章小结

在本章中，我们系统地介绍了 Go 中的指针类型。

指针变量是一种在其对应的内存单元中存储另一个变量 a 的内存单元地址的变量，我们也称该指针指向变量 a。指针类型通常需要依赖于某一特定类型而存在，但 unsafe 包中的 Pointer 类型是一个例外。

指针变量的声明与普通变量相同，我们可以使用基类型的变量地址为指针变量赋初始值。如果指针变量没有被赋予初始值，则其默认值为 nil。通过对指针变量进行解引用操作，我们可以读取和修改其所指向的变量的值。

此外，我们还可以声明指向指针的指针变量，这样的指针称为二级指针。二级指针可以用来改变指针变量本身的值，也就是改变指针变量的指向。不过，二级指针以及多级指针难以理解，而且一旦使用会降低代码的可读性，因此一定要慎用。

出于内存安全性的考虑，Go 对指针的使用施加了一些限制，不允许在 Go 代码中进行显式指针类型转换以及指针运算。当然，可以通过 unsafe 包实现这些功能，但在使用 unsafe 包中的类型与函数时，必须清楚知道自己正在做什么，以确保代码的正确性和安全性。

第 11 章　控制结构

在计算机科学中，无论多么复杂的算法都可以通过顺序、分支和循环这 3 种基本控制结构构建出来。顺序结构自然不用说，我们主要关注后两种结构。所以，在本章中，我们将聚焦于 Go 中的分支和循环这两种控制结构。对于程序的分支需求，Go 提供了 if 和 switch-case 两种语句形式；而对于循环结构，则只保留了 for 这一种循环语句形式。

接下来，我们从 Go 的分支结构之———if 语句开始讲解。

11.1　if 语句

11.1.1　认识 if 语句

if 语句是 Go 提供的一种分支控制结构，也是最为常用且简单的分支控制方式。它根据**布尔表达式**（boolean_expression）的值选择执行两个分支中的一个。我们先来看一个最简单的单分支 if 语句的形式。

```
if boolean_expression {
    // 新分支
}
// 原分支
```

分支结构是传统结构化程序设计中的基础组件，图 11.1 展示了这个 if 语句的执行流程。

从图 11.1 可以看出，当代码执行遇到 if 分支结构时，会先对布尔表达式进行求值。如果结果为 true，则进入**新分支**执行；如果结果为 false，则继续沿原分支执行。

尽管几乎所有编程语言都支持 if 语句，但 Go 的 if 语句有其独特之处。

第一，与 Go 函数一样，if 语句的分支代码块左大括号应与 if 关键字置于同一行，这是 Go 代码风格的统一要求。gofmt 工具会帮助我们实现这一点。

第二，if 语句的布尔表达式不需要用括号包围。这在一定程度上减少了键盘输入量。

此处，if 条件判断表达式的结果必须为布尔类型，即要么是 true，要么是 false。例如以下代码。

```
if runtime.GOOS == "linux" {
    println("we are on linux os")
}
```

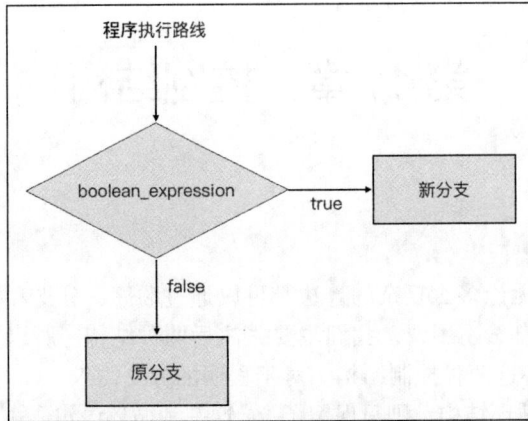

图 11.1　if 语句的执行流程

如果需要处理多个条件判断，可以使用逻辑操作符连接这些布尔表达式。例如，以下代码使用逻辑操作符 **&&** 来连接多个布尔表达式。

```
if (runtime.GOOS == "linux") && (runtime.GOARCH == "amd64") &&
    (runtime.Compiler != "gccgo") {
    println("we are using standard go compiler on linux os for amd64")
}
```

注意，在上述代码示例中，每个布尔表达式都被小括号包围。这样做是为了减少理解代码时因操作符优先级带来的认知负担，是一种推荐的编程习惯。

Go 的操作符有其特定的优先级规则。一元操作符（如逻辑非操作符）拥有最高的优先级，其他操作符的优先级如表 11.1 所示。

表 11.1　Go 的操作符及其优先级

操作符	优先级
*、/、%、<<、>>、&、&^	5
+、-	4
! =、==、<、<=、>、>=	3
&&	2
||	1

注：在优先级中，数字越大，优先级越高。

操作符优先级决定了操作数将优先参与哪个操作符的求值运算。这里以下列代码中 if 语句的布尔表达式为例进行说明。

```
// ch11/precedence.go
func main() {
    a, b := true, false
    if a && b != true {
        println("(a && b) != true")
        return
    }
    println("a && (b != true) == true")
}
```

执行这段代码会输出什么呢？第一次阅读这段代码时，你可能会认为输出是 (a && b) != true。但实际上，输出的是 a && (b != true) == true。这是为什么呢？

关键在于 if 语句后面的布尔表达式中，操作数 b 是先参与 && 运算还是先参与 != 运算。根据操作符优先级规则，我们知道，!= 的优先级高于 &&。因此，b 先参与的是 != 运算，这意味着整个 if 语句的布尔表达式等价于 a && (b != true)，而不是 (a && b) != true。

如果记不住操作符的优先级，也不必担心。可以在 if 语句的布尔表达式中使用**带小括号的子布尔表达式**来清晰地表达判断条件。这样做不仅减轻了记忆操作符优先级的负担，还能让其他人在阅读你的代码时更清晰地理解布尔表达式的逻辑关系，从而提高代码的可读性和易于理解性，避免因记错操作符优先级而产生误解。

除了上面的最简形式以外，Go 的 if 语句还有二分支结构和多分支结构等形式。

二分支结构比较好理解。例如，在以下代码中，当 boolean_expression 为 true 时，执行分支 1；否则执行分支 2。

```
if boolean_expression {
    // 分支 1
} else {
    // 分支 2
}
```

由于多分支结构引入了 else if，因此理解起来稍微困难。接下来以一个四分支的代码为例，看看如何拆解多分支结构。

```
if boolean_expression1 {
    // 分支 1
} else if boolean_expression2 {
    // 分支 2
} else if boolean_expression3 {
    // 分支 3
} else {
    // 分支 4
}
```

我们可以将其转换为一个熟悉的二分支结构，以便于理解。

```
if boolean_expression1 {
```

```
        // 分支 1
    } else {
        if boolean_expression2 {
            // 分支 2
        } else {
            if boolean_expression3 {
                // 分支 3
            } else {
                // 分支 4
            }
        }
    }
}
```

通过这种转换，我们得到了一个层层嵌套的二分支结构。基于对二分支结构的理解，现在再来分析这种结构就变得非常容易了。

此外，需要注意的是，Go 中的 if 语句是按照代码中书写的顺序依次评估每个布尔表达式的。一旦发现某个布尔表达式的值为 true，则执行相应的代码块，并停止后续的布尔表达式评估。因此，将最有可能成立的布尔表达式放在前面，可以最大限度地减少后续分支的评估，从而提升 if 语句的整体执行效率。出于性能考虑，在多分支 if 语句中，通常应该按照布尔表达式成立的概率从大到小进行排列。

11.1.2　支持声明 if 语句的自用变量

无论是单分支、二分支还是多分支结构，都可以在 if 语句的布尔表达式前进行一些变量的声明。这些在布尔表达式前声明的变量称为 **if 语句的自用变量**。顾名思义，它们仅限于在 if 语句的代码块范围内使用。例如以下代码中的变量 a、b 和 c。

```
func main() {
    if a, c := f(), h(); a > 0 {
        println(a)
    } else if b := f(); b > 0 {
        println(a, b)
    } else {
        println(a, b, c)
    }
}
```

可以看到，自用变量的声明置于每个 if 语句之后，布尔表达式之前，并且由于声明本身是一个语句，因此需要用分号将其与后面的布尔表达式隔开。

这里再次涉及代码块与作用域的概念，这是我们在第 6 章中讨论的内容。如果对这些概念感到模糊，可以回顾相关内容。根据第 6 章的讲解，上述代码中声明的变量 a、b、c 都位于各自的隐式代码块中，它们的作用域始于其声明所在的代码块，并可扩展至嵌套在内的所有内层代码块。

在 if 语句中声明自用变量是 Go 的一种惯用法。这种做法不仅直观上减少了代码行数，提高了可读性，而且由于这些变量的作用域仅限于 if 语句的各层隐式代码块，外部无法访问和更改这些变量，这提供了一定程度的隔离性，有助于更专注于理解 if 语句的逻辑。

不过，正如我们在第 6 章中提到的，Go 控制结构与短变量声明的结合是导致"变量遮蔽"问题的一个主要场景。因此，使用时一定要注意。

到这里，我们已经学过了 if 分支控制结构的所有形式，并了解了通过短变量声明形式声明自用变量的优点与不足。那么，在日常开发中，这些 if 分支控制结构形式是否可以随意使用？是否存在惯用法或最佳实践？

11.1.3 if 语句的"快乐路径"原则

在 if 分支控制结构支持的 3 种形式中，从可读性的角度来看，单分支结构优于二分支结构，二分支结构又优于多分支结构。因此，**在日常编程实践中要减少多分支结构甚至二分支结构的使用，以编写出更加优雅、简洁、易读且易于维护的代码。**

Go 推荐采用以下形式的单分支 if 语句结构。

```go
func doSomething() error {
    if errorCondition1 {
    // 错误处理逻辑
    ...
    return err1
    }

    // 成功处理逻辑
    ...
    if errorCondition2 {
        // 更多错误处理逻辑
        ...
        return err2
    }
    // 更多成功处理逻辑
    ...
    return nil
}
```

这段仅使用了单分支控制结构的伪代码有以下特点。

❑ 仅使用单分支控制结构。

❑ 当布尔表达式的值为 false（即出现错误条件）时，在单分支中快速返回。

❑ 正常逻辑在代码布局上始终"靠左"排列，使读者可以从上到下看到该函数正常逻辑的全貌。

❑ 函数执行到最后一行代表一种成功状态。

在 Go 社区中，这种 if 语句的使用方式被称为"**快乐路径**"（happy path）原则，指的是那些代表成功的代码执行路径。

如果你的函数实现不符合"快乐路径"原则，可以按照以下步骤进行重构。

❑ 尝试将"正常逻辑"提取出来，放置于"快乐路径"中。

❑ 如果无法做到上一点，很可能是函数内的逻辑过于复杂。此时，可以考虑将深度嵌套在 else 分支中的代码提取到一个单独的函数中，然后对原函数应用"快乐路径"原则。

至此，关于 if 分支控制结构的讲解基本结束。接下来，我们将转向程序控制结构中最复

杂的一种——循环结构。通过学习循环结构，你可以更早开始动手编写具有循环结构的 Go
代码。

11.2 for 语句

在日常编程中，我们常常需要重复执行同一段代码，这时就需要使用循环结构来控制程
序的执行顺序。一个循环结构会执行循环体中的代码直到结尾，然后回到开头继续执行。尽
管大多数主流编程语言（如 C、C++、Java 和 Rust 等）都提供了多种循环结构支持，甚至动
态编程语言 Python 也提供了不止一种循环语句，但 Go 仅提供了一种——for 语句。

11.2.1 for 语句的经典使用形式

我们先来看看 Go 中 **for 语句的经典形式**，这也是本小节要介绍的第 1 种 for 语句的形式。

```
var sum int
for i := 0; i < 10; i++ {
    sum += i
}
println(sum)
```

上述 for 语句有 4 个组成部分（分别对应图 11.2 中的①~④）。下面按照执行顺序进行
拆解。

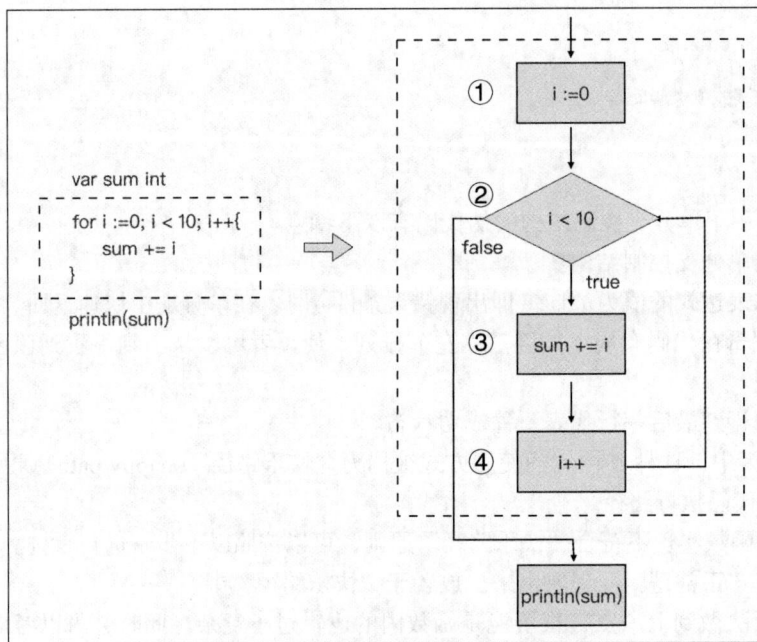

图 11.2 for 语句示例及其执行顺序

①对应的组成部分在循环体（③）之前执行，并且在整个 for 语句中**仅执行一次**，它也被称为**循环前置语句**。通常用于声明循环变量或迭代变量，例如这里的整型变量 i。与 if 语句类似，for 循环变量的作用域仅限于 for 语句所在的隐式代码块范围内。

②对应的组成部分是用于决定循环是否继续进行的**条件判断表达式**。这个布尔表达式的值为 true 时，程序将进入循环体（③）执行；若值为 False，则循环结束，循环体（③）与组成部分④都不再执行。

③对应的组成部分是 for 语句的**循环体**。如果条件判断表达式的值为 true，循环体就会被执行，每次这样的执行称为一次迭代（iteration）。在上述例子中，循环体执行的动作是将当前迭代中变量 i 的值累加到变量 sum 中。

④对应的组成部分会在每次循环体迭代之后执行，也被称为**循环后置语句**。通常用于更新循环变量，在这个例子中，对循环变量 i 进行加 1 操作。

现在你应该理解 Go 中经典 for 语句的形式了吧！Go 的 for 语句在 C 语言的基础上有一些创新之处，例如**支持声明多个循环变量，并应用于循环体及条件判断中**。例如，一个使用多个循环变量的稍微复杂一些的例子如下。

```
for i, j, k := 0, 1, 2; (i < 20) && (j < 10) && (k < 30); i, j, k = i+1, j+1, k+5 {
    sum += (i + j + k)
    println(sum)
}
```

在上述例子中，我们声明了 3 个循环自用变量 i、j 和 k，它们共同参与了循环条件判断以及循环体的执行。

我们继续按照 4 个组成部分来分析这段代码。其实，除了循环体是必需的以外，其余的 3 个部分都是**可选的**。例如，在以下代码中，我们省略了循环后置语句，而将对循环变量的更新操作放在循环体中。

```
for i := 0; i < 10; {
    println(i)
    i++
}
```

同样地，我们也可以省略循环前置语句。例如，在以下代码中，没有使用前置语句声明循环变量，而是直接使用已声明的变量 i 作为循环变量。

```
i := 0
for ; i < 10; i++{
    println(i)
}
```

当然，循环前置语句与循环后置语句都可以被省略，例如以下代码。

```
i := 0
for ; i < 10; {
    println(i)
    i++
}
```

细心的你可能已经发现，**即使省略了循环前置语句或循环后置语句，但经典 for 语句中
的分号仍需保留。这是 Go 语法的要求。**

不过，有一个例外，那就是当循环前置语句与循环后置语句都省略，仅保留循环判断条
件表达式时，可以省略经典 for 语句中的分号。也就是说，上述例子可以简化为以下形式。

```
i := 0
for i < 10 {
    println(i)
    i++
}
```

这种形式是在日常 Go 编程中经常使用的第 2 种 for 语句形式，**也就是除了循环体以外，
仅保留循环判断条件表达式。**

不过，看到这里，你可能会问，前面不是说过，除了循环体以外，其他组成部分都是可
选项吗？没错。**当循环判断条件表达式的值始终为 true 时，可以将其省略。**

```
for {
    // 循环体代码
}
```

这个 for 循环就是常说的"**无限循环**"。这种形式等价于以下两种写法。

```
for true {
    // 循环体代码
}
```

或者

```
for ; ; {
    // 循环体代码
}
```

尽管有多种等价形式，但在日常使用时，建议使用**最简形式 for {...}**。

那么，无限循环是什么意思呢？是不是意味着代码始终在执行循环体而无法跳出呢？不
是的。这点你可以先思考一下，我们后面会讲解。我们先继续看 Go 中 for 语句最常使用的第
3 种形式——for range。

11.2.2 for range 循环形式

for range 循环形式是怎样的一种形式呢？我们先来看一个使用经典 for 语句遍历切片的
例子。

```
var sl = []int{1, 2, 3, 4, 5}
for i := 0; i < len(sl); i++ {
    fmt.Printf("sl[%d] = %d\n", i, sl[i])
}
```

在上述例子中，我们通过将在循环前置语句中声明的循环变量 i 作为切片的下标，逐一
读取并打印切片中的元素。虽然这种方法可行，但相对烦琐。针对这种情况，Go 提供了更为

简洁的"语法糖"形式——for range。等价于上述代码的 for range 循环如下。

```
for i, v := range sl {
    fmt.Printf("sl[%d] = %d\n", i, v)
}
```

可以看到，for range 循环形式与经典 for 语句形式差异较大，除了循环体得以保留以外，其余组成部分都被省略了。其实这几部分已经被**融合到 for range 的语义中**。

具体来说，i 和 v 对应的是经典 for 语句形式中循环前置语句中的循环变量，它们的初始值分别为切片 sl 的第一个元素的下标和该元素的值。隐含在 for range 语义中的循环判断条件为是否已经遍历完切片 sl 的所有元素。这等价于 i < len(sl) 这个布尔表达式。另外，每次迭代后，for range 会自动取出切片 sl 的下一个元素的下标和值，并分别赋值给循环变量 i 和 v。这一过程与经典 for 语句形式下的循环后置语句执行的逻辑是相同的。

1. for range 语句的"变种"

for range 语句有几个常见"变种"，我们继续基于前面对切片迭代的例子进行分析。

变种 1：当我们不关心元素值时，可以省略代表元素值的变量 v，只声明代表下标值的变量 i。

```
for i := range sl {
    ...
}
```

变种 2：如果我们只关心元素值而不关注其下标，可以用**空标识符**代替代表下标值的变量 i。这里一定要注意，**这个空标识符不能省略**，否则与变种 1 的形式相同，此时 Go 编译器将无法区分。

```
for _, v := range sl {
    ...
}
```

变种 3：如果我们既不关心下标，也不关心元素值，那么能否写成如下形式？

```
for _, _ = range sl {
    ...
}
```

这种写法虽然语法正确，但显得不够优雅。自 Go 1.4 版本起，Go 开发团队提供了一种更加简洁的形式，建议使用这种方式。

```
for range sl {
    ...
}
```

介绍完针对切片类型的 for range 语句的各种形式后，我们再来看看如何对其他复合类型或 string 类型进行循环操作。尽管 for range 语句在处理不同复合数据类型时语义相同，但其所声明的循环变量含义会有所不同，我们有必要逐一看一下。

2. 迭代 string 类型

在第 7 章中讨论过如何使用 for range 语句对字符串类型变量进行循环操作。我们通过以下代码简单回顾一下。

```
var s = "中国人"
for i, v := range s {
    fmt.Printf("%d %s 0x%x\n", i, string(v), v)
}
```

运行上述代码，输出结果如下。

```
0 中 0x4e2d
3 国 0x56fd
6 人 0x4eba
```

可以看到，对于 string 类型，**每次循环得到的 v 值是一个 Unicode 字符码点**（即 rune 类型），**而不是字节。返回的第一个值 i 为该 Unicode 字符码点（UTF-8 编码）的第一个字节在字符串内存序列中的位置。**

注意，使用经典 for 语句形式与 for range 语句形式对 string 类型进行循环操作的语义是不同的，你可以回顾第 7 章的内容。

3. 迭代 map 类型

在第 9 章中，我们了解到，map 是一个键值对集合。最常见的操作是通过键获取对应的值。然而，在某些情况下，我们也需要遍历整个 map，这时就需要使用 for 语句了。

在 Go 中，**唯一能够用于遍历 map 的方式是使用 for range 语句**。经典 for 语句不支持直接遍历 map 类型变量。以下是一个使用 for range 语句遍历 map 类型变量的示例。

```
var m = map[string]int {
    "Rob" : 67,
    "Russ" : 39,
    "John" : 29,
}
for k, v := range m {
    println(k, v)
}
```

运行上述代码，输出结果如下。

```
John 29
Rob 67
Russ 39
```

可以看到，for range 语句每次迭代都会将循环变量 k 和 v 分别赋值为 map 中一个元素的键和值。而且，由于 map 没有下标的概念，因此通过键值对进行循环操作显得非常自然。

4. 迭代 channel 类型

除了 string、数组 / 切片及 map 类型变量以外，for range 语句还可以与 channel 类型配合使用。

channel 是 Go 提供的一种并发原语，用于 goroutine 间的通信。当 channel 作为 for range 语句的操作对象时，for range 语句会尝试从 channel 读取数据，其使用形式如下。

```
var c = make(chan int)
for v := range c {
    ...
}
```

在这个例子中，每次从 channel 读取的数据会被赋值给循环变量 v，并进入循环执行。如果 channel 中暂时没有数据可读，for range 语句会在读操作处阻塞，直到 channel 关闭为止，这也是 for range 语句与 channel 配合使用的隐式终止条件。关于这部分的详细内容，我们会在后续章节中进一步探讨。

5. 迭代整型

自 Go 1.22 版本起，for range 语句后可以跟**整型表达式**，例如以下代码。

```
// ch11/rangeinteger.go
package main
import "fmt"
func main() {
    n := 5
    for i := range n {
        fmt.Println(i)
    }
}
```

在这个例子中，for range 语句首先会对 range 表达式求值，这里 n 的值为 5。根据新的语法规则，对于整数 n，for range 语句会迭代 n 次，循环变量 i 的变化范围为从 0 到 n−1。因此，上述代码中的 for range 语句会迭代 5 次，变量 i 的值将从 0 变化到 4（即 5−1）。上述代码的执行结果可以印证这一点。

```
$go run rangeinteger.go
0
1
2
3
4
```

如果 n 小于等于 0，则循环不执行任何迭代。这个新特性可以视为一种"语法糖"，等价于以下代码。

```
for i := 0; i < 5; i++ {
    fmt.Println(i)
}
```

不过，这种 for range 语句形式总是从 0 开始计数，这在某种程度上限制了其使用场景。

到这里，我们已经对 Go 中的所有 for 语句形式有了一个初步了解。在日常开发中，一旦执行 for 语句，是不是只能等循环条件判断表达式的值为 false 时才能退出循环？如果遇到无限循环，我们是不是就会被困在循环中？

答案是否定的。在日常开发中，出于算法逻辑的需求，有时我们需要跳出当前循环进入下一次迭代，或者直接结束整个循环。针对这些情况，Go 提供了 continue 语句和 break 语句。接下来我们将分别介绍这两个语句在 for 语句中的应用。

11.2.3　带 label 的 continue 语句

首先，我们来看第 1 种场景：如果循环体中的代码执行到一半时需要中断当前迭代，忽略此迭代中循环体剩余部分的代码，并回到 for 语句条件判断处以尝试开始下一次迭代，这时我们可以使用 continue 语句来实现。

以下简单示例展示了如何使用 continue 语句。

```
var sum int
var sl = []int{1, 2, 3, 4, 5, 6}
for i := 0; i < len(sl); i++ {
    if sl[i]%2 == 0 {
        // 忽略切片中值为偶数的元素
        continue
    }
    sum += sl[i]
}
println(sum) // 输出: 9
```

这段代码会遍历切片 sl 中的元素，将所有奇数值相加并存储于变量 sum 中。如果当前元素为偶数，则通过 continue 语句跳出该次迭代的后续代码（即不执行 sum += sl[i]），然后继续下一次迭代。

这个 continue 语句与 C 语言中的 continue 语句有什么差别吗？ Go 中的 continue 语句在 C 语言的 continue 语义的基础上增加了对 label（标签）的支持。

label 用于标记跳转的目标位置。可以将上述代码改写成使用 label 的形式。

```
func main() {
    var sum int
    var sl = []int{1, 2, 3, 4, 5, 6}
loop:
    for i := 0; i < len(sl); i++ {
        if sl[i]%2 == 0 {
            // 忽略切片中值为偶数的元素
            continue loop
        }
        sum += sl[i]
    }
    println(sum) // 输出: 9
}
```

在这个版本中，我们定义了一个 label——loop，它标识了 for 语句的起始位置。在循环体中，可以使用 continue loop 的方式来实现循环体中断，这与前面的例子在语义上是等价的。不过，这里仅仅是一个演示，通常在非嵌套循环的场景中可以直接使用不带 label 的 continue 语句。然而，当处理复杂的**嵌套循环结构时**，**带 label 的 continue 语句**常用于跳转到外层循环并继续执行其下一次迭代，例如以下代码。

```go
func main() {
    var sl = [][]int{
        {1, 34, 26, 35, 78},
        {3, 45, 13, 24, 99},
        {101, 13, 38, 7, 127},
        {54, 27, 40, 83, 81},
    }
outerloop:
    for i := 0; i < len(sl); i++ {
        for j := 0; j < len(sl[i]); j++ {
            if sl[i][j] == 13 {
                fmt.Printf("found 13 at [%d, %d]\n", i, j)
                continue outerloop
            }
        }
    }
}
```

在这段代码中，变量 sl 是一个二维整型切片，其中每个子切片可能包含一个或多个整数。main 函数的目标是在每个子切片中查找数字 13，并输出其位置。

为了实现这一目标，我们使用了嵌套循环：外层循环遍历切片 sl 中的每一个子切片，内层循环则遍历当前子切片中的每个整型值。一旦找到值为 13 的元素，我们便要**中断内层循环，回到外层循环继续执行**。

如果使用不带 label 的 continue 语句，能不能实现这一功能呢？答案是不能。因为它只能中断内层循环的当前迭代，并继续内层循环的下一次迭代。而使用带 label 的 continue 语句则可以直接结束内层循环的执行，并回到外层循环继续执行。

这一行为就好比在外层循环放置并执行了一个不带 label 的 continue 语句。它会首先中断外层循环中当前迭代的执行，执行外层循环的后续语句，然后对外层循环的循环控制条件语句进行求值，如果为 true，就继续执行外层循环的下一次迭代。

11.2.4　break 语句的使用

在前面的讲解中，你可能已注意到，无论是否带 label，continue 语句的主要作用是继续循环的执行。但在日常开发中，我们有时需要不仅中断当前迭代，还需要彻底退出整个循环。在这种情况下，continue 语句不再适用，Go 提供了 **break 语句**来解决这个问题。

我们先来看看下面示例中的 break 语句。

```go
func main() {
    var sl = []int{5, 19, 6, 3, 8, 12}
    var firstEven int = -1
    // 找出整型切片 sl 中的第一个偶数
    for i := 0; i < len(sl); i++ {
        if sl[i]%2 == 0 {
            firstEven = sl[i]
            break
```

```
        }
    }
    println(firstEven) // 输出: 6
}
```

这段代码通过遍历切片 sl 查找第一个偶数，并在找到后使用 break 语句跳出循环。

与 continue 语句一样，break 语句也增加了对 label 的支持。这对于嵌套循环特别有用。不带 label 的 break 语句只能够退出最内层的循环，而要退出外层的循环，则需要使用带 label 的 break 语句。我们来看一个具体的例子。

```
var gold = 38
func main() {
    var sl = [][]int{
        {1, 34, 26, 35, 78},
        {3, 45, 13, 24, 99},
        {101, 13, 38, 7, 127},
        {54, 27, 40, 83, 81},
    }
outerloop:
    for i := 0; i < len(sl); i++ {
        for j := 0; j < len(sl[i]); j++ {
            if sl[i][j] == gold {
                fmt.Printf("found gold at [%d, %d]\n", i, j)
                break outerloop
            }
        }
    }
}
```

这个例子类似于前面提到的带 label 的 continue 语句的例子。main 函数的主要作用是在二维切片 sl 中找到数字 38，并输出其位置。由于在整个二维切片中至多只有一个值为 38 的元素，一旦找到该元素，就可以通过带 label 的 break 语句直接终止外层循环，从而有效地从复杂的多层嵌套循环中退出，避免不必要的算力资源的浪费。

到这里，关于 Go 中 for 语句相关的语法已经全部讲完。可以看到，相较于分支结构，以 for 语句为代表的循环结构逻辑要复杂许多。在日常开发中，我们也会遇到一些与 for 语句相关的问题，其中以 "循环变量重用" 问题最为常见。

11.2.5 循环变量重用

前面介绍过，for range 语句使用短变量声明的方式来声明循环变量。这些循环变量被用于循环体内的特定逻辑实现。但初学者在刚开始学习使用时，可能会发现循环变量的值与预期不符，例如以下代码。

```
// ch11/loopvar1.go
package main
import (
    "fmt"
    "time"
)
```

```
func main() {
    var m = []int{1, 2, 3, 4, 5}

    for i, v := range m {
        go func() {
            time.Sleep(time.Second * 3)
            fmt.Println(i, v)
        }()
    }
    time.Sleep(time.Second * 10)
}
```

上述代码遍历了一个整型切片，并且在每次迭代时创建一个新的 goroutine，以输出当前迭代的元素的下标与值。关于 goroutine 创建和使用的知识，将在后续章节中详细介绍。

按照初学者的预期，这段代码的输出结果应该如下。

```
0 1
1 2
2 3
3 4
4 5
```

但实际输出结果如下。

```
4 5
4 5
4 5
4 5
4 5
```

可以看到，所有 goroutine 中输出的循环变量 i 和 v 都是 for range 语句结束后的最终值，而不是各个 goroutine 启动时的变量值。与预期不符，这是为什么呢？

这是因为预期本身就是错的。在这里，初学者很可能会被 for range 语句中的短声明变量形式 "迷惑"，简单地认为每次迭代都会重新声明两个新的变量 i 和 v。但事实上，这些循环变量在整个 for range 语句中仅会被声明一次，并且在每次迭代中被重用，这就是所谓的循环变量重用（loop variables per-loop）。

基于第 6 章中关于控制语句的隐式代码块的知识点，我们可以将上述 for range 语句转换为等价形式，以帮助理解其工作原理。等价转换后的代码如下。

```
func main() {
    var m = []int{1, 2, 3, 4, 5}

    {
        i, v := 0, 0
        for i, v = range m {
            go func() {
                time.Sleep(time.Second * 3)
                fmt.Println(i, v)
            }()
        }
    }
```

```
    }
    time.Sleep(time.Second * 10)
}
```

通过这种转换，可以看到循环变量 i 和 v 在每次迭代中的重用情况。由于 goroutine 执行的闭包函数引用的是主 goroutine 中的变量 i、v，这些变量在整个循环过程中是共享且重用的，因此最终各个 goroutine 输出的是循环结束后的值，即 i=4，v=5。

为了使输出符合预期，可以在循环体内重新声明新的变量，确保每个 goroutine 引用的是它自己副本中的变量值，而不是共享的循环变量。修正后的代码如下。

```
// ch11/loopvar2.go
package main
import (
    "fmt"
    "time"
)
func main() {
    var m = []int{1, 2, 3, 4, 5}
    for i, v := range m {
        i := i
        v := v
        go func() {
            time.Sleep(time.Second * 3)
            fmt.Println(i, v)
        }()
    }
    time.Sleep(time.Second * 10)
}
```

运行上述代码，输出结果如下。

```
0 1
1 2
2 3
3 4
4 5
```

这次的输出结果与预期一致。需要注意的是，由于 goroutine 调度的不确定性，你执行这个程序时输出结果的行序可能与这里的不同。

在每个迭代中通过短变量声明重新定义使用的变量，这种修正方式是有效的。由于这两个新变量 i 和 v 仅在各自迭代时"有效"，因此被称为 loop var per-iteration。不过，为了"避坑"而引入的这种临时修正方式显然不够优雅。为此，Go 开发团队决定从 Go 1.22 版本开始彻底移除这一问题。首先，在 Go 1.21 版本中，Go 开发团队通过实验语义（GOEXPERIMENT=loopvar）提供了默认采用 loop var per-iteration 语义的 for 语句（包括 for range），即每次迭代都会创建新的循环变量副本，就像我们在循环体内部重新定义的 i 和 v 那样，而不是重用同一份循环变量。

需要注意的是，**新语义仅在设置 GOEXPERIMENT=loopvar 且在 for 语句（包括 for range）的前置条件表达式中使用短变量声明循环变量时生效**。到了 Go 1.22 版本，loopvar 实验特性成为默认行为。

下面是使用 Go 1.22 版本执行 loopvar1.go 示例的结果，它符合输出预期。

```
$go run loopvar1.go
4 5
0 1
1 2
2 3
3 4
```

11.3　switch 语句

除了 if 语句之外，Go 还提供了一种更适合多分支执行的分支控制结构——switch 语句。由于 Go 中的 switch 语句继承自 C 语言，因此，在本节中我们将重点介绍 Go 相较于 C 语言对 switch 语句所做出的重要改进与创新。

在深入了解这些改进与创新之前，先让我们认识一下 switch 语句。

11.3.1　认识 switch 语句

我们先通过一个例子来直观地感受一下 switch 语句的优点。在处理多个分支的情况下，使用 switch 语句可以使得代码更加简洁且易于阅读。

例如，以下 readByExt 函数根据传入的文件扩展名输出不同的日志，这里使用 if 语句进行分支控制。

```
func readByExt(ext string) {
    if ext == "json" {
        println("read json file")
    } else if ext == "jpg" || ext == "jpeg" || ext == "png" || ext == "gif" {
        println("read image file")
    } else if ext == "txt" || ext == "md" {
        println("read text file")
    } else if ext == "yml" || ext == "yaml" {
        println("read yaml file")
    } else if ext == "ini" {
        println("read ini file")
    } else {
        println("unsupported file extension:", ext)
    }
}
```

如果改用 switch 语句实现上述功能，则可以这样编写。

```
func readByExtBySwitch(ext string) {
    switch ext {
    case "json":
        println("read json file")
    case "jpg", "jpeg", "png", "gif":
        println("read image file")
```

```
    case "txt", "md":
        println("read text file")
    case "yml", "yaml":
        println("read yaml file")
    case "ini":
        println("read ini file")
    default:
        println("unsupported file extension:", ext)
    }
}
```

从代码的表现形式来看，使用 switch 语句实现的版本要比 if 语句更加简洁紧凑。即便你没有系统学习过 switch 语句，相信也能大致理解 readByExtBySwitch 函数的执行逻辑。

简单来说，readByExtBySwitch 函数将输入参数 ext 与每个 case 语句后面的表达式进行比较，一旦匹配成功，就执行相应的 case 语句分支，并终止函数。关于具体的执行逻辑，我们将在后续内容中分析，现在了解即可。

接下来，我们进入正题，看看 Go 中 switch 语句的一般形式。

```
switch initStmt; expr {
    case expr1:
        // 执行分支 1
    case expr2:
        // 执行分支 2
    case expr3_1, expr3_2, expr3_3:
        // 执行分支 3
    case expr4:
        // 执行分支 4
    ...
    case exprN:
        // 执行分支 N
    default:
        // 执行默认分支
}
```

首先分析这个 switch 语句一般形式的第一行。这一行以 switch 关键字开头，其后面通常跟随一个表达式（expr）。这里的 initStmt 是可选的，用于在执行 switch 语句之前初始化一些变量。和 if、for 语句一样，可以在 initStmt 部分通过短变量声明定义临时变量，供 switch 语句内部使用。

在 switch 关键词后面的大括号内是一系列代码执行分支，每个分支以 case 关键字开头，后面跟随一个表达式或一组由逗号分隔的表达式列表。此外，还有一个特殊的以 default 关键字开始的分支，称为**默认分支**。

switch 语句的执行流程：switch 语句计算 expr 的值，并依次将其与每个 case 中的表达式的值进行比较。如果找到匹配的 case，也就是 case 后面的表达式或者表达式列表中任意一个表达式的值与 expr 的值相等，那么执行对应的代码分支，随后退出 switch 语句。如果所有 case 表达式都无法与 expr 匹配，那么程序会执行 default 默认分支，并且结束 switch 语句。需要注意的是，**无论 default 分支出现在什么位置，没有任何 case 匹配的情况下才会被执行**。

到这里，我们已经了解了 switch 语句的一般形式及其执行流程。有了这些基础知识作铺垫，接下来我们将探讨本节的重点：相较于 C 语言，Go 的 switch 语句实现了哪些改进与创新。

11.3.2 switch 语句的灵活性

为方便对比，我们先简单了解一下 C 语言中的 switch 语句。在 C 语言中，switch 语句对表达式的类型有所限制，每个 case 只能包含一个表达式，并且除非显式使用 break 语句跳出，否则程序会继续执行下一个 case 语句。这些特性给开发者带来了额外的心智负担。

相比之下，Go 的 switch 语句展示出了极大的灵活性，主要体现在以下几点。

第 1 点：switch 语句中的各表达式求值结果可以是各种类型的值，只要该类型支持比较操作即可。

在 C 语言中，switch 语句只能处理结果为 int 或枚举类型的表达式，其他类型则会被编译器拒绝。

Go 宽容得多，任何支持比较操作的类型都可以作为 switch 语句中表达式的类型。

以下是一个使用自定义结构体类型作为 switch 语句中的表达式类型的例子。

```
type person struct {
    name string
    age  int
}
func main() {
    p := person{"tom", 13}
    switch p {
    case person{"tony", 33}:
        println("match tony")
    case person{"tom", 13}:
        println("match tom")
    case person{"lucy", 23}:
        println("match lucy")
    default:
        println("no match")
    }
}
```

不过，在实际开发过程中，以结构体类型作为 switch 语句中的表达式类型的情况并不常见，这里举这个例子仅是为了说明 Go 中 switch 语句对各种类型广泛的支持。

当 switch 语句中表达式的类型为布尔类型时，如果其求值结果始终为 true，那么可以省略 switch 语句后面的表达式，例如以下代码。

```
// 包含 initStmt 语句的 switch 语句
switch initStmt; {
    case bool_expr1:
    case bool_expr2:
    ...
}
// 不包含 initStmt 语句的 switch 语句
switch {
```

```
    case bool_expr1:
    case bool_expr2:
        ...
}
```

需要注意的是，在包含 initStmt 语句的情况下，如果省略了 switch 语句的表达式，那么 initStmt 语句后面的分号不能省略，因为 initStmt 语句被视为一个独立的语句。

第 2 点：switch 语句支持声明临时变量。

和 if、for 等控制结构语句一样，switch 语句允许在其初始化语句（initStmt）中声明仅在该 switch 语句隐式代码块内有效的临时变量。这种就近声明的方式最大限度地缩小了变量的作用域。

第 3 点：case 语句支持表达式列表。

在 C 语言中，如果要让多个 case 分支执行相同的代码逻辑，只能通过以下方式实现。

```
void check_work_day(int a) {
    switch(a) {
        case 1:
        case 2:
        case 3:
        case 4:
        case 5:
            printf("It is a work day\n");
            break;
        case 6:
        case 7:
            printf("It is a weekend day\n");
            break;
        default:
            printf("Do you live on Earth?\n");
    }
}
```

在上述 C 语言代码中，当 a 为 1 至 5 之间的值时，都会执行相同的代码逻辑，即输出 "It is a work day"。类似地，当 a 为 6 或 7 时，会输出 "It is a weekend day"。这是因为如果没有 break 语句。一旦匹配某个 case 语句，程序将继续执行后续的 case 语句直到遇见 break 语句或 switch 语句结束。

这样看，虽然 C 语言也能实现多 case 语句执行同一逻辑的功能，但在 case 分支较多的情况下，代码会显得冗长。

Go 中的处理方式要好得多。Go 的 switch 语句中的 case 支持表达式列表。可以用表达式列表实现与前面的例子相同的处理逻辑。例如以下代码。

```
func checkWorkday(a int) {
    switch a {
    case 1, 2, 3, 4, 5:
        println("It is a work day")
    case 6, 7:
        println("it is a weekend day")
    default:
```

```
        println("Do you live on Earth")
    }
}
```

根据前面我们讲过的 switch 语句的执行流程，理解上述例子应该不难。和 C 语言相比，使用表达式列表的 Go 实现方式更为简单、清晰且易懂。

第 4 点：取消了默认执行下一个 case 语句代码逻辑的语义。

在 C 语言中，如果匹配到的 case 分支没有显式调用 break 语句，程序会继续执行下一个 case 分支的代码，这种"隐式语义"并不符合日常算法的逻辑，这也经常被诟病为 C 语言的一个缺陷。要修复这个缺陷，只能在每个 case 分支末尾都显式调用 break 语句。

Go 中的 swith 语句修复了 C 语言的这个缺陷，取消了默认执行下一个 case 分支代码的"非常规"语义，即每个 case 分支代码执行完后自动结束 switch 语句。

如果需要执行下一个 case 分支的代码，可以使用关键字 fallthrough 来实现。这体现了 Go 的"显式"设计哲学。以下是一个使用 fallthrough 的例子。

```
func case1() int {
    println("eval case1 expr")
    return 1
}
func case2() int {
    println("eval case2 expr")
    return 2
}
func switchexpr() int {
    println("eval switch expr")
    return 1
}
func main() {
    switch switchexpr() {
    case case1():
        println("exec case1")
        fallthrough
    case case2():
        println("exec case2")
        fallthrough
    default:
        println("exec default")
    }
}
```

执行上述程序，输出结果如下。

```
eval switch expr
eval case1 expr
exec case1
exec case2
exec default
```

可以看到，switchexpr 的结果与 case1 语句匹配成功，Go 执行了 case1 对应的分支代码。由于 case1 语句中显式使用了 fallthrough，执行完 case1 语句后，代码执行流并没有离开

switch 语句，而是继续执行下一个 case（即 case2）的分支代码。

需要注意的是，由于 fallthrough 的存在，case2 语句的表达式不会被重新求值，而是直接执行其分支代码。

此外，如果某个 case 语句已经是 switch 语句中的最后一个，并且后面没有 default 分支，那么在该 case 语句中不能使用 fallthrough，否则会导致编译器错误。

可以看到，Go 的 switch 语句不仅修正了 C 语言中存在的问题，还为开发者提供了更大的灵活性。开发者可以使用多种类型的表达式作为 switch 表达式的类型，利用 case 表达式列表简化实现逻辑，并根据需要决定是否使用 fallthrough 继续执行下一个 case 语句的分支代码。

Go 的 switch 语句还支持基于类型信息的表达式求值，即 type switch，接下来我们将详细探讨这一点。

11.3.3　type switch

type switch 是一种特殊的 switch 语句用法。接下来，我们通过一个例子来看一下它的具体使用形式。

```go
// ch11/typeswitch1.go
func main() {
    var x interface{} = 13
    switch x.(type) {
    case nil:
        println("x is nil")
    case int:
        println("the type of x is int")
    case string:
        println("the type of x is string")
    case bool:
        println("the type of x is bool")
    default:
        println("don't support the type")
    }
}
```

在这个例子中，switch 语句的形式与常规的 switch 语句保持一致，不同的是 switch 与 case 关键字后面的表达式。

switch 关键字后面跟的是 x.(type) 这种特定形式的表达式。这种表达式是 switch 语句独有的，而且只能在 switch 语句中使用。这个表达式中的 **x 必须是一个接口类型变量**，该表达式的值是这个接口类型变量对应的动态类型。

什么是一个接口类型变量对应的动态类型呢？我们简单解释一下。例如，在上述代码 var x interface{} = 13 中，x 是一个接口类型变量，它的静态类型为 interface{}。当我们将整型值 13 赋值给 x 时，x 这个接口变量的动态类型就变成了 int。关于接口类型变量的动态类型，我们后面还会详细讲解，这里简单了解即可。

　　case 关键字后面跟的不是普通的表达式，而是一个个具体的类型。这样，Go 就能使用变量 x 的动态类型与各个 case 语句中的类型进行匹配，一旦找到匹配项，就会执行对应的分支逻辑，随后退出 switch 语句。

　　运行上面的程序，x 的动态变量类型如下。

```
the type of x is int
```

　　通过 x.(type)，我们除了可以获得变量 x 的动态类型信息以外，还能获得其动态类型对应的值信息。现在我们改造一下上述例子。

```
// ch11/typeswitch2.go
func main() {
    var x interface{} = 13
    switch v := x.(type) {
    case nil:
        println("v is nil")
    case int:
        println("the type of v is int, v ={", v)
    case string:
        println("the type of v is string, v =", v)
    case bool:
        println("the type of v is bool, v =", v)
    default:
        println("don't support the type")
    }
}
```

　　在这里，我们将 switch 语句后面的表达式由 x.(type) 换成 v := x.(type)。对于后者，你千万不要认为变量 v 存储的是类型信息，其实 **v 存储的是变量 x 的动态类型对应的值信息**。这意味着在每个 case 分支中可以直接使用变量 v 来访问该值。

　　运行上述程序，可以得到 v 的动态类型和值。

```
the type of v is int, v = 13
```

　　另外，在前面的 type switch 示例中，我们一直使用 interface{} 这种接口类型的变量。由于 Go 中的所有类型都实现了 interface{} 类型，因此 case 关键字后面可以是任意类型信息。

　　但如果在 switch 语句后面使用某个特定的接口类型 I，那么 case 关键字后面只能使用实现了接口类型 I 的类型，否则导致编译器错误。可以看看下面的例子。

```
 3 type I interface {
 4     M()
 5 }
 6
 7 type T struct {
 8 }
 9
10 func (T) M() {
11 }
12
13 func main() {
```

```
14      var t T
15      var i I = t
16      switch i.(type) {
17      case T:
18          println("it is type T")
19      case int:
20          println("it is type int")
21      case string:
22          println("it is type string")
23      }
24 }
```

在这个例子中，我们在 type switch 中使用了自定义的接口类型 I。理论上所有 case 关键字后面的类型都只能是实现了接口类型 I 的类型。但在这段代码中，只有类型 T 实现了接口类型 I，Go 原生类型 int 与 string 都没有实现接口类型 I，于是在编译上述代码时，编译器报出以下错误信息。

```
    19:2: impossible type switch case: i (type I) cannot have dynamic type int
(missing M method)
    21:2: impossible type switch case: i (type I) cannot have dynamic type string
(missing M method)
```

11.4　本章小结

在本章中，我们重点讲解了三大控制语句——if、for 和 switch。

if 语句是 Go 中最常用的分支控制语句，也是最简单的分支控制结构。使用 if 语句时，建议遵循"快乐路径"原则，即优先采用最容易理解的单分支结构，并让所有正常代码均"靠左"，这种方法有助于提升代码的可读性与可维护性。

对于程序控制结构中最复杂的一种——循环控制结构，Go 仅提供了一种循环结构语句——for 语句。和其他主流编程语言不同，Go 通过这种单一的循环结构实践了"做一件事仅有一种方法"的理念，这正是 Go 崇尚简单的设计哲学的具体体现。

Go 提供了 for 语句的经典形式：for preStmt; condition; postStmt {...}。此外，针对 string 类型以及数组 / 切片、map 以及 channel 等复合数据类型，Go 还提供了使用更为便捷的"语法糖"——for range。同时，Go 提供了 continue 语句与 break 语句，用于显式中断当前循环体的执行。

在本章的最后，我们讲解了 Go 提供的另一种分支控制结构——switch 语句。和 if 分支语句相比，在执行多分支的情况下，使用 switch 语句可以使代码更简洁且易于阅读。

第 12 章　函数

在前面的章节中，我们已经学习了用于抽象现实世界实体的类型，以及实现算法逻辑控制的几种控制结构。从本章开始，我们将深入探讨 Go 中的基本功能逻辑单元——**函数**。

到这里，相信你对 Go 中的函数已不陌生，因为在前面的示例程序中，我们一直都在使用函数。**函数作为现代编程语言的基本语法元素**，在命令式语言、面向对象语言及动态脚本语言中都处于核心位置。

Go 也不例外。在 Go 中，**函数是基于特定输入执行特定任务并可返回任务执行结果的唯一代码块**（值得注意的是，Go 中的方法本质上也是函数）。如果忽略 Go 包在代码组织层面的作用，可以说 **Go 程序是由一组函数构成的集合**。实际上，我们的日常 Go 代码编写大多集中在实现这些函数上。

尽管各种编程语言都将函数纳入其语法体系，但各种语言中函数的形式与特点又有所不同。Go 中的函数有哪些独特之处呢？在本章中，我们将系统地探讨 Go 的函数。

接下来，先让我们了解函数的基础知识，从最基本的函数声明开始。

12.1　Go 函数基础

function 这个单词原本是**功能**或**职责**的意思。而在编程语言中，它代表着将一个大问题分解成若干具有特定功能或职责的小任务。这使得函数不仅可以在一个程序中被多次使用，甚至能够在不同的程序中复用，从而大幅**提升代码复用性**。

在 Go 中，与函数相关的语法形式是怎样的呢？我们先来看最常用的 Go 函数声明。请注意，为了降低学习和理解函数的门槛，本章讲解函数时**暂不涉及泛型的概念**。有关泛型及其应用，包括泛型函数，我们将在后续章节中进行详细介绍。

12.1.1　函数声明

在 Go 中，定义函数最常用的方法是使用**函数声明**。以标准库 fmt 包中的 Fprintf 函数为例，看一下一个普通 Go 函数是如何声明的，如图 12.1 所示。

```
1.关键字   2.函数名                    3.参数列表                    4.返回值列表

func Fprintf(w io.Writer, format string, a ...interface{}) (n int, err error) {

    p := newPrinter()
    p.doPrintf(format, a)
    n, err = w.Write(p.buf)         5.函数体
    p.free()
    return


}
```

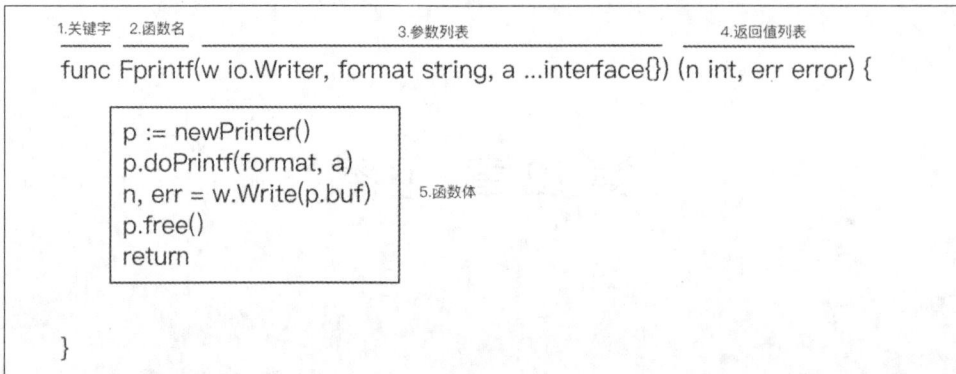

图 12.1　函数声明

可以看到，一个 Go 函数的声明由 5 部分组成。接下来我们逐一介绍。

第 1 部分是关键字。这是每个 Go 函数声明的开始。

第 2 部分是函数名。函数名是一个标识符，用于引用函数的定义。函数声明后，我们可以通过这个标识符来使用该函数。在同一个 Go 包中，函数名必须唯一，并且遵循 Go 的标识符导出规则：首字母大写的函数名表示该函数可以从包外访问；而首字母小写的只在包内可见。

第 3 部分是参数列表。参数列表中列出了将在函数体中使用的各个参数。参数列表位于函数名的后面，并用括号包围。各参数间用逗号作为分隔符，而且每个参数的名称在前，类型在后，这和变量声明中变量名与类型的排列方式是一致的。

另外，Go 支持变长参数，也就是一个形式参数可以对应不定数量的实际参数。例如，图 12.1 中的 Fprintf 函数的第 3 个参数就是一个变长参数 a。变长参数与普通参数在声明时的不同点在于，它会在类型前面增加 "..." 符号。关于对变长参数的支持，我们将在后续内容中详细介绍。

第 4 部分是返回值列表。这部分紧随参数列表之后，中间以空格隔开，定义了函数执行后返回给调用者的值的类型。不过，图 12.1 所示函数声明比较特殊，Fprintf 函数不仅声明了返回值的类型，还为返回值命名，这种情况称为**具名返回值**。在多数情况下，我们不需要这么做，只需要声明返回值的类型即可。

第 5 部分是放在一对大括号内的函数体，其中包含了函数的具体实现代码。不过，函数声明中的**函数体是可选的**。如果没有函数体，则说明这个函数可能是在 Go 之外实现的，例如使用汇编语言实现，然后通过链接器将实现与声明中的函数名链接到一起。对于没有函数体的函数声明，这是一个更高级的话题，感兴趣的读者可以自行了解。目前，我们先集中精力掌握基础概念。

看到这里，你可能会问，**同为声明，为什么函数声明与之前学过的变量声明在形式上差异这么大呢**？

为了更好地理解函数声明，也给我们后续的讲解作铺垫，这里横向对比一下，**把上面的**

函数声明等价转换为变量声明的形式，如图 12.2 所示。

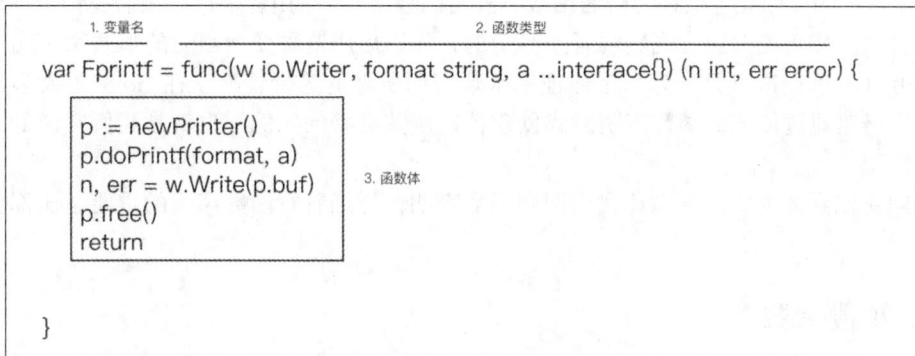

图 12.2　函数声明的等价转换

转换后的代码不仅与原函数声明等价，同时也完全符合 Go 的语法规则。对照一下图 12.1 和图 12.2，你是不是有种豁然开朗的感觉？**这实际上是声明了一个具有函数类型的变量!**

可以看到，函数声明中的函数名其实就是变量名，而 func 关键字、参数列表和返回值列表共同构成了**函数类型**。参数列表与返回值列表的组合也被称为**函数签名**，它是判断两个函数是否相同的决定性因素。因此，**函数类型可以视为由 func 关键字与函数签名组成的整体**。

通常，在表述函数类型时，我们会省略函数签名参数列表中的参数名以及返回值列表中的返回值变量名。例如，对于前面介绍的 Fprintf 函数的函数类型，可以表示为以下形式。

```
func(io.Writer, string, …interface{}) (int, error)
```

这样，如果两个函数类型的函数签名相同，即便它们在参数列表和返回值中使用了不同的名称，这两个函数也被视为具有相同的类型。例如以下两个函数类型。

```
func (a int, b string) (results []string, err error)
func (c int, d string) (sl []string, err error)
```

如果我们忽略这两个函数的参数名与返回值变量名，那么它们都是 func (int, string) ([]string, error)，因此它们是同一类型的函数。

到这里，我们可以得到这样一个结论：**每个函数声明所定义的函数仅仅是对应的函数类型的一个实例**，就像变量声明 var a int = 13 中 a 是 int 类型的一个实例一样。

如果你还记得第 9 章中关于使用复合类型字面值对结构体类型变量进行显式初始化的内容，你可能会觉得上面这种用变量声明来声明函数变量的形式似曾相识。我们将这两种形式简化成以下形式。

```
s := T{}       // 使用复合类型字面值对结构体类型 T 的变量进行显式初始化
f := func(){}  // 使用变量声明形式的函数声明
```

这里，T{} 被称为复合类型字面值，那么处于相似位置的 func(){} 则被称为"函数字面值"（function literal）。可以看到，函数字面值由函数类型与函数体组成，它特别像一个没有函数名的函数声明，因此也被称为**匿名函数**。匿名函数在 Go 中用途很广，稍后我们会细讲。

到这里，你可能会想，既然两者是等价的，那以后用这种变量声明的形式来声明一个函数吧。万万不可！这里只是为了帮你理解函数声明所做的等价转换。在 Go 中，大多数情况下，我们仍然通过传统的函数声明方式创建特定函数类型的实例，也就是我们常说的"定义一个函数"。

横向对比到此为止。现在让我们回到函数声明，详细看看函数声明的重要组成部分——参数。

12.1.2 函数参数

函数参数列表中的参数是函数声明中定义的用于函数体实现的局部变量。由于函数分为声明与使用两个阶段，在不同阶段，参数的称谓也有所不同。在函数声明阶段，我们将参数列表中的参数称为**形式参数**（parameter，简称形参），而在函数体中，我们使用的正是形参；在函数被实际调用时传入的参数则被称为**实际参数**（argument，简称实参）。为了便于直观理解，请参考图 12.3 所示的示意图。

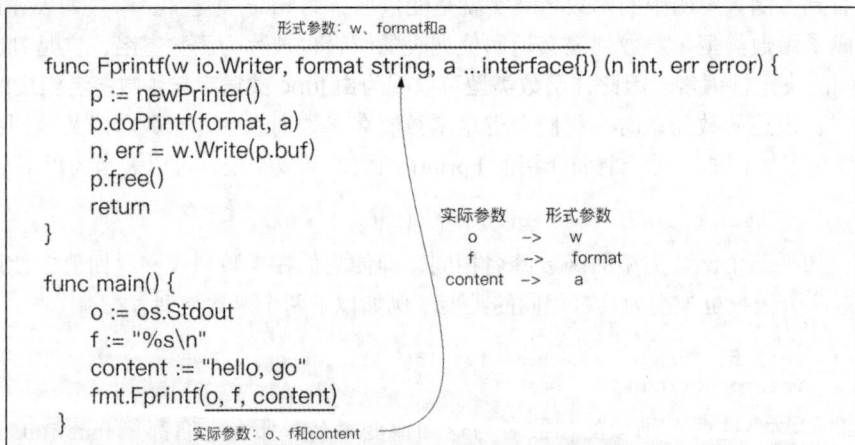

```
                      形式参数：w、format和a
                 ─────────────────────────────
func Fprintf(w io.Writer, format string, a ...interface{}) (n int, err error) {
    p := newPrinter()
    p.doPrintf(format, a)
    n, err = w.Write(p.buf)
    p.free()
    return                      实际参数      形式参数
}                                 o    ->    w
                                  f    ->    format
func main() {                  content  ->   a
    o := os.Stdout
    f := "%s\n"
    content := "hello, go"
    fmt.Fprintf(o, f, content)
}
       实际参数：o、f和content
```

图 12.3 函数参数列表中的参数

当我们调用函数时，实参会传递给函数，并与形参逐一绑定。编译器会根据各个形参的类型与数量检查传入的实参是否匹配。只有在匹配的情况下，程序才能继续执行函数调用，否则编译器将报错。

Go 中，函数参数传递采用的是**值传递**的方式。所谓"值传递"，指的是将实际参数在内存中的表示**逐位复制**（bitwise copy）到形参中。对于整型、数组、结构体这类类型，它们的内存表示就是数据本身，因此作为实参时，值传递意味着直接复制这些数据，且传递开销也与数据大小成正比。

然而，像 string、切片、map 这样的引用类型，其内存表示是对数据内容的"描述符"。

当这些类型作为实参时，值传递仅复制"描述符"而非数据内容本身，因此，这些类型传递的开销是固定的，与数据内容大小无关。这种只复制"描述符"而不复制实际数据内容的复制过程也被称为**"浅复制"**。

不过，函数参数传递有两个例外情况：一是当函数的形参为接口类型时，二是当形参是变长参数时。在这两种情况下，简单的值传递就不能满足要求了，这时编译器会介入处理。对于接口类型的形参，编译器会将实参赋值给对应的接口类型形参；对于变长参数的形参，编译器会将零个或多个实参转换为相应的变长形参。

例如，以下代码展示了如何使用变长参数。

```go
// ch12/varargs.go
func myAppend(sl []int, elems ···int) []int {
    fmt.Printf("%T\n", elems) // 输出: []int
    if len(elems) == 0 {
        println("no elems to append")
        return sl
    }
    sl = append(sl, elems···)
    return sl
}
func main() {
    sl := []int{1, 2, 3}
    sl = myAppend(sl) // 输出: no elems to append
    fmt.Println(sl)   // 输出: [1 2 3]
    sl = myAppend(sl, 4, 5, 6)
    fmt.Println(sl)   // 输出: [1 2 3 4 5 6]
}
```

我们重点看一下代码中的 myAppend 函数。这个函数基于 append 实现了向整型切片追加数据的功能，并支持变长参数，它的第二个形参 elems 就是一个变长参数。myAppend 函数通过 Printf 输出了变长参数的类型。执行这段代码，将看到 elems 的类型为 []int。

这说明，在 Go 中，**变长参数实际上是通过切片来实现的**。因此，在函数体中，我们可以使用所有支持切片的操作来操作变长参数，这会大大降低变长参数的使用复杂度。例如，在 myAppend 中，通过 len 函数可以获取传递给变长参数的实参数量。

到这里，我们已经学习了函数声明的两个重要部分。接下来，让我们看看函数声明的最后一部分——返回值。

12.1.3　函数返回值

与 C、C++ 和 Java 等主流静态编程语言不同，Go 中的函数**支持多返回值**。这一特性使得函数能够向调用者传递更多的结果信息。实际上，Go 的错误处理机制很大程度上依赖于多返回值机制，关于这一点，我们将在后续章节中详细讲解。

从形式上看，函数的返回值列表主要有以下 3 种情况。

```go
func foo()                    // 无返回值
func foo() error              // 仅有一个返回值
```

```
func foo() (int, string, error)  // 有 2 个及以上返回值
```

如果一个函数没有显式的返回值，那么可以像第一种情况那样在函数声明中省略返回值列表；如果一个函数仅有一个返回值，那么通常在函数声明中不需要用括号包围返回值；如果有 2 个及以上返回值，则需要用括号包围。

在声明函数的返回值列表时，可以只列出返回值的类型。此外，还可以像 fmt.Fprintf 函数那样为每个返回值命名。这种带有名字的返回值被称为**具名返回值**，它们可以在函数体内像局部变量一样使用。

两种方式都可以返回函数的结果，在日常开发中，我们究竟应该使用普通返回值形式还是具名返回值形式呢？没有明确的答案，即便是在 Go 标准库中也存在不同的做法。一般建议是，**如果具名返回值可以提高代码的可读性，则应优先考虑使用**。

例如，在使用 defer 关键字且需要延迟调用中修改外部函数的返回值时，具名返回值可以使代码更加清晰。关于 defer 的用法，我们将在本章后续内容中细讲。

再如，当函数有多个返回值时，每次使用 return 语句都需要列出所有返回值，这时使用具名返回值可以提高代码的可读性。例如，在 Go 标准库的 time 包中，parseNanoseconds 函数就是这样实现的。

```
// $GOROOT/src/time/format.go
func parseNanoseconds(value string, nbytes int) (ns int, rangeErrString string,
err error) {
    if !commaOrPeriod(value[0]) {
        err = errBad
        return
    }
    if ns, err = atoi(value[1:nbytes]); err != nil {
        return
    }
    if ns < 0 || 1e9 <= ns {
        rangeErrString = "fractional second"
        return
    }
    scaleDigits := 10 - nbytes
    for i := 0; i < scaleDigits; i++ {
        ns *= 10
    }
    return
}
```

在这个例子中，我们还能看到一些函数返回值的使用惯例，例如，通常将 error 作为最后一个返回值；返回值的数量不宜过多，一个或两个即可（一个是有效载荷，另一个是错误值），3 个已经达到了极限。

了解了上面这些有关 Go 函数的基础知识后，接下来，我们将学习 Go 函数的一个独特之处，该特点赋予了 Go 函数更大的灵活性和表达能力。

12.2 函数是"一等公民"

在 Go 中，函数被视为 "一等公民"（first-class citizen）。要知道，并非所有的编程语言都将函数视为 "一等公民"。

那么，究竟什么是编程语言的 "一等公民" 呢？尽管业界和教科书对此没有给出精准的定义，但我们可以引用 wiki 发明人、C2 站点作者沃德·坎宁安（Ward Cunningham）对 "一等公民" 的解释：如果一门编程语言允许某种语言元素像处理值一样自由地创建和使用，且没有任何限制，那么称这种语法元素是该编程语言的 "一等公民"。这意味着这些语法元素可以被存储在变量中，作为参数传递给其他函数，在函数内部创建并从函数中返回。

基于这个解释，我们来看看在 Go 中作为 "一等公民" 的函数所表现出的特征。

特征 1：Go 函数可以存储在变量中。

按照沃德·坎宁安对 "一等公民" 的解释，具备 "一等公民" 身份的语法元素能够被存储在变量中。其实，这点我们在前面讨论函数声明时已经验证过，这里我们通过一个例子进一步说明一下。

```
var (
    myFprintf = func(w io.Writer, format string, a …interface{}) (int, error) {
        return fmt.Fprintf(w, format, a…)
    }
)
func main() {
    fmt.Printf("%T\n", myFprintf) // 输出: func(io.Writer, string, …interface {})
(int, error)
    myFprintf(os.Stdout, "%s\n", "Hello, Go") // 输出: Hello,Go
}
```

在这个例子中，我们将一个新创建的匿名函数赋值给名为 myFprintf 的变量。通过这个变量，我们可以调用之前定义的匿名函数。接下来，我们通过 Printf 函数输出 myFprintf 变量的类型，可以看到其结果与预期的函数类型一致。

特征 2：支持在函数内创建并通过返回值返回。

Go 不仅支持在函数外创建函数，还支持在函数内部动态创建函数。由于函数可以像变量一样被存储和传递，因此，这些在函数内部创建的函数也可以作为返回值从函数中返回。例如以下代码。

```
func setup(task string) func() {
    println("do some setup stuff for", task)
    return func() {
        println("do some teardown stuff for", task)
    }
}
func main() {
    teardown := setup("demo")
    defer teardown()
    println("do some business stuff")
}
```

上述代码模拟了在执行某些重要逻辑之前进行上下文建立（setup）以及之后进行上下文拆除（teardown）的过程。在单元测试代码中，我们经常会在执行某些测试用例之前建立执行所需的上下文，并在这些用例执行后拆除该上下文，以避免对后续用例的影响。

在这个例子中，setup 函数创建了一个用于拆除上下文的匿名函数，并通过返回值，将其返回给调用者。调用者在完成特定上下文的业务逻辑后，调用由 setup 函数返回的拆除函数来完成上下文的拆除工作。

值得注意的是，在 setup 函数中创建的拆除函数是一个引用了 setup 函数的局部变量 task 的匿名函数。这种能够访问定义它的函数内部变量的匿名函数在 Go 中被称为**闭包**（closure）。

闭包本质上是一个匿名函数或函数字面值，它可以访问其包裹函数（即创建闭包的函数）中定义的变量。这些变量在包裹函数和匿名函数之间共享，并且**只要闭包仍可以访问，这些共享变量就会持续存在**。显然，Go 中的闭包特性是建立在函数是"一等公民"特性的基础上的。

特征 3：作为参数传入函数。

既然 Go 中的函数可以被存储在变量中，也可以从函数中返回，那么将函数作为参数传递给另一个函数自然是可行的。例如，在日常开发中，标准库 time 包中的 AfterFunc 函数就是一个接受函数类型参数的典型例子。以下代码展示了如何使用 AfterFunc 函数设置 2 秒定时器，并在时间到达后执行特定函数。此处传入的就是一个匿名函数。

```
time.AfterFunc(time.Second*2, func() { println("timer fired") })
```

特征 4：拥有自己的类型。

通过前面的讲解，我们知道像整型 int 这样的基本类型拥有自己的类型定义，而每个整型值只是该类型的一个实例。同样的道理也适用于字符串、布尔等具备"一等公民"身份的数据类型。

对于函数，每个函数声明定义的是对应函数类型的一个实例。换句话说，每个函数就像整型值、字符串值一样，拥有自己的类型——**函数类型**。我们甚至可以基于函数类型自定义新的类型，就像基于整型、字符串类型等自定义类型一样。以下代码选取标准库中的 HandlerFunc、visitFunc，展示了如何基于函数类型自定义类型。

```
// $GOROOT/src/net/http/server.go
type HandlerFunc func(ResponseWriter, *Request)

// $GOROOT/src/sort/genzfunc.go
type visitFunc func(ast.Node) ast.Visitor
```

到这里，可以看到，Go 函数确实具备沃德·坎宁安所描述的"一等公民"的所有特征：它们可以被存储在变量中，可以在函数内部创建并通过返回值返回，可以作为参数传递给其他函数，并且可以拥有自己的类型。这些特征表明，和 C/C++ 等编程语言相比，作为"一等公民"的 Go 函数提供了更为灵活和强大的编程模型。

12.3　defer：简化函数实现

通过前面的学习，我们已经掌握了 Go 函数的基本定义和使用方法。然而，在日常开发中，经常需要在函数调用结束时进行一些必要的收尾工作，例如，关闭文件、解锁互斥锁或断开数据库连接等。以下伪代码展示了如何处理这些情况。

```
func doSomething() error {
    var mu sync.Mutex
    mu.Lock()
    r1, err := OpenResource1()
    if err != nil {
        mu.Unlock()
        return err
    }
    r2, err := OpenResource2()
    if err != nil {
        r1.Close()
        mu.Unlock()
        return err
    }
    r3, err := OpenResource3()
    if err != nil {
        r2.Close()
        r1.Close()
        mu.Unlock()
        return err
    }
    // 使用 r1、r2、r3
    err = doWithResources()
    if err != nil {
        r3.Close()
        r2.Close()
        r1.Close()
        mu.Unlock()
        return err
    }
    r3.Close()
    r2.Close()
    r1.Close()
    mu.Unlock()
    return nil
}
```

可以看到，这段伪代码展示了在函数内部申请资源并在函数退出前释放资源的过程，例如，这里的互斥锁 mu 及资源 r1~r3 都被正确释放。

为了保证无论函数是按预期顺利执行还是出现错误，所有资源都能及时、正确地释放。为此，我们需要尤为关注函数中的错误处理逻辑，以避免遗漏任何资源的释放步骤。

但是，当存在多个资源需要管理时，这种做法会导致代码复杂度增加，降低程序的可读性、健壮性。

针对这种情况，Go 提供了一种非常有用的机制——**defer**。那么，defer 具体是怎么解决这些问题的呢？或者说，defer 具体的运作机制是怎样的？接下来我们详细了解一下 defer 的功能和特性。

12.3.1 认识 defer

defer 是 Go 提供的一种延迟调用机制，其运作离不开函数。那么如何理解这一点呢？这句话至少包含两层含义。

☐ 在 Go 中，只有在函数（或方法）内部才能使用 defer。

☐ defer 关键字后面只能接函数（或方法），这些函数被称为 **deferred（被延迟的）函数**。这些函数会被注册到它们所在 goroutine 中，并存放在用于存储 deferred 函数的栈数据结构中。当执行 defer 的函数退出前，这些 deferred 函数按后进先出（Last In First Out, LIFO）的顺序被程序调度执行（见图 12.4）。

无论是在函数体尾部返回，还是在某个错误处理分支显式返回，又或者出现 panic，已经存储到 deferred 函数栈中的函数都会被调度执行。因此，deferred 函数是一个可以在任何情况下为函数进行**收尾工作**的"好伙伴"。

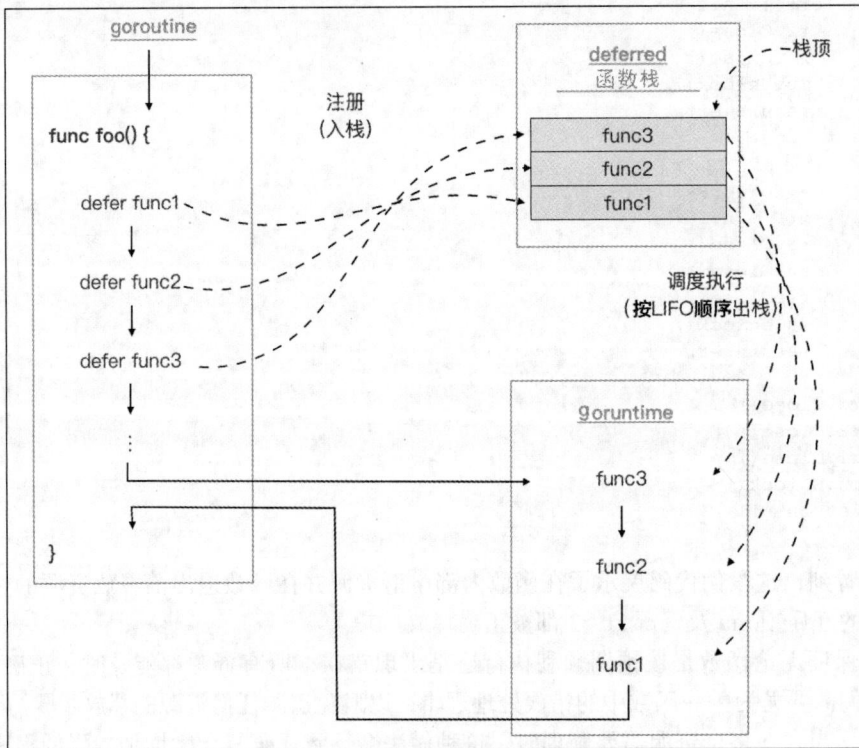

图 12.4 deferred 函数的注册与执行

回到之前的例子，如果我们将收尾工作移至 deferred 函数中，代码将变成以下形式。

```
func doSomething() error {
    var mu sync.Mutex
    mu.Lock()
    defer mu.Unlock()
    r1, err := OpenResource1()
    if err != nil {
        return err
    }
    defer r1.Close()
    r2, err := OpenResource2()
    if err != nil {
        return err
    }
    defer r2.Close()
    r3, err := OpenResource3()
    if err != nil {
        return err
    }
    defer r3.Close()
    // 使用 r1、r2、r3
    return doWithResources()
}
```

可以看到，**使用 defer 后对函数实现逻辑的简化是显而易见的**。此外，这里资源释放函数的 defer 注册动作紧邻着资源申请成功的动作，这种成对出现的方式极大地降低了遗漏资源释放的可能性，开发者也不用再小心翼翼地在每个错误处理分支中检查是否遗漏了某个资源的释放动作。同时，代码的简化也意味代码可读性的提高，以及代码健壮度的增强。

那么，在日常开发中使用 defer 时，有什么需要特别注意的地方吗？

12.3.2　使用 defer 的注意事项

大多数 Gopher 都喜欢 defer，因为它不仅可以用来捕捉和恢复 panic（这将在后续章节详细说明），还能让函数变得更简洁和健壮。然而，"工欲善其事，必先利其器"，在使用 defer 时要了解使用注意事项，以避免掉进陷阱。

1. 明确哪些函数可以作为 deferred 函数

对于自定义的函数或方法，defer 可以无条件地支持它们。但是，对于有返回值的自定义函数或方法，返回值会在 deferred 函数调度执行时被自动丢弃。

在 Go 中，除了自定义函数 / 方法以外，还有内置的或预定义的函数。Go 的内置函数包括 append、cap、close、complex、copy、delete、imag、len、make、new、panic、print、println、real、recover、min、max。

在这些内置函数中，append、cap、len、make、new、imag 等不能直接作为 deferred 函数，而 close、copy、delete、println、recover 等则可以直接被 defer 设置为 deferred 函数。

对于那些不能直接作为 deferred 函数的内置函数，可以通过包裹匿名函数的方式来间接满足要求。例如，对于 append 函数，可以这样做。

```
defer func() {
    _ = append(sl, 11)
}()
```

2. 注意 defer 关键字后面表达式的求值时机

defer 关键字后面的表达式是在将 deferred 函数注册到 deferred 函数栈时进行求值的。

我们通过一个典型的例子说明 defer 后表达式的求值时机。

```
// ch12/defer.go
func foo1() {
    for i := 0; i <= 3; i++ {
        defer fmt.Println(i)
    }
}
func foo2() {
    for i := 0; i <= 3; i++ {
        defer func(n int) {
            fmt.Println(n)
        }(i)
    }
}
func foo3() {
    for i := 0; i <= 3; i++ {
        defer func() {
            fmt.Println(i)
        }()
    }
}
func main() {
    fmt.Println("foo1 result:")
    foo1()
    fmt.Println("\nfoo2 result:")
    foo2()
    fmt.Println("\nfoo3 result:")
    foo3()
}
```

这里，我们逐一分析 foo1、foo2 和 foo3 中 defer 后表达式的求值时机。

首先是 foo1。在 foo1 中，defer 后直接使用的是 fmt.Println 函数。每当 defer 将 fmt. Println 注册到 deferred 函数栈时，都会对 Println 的参数进行求值。根据上述代码逻辑，依次压入 deferred 函数栈的函数如下。

```
fmt.Println(0)
fmt.Println(1)
fmt.Println(2)
fmt.Println(3)
```

因此，当 foo1 返回后，deferred 函数按 LIFO 顺序出栈执行，输出结果如下。

```
3
2
```

```
1
0
```

其次是 foo2。在 foo2 中，defer 后面接的是一个带有一个参数的匿名函数。每当 defer 将匿名函数注册到 deferred 函数栈时，都会对该匿名函数的参数进行求值。根据上述代码逻辑，依次压入 deferred 函数栈的函数如下。

```
func(0)
func(1)
func(2)
func(3)
```

因此，当 foo2 返回后，deferred 函数按 LIFO 顺序出栈执行，输出结果如下。

```
3
2
1
0
```

最后是 foo3。在 foo3 中，defer 后面接的是一个不带参数的匿名函数。根据前面的代码逻辑，依次压入 deferred 函数栈的函数如下。

```
func()
func()
func()
func()
```

所以，当 foo3 返回后，deferred 函数按 LIFO 顺序出栈执行。匿名函数会以闭包的方式访问外围函数的变量 i，并通过 Println 函数输出 i 的值。如果是 Go 1.22 之前的版本，由于 for 语句使用的变量 i 是 per-loop variable，此时 i 的值为 4，因此，foo3 的输出结果如下。

```
4
4
4
4
```

如果是 Go 1.22 及之后的版本，由于 for 循环使用的变量 i 是 per-iteration variable，因此 foo3 的输出结果如下。

```
3
2
1
0
```

通过上述例子可以看出，无论以何种形式将函数注册到 defer 中，deferred 函数的参数值都是在注册时进行求值的。

3. 知晓 defer 带来的性能损耗

通过前面的分析可以看出，defer 让开发者进行资源释放（如文件描述符、锁）的过程变得更加优雅且不易出错。然而，在性能敏感的应用中，defer 带来的性能损耗也是我们必须知晓和权衡的问题。

这里，我们将通过一个性能基准测试（benchmark）直观地展示 defer 究竟会带来多少性能损耗。基于 Go 工具链，我们可以很方便地为 Go 源码编写性能基准测试，只需将代码放在以 _test.go 为后缀的源文件中，并利用 testing 包提供的"框架"即可。

例如以下代码。

```
// ch12/defer_test.go
package main
import "testing"
func sum(max int) int {
    total := 0
    for i := 0; i < max; i++ {
        total += i
    }
    return total
}
func fooWithDefer() {
    defer func() {
        sum(10)
    }()
}
func fooWithoutDefer() {
    sum(10)
}
func BenchmarkFooWithDefer(b *testing.B) {
    for i := 0; i < b.N; i++ {
        fooWithDefer()
    }
}
func BenchmarkFooWithoutDefer(b *testing.B) {
    for i := 0; i < b.N; i++ {
        fooWithoutDefer()
    }
}
```

上述基准测试包含了两个测试用例——BenchmarkFooWithDefer 和 BenchmarkFooWithoutDefer。前者测量的是带有 defer 的函数执行性能，后者测量的是不带 defer 的函数执行性能。

在 Go 1.13 之前的版本中，defer 带来的开销较大。我们先用 Go 1.12.7 版本运行上述基准测试。结果如下。

```
$go test -bench . defer_test.go
goos: darwin
goarch: amd64
BenchmarkFooWithDefer-8         30000000            42.6 ns/op
BenchmarkFooWithoutDefer-8     300000000             5.44 ns/op
PASS
ok      command-line-arguments  3.511s
```

从这个基准测试结果可以看出，**使用 defer 的函数执行时间是不使用 defer 的函数的 8 倍左右**。

但从 Go 1.13 版本开始，Go 开发团队对 defer 性能进行了多次优化，到 Go 1.22 版本，

defer 的开销已经大大减少了。以下是使用 Go 1.22 版本运行上述基准测试的结果。

```
$go test -bench . defer_test.go
goos: darwin
goarch: amd64
BenchmarkFooWithDefer-8          198722378          5.972 ns/op
BenchmarkFooWithoutDefer-8       315375207          3.810 ns/op
PASS
ok      command-line-arguments      3.393s
```

可以看到，带有 defer 的函数执行开销仅是不带 defer 的函数的 1.56 倍左右，这表明 defer 的性能损耗已经变得微乎其微，开发者可以放心使用。

12.4　本章小结

在本章中，我们探讨了 Go 的基本功能逻辑单元——函数。函数作为语法元素的出现，旨在将大问题分解为若干小任务，并促进代码复用。

在 Go 中，定义一个函数最常用的方式是使用**函数声明**。虽然函数声明的形式与之前学习的变量声明有所不同，但本质上它们是一致的。我们可以通过等价转换，将函数声明转换为一个以函数名为变量名、以函数字面值为初值的函数变量声明形式。理解这一点对深入掌握函数至关重要。

Go 函数采用值传递的方式进行参数传递。对于 string、切片、map 等类型参数，这种传递方式实际上传递的仅是"描述符"信息，相当于一种"浅复制"，这点一定要牢记。此外，Go 函数支持多返回值，其错误处理机制正是建立在这一基础上。

与传统的 C、C++ 等静态编程语言相比，Go 函数的最大特点在于其是 Go 的"一等公民"。这意味着 Go 函数具备作为"一等公民"的一切行为特征，包括函数可以被存储在变量中、在函数内部创建并通过返回值返回、可以作为参数传递给函数，以及拥有自己的类型。这些特征赋予了 Go 函数极大的灵活性，使我们在日常开发中可以通过巧妙的设计简化代码实现。

最后，我们介绍了 Go 在语言层面上提供的 defer，它可被用于简化函数实现，尤其是在涉及较多资源申请和释放的情况下。简洁性不仅提升了函数的可读性，还有利于增强代码的健壮性。此外，在 Go 1.22 版本中，使用 defer 带来的开销几乎可以忽略不计，开发者可以放心使用。

第 13 章 错误处理

在第 12 章中，我们探讨了 Go 中的函数，对其有了基本的了解。特别是，在介绍函数声明部分时提到，多返回值是 Go 函数区别于其他主流静态编程语言的一个重要特性。同时，它也是 Go 设计者构建 Go 错误处理机制的基础。

在本章中，我们将围绕 Go 的错误处理机制、错误值构造与检查以及异常处理等方面展开讨论，学习如何结合函数的多返回值机制进行有效的错误处理设计。最后，我们还会探讨 Go 中错误处理与异常处理的区别，明确各自的适用范围。

通过本章的学习，你将掌握 Go 中统一的错误处理思路，从而编写出更健壮的 Go 代码。

13.1 Go 的错误处理

为了用好错误处理机制，首先需要了解 Go 错误设计的基本思路与工作机制。

13.1.1 Go 的错误处理机制

选择何种错误处理方式，是编程语言在其设计初期就要确定的关键机制之一，它极大地影响着编程语言的语法形式、实现难度以及后续的演进方向。

前面已经多次提到，Go 继承了 C 语言的很多语法特性，在错误处理机制上也不例外，它是在 C 语言的错误处理机制基础上的一种创新。

让我们从源头讲起，先看看 C 语言中的错误处理机制。在 C 语言中，我们通常使用整型函数返回值作为错误状态标识。函数调用者根据这个返回值来判断是否发生错误。返回值为 0，代表函数调用成功；返回值为非 0 值，则代表函数调用出现错误。也就是说，函数调用者需要根据该返回值决定执行哪条错误处理路径上的代码。

C 语言的这种简单的**基于错误值比较**的错误处理机制有哪些优点呢？

首先，它强制每个开发者必须显式地关注并处理每个可能发生的错误，这使得代码更加健壮，同时增加了开发者对代码的信心。

其次，由于这些错误是普通的值，因此开发者不需要用额外的语言机制来处理它们。我们可以像处理其他类型的值一样处理这些错误，这使得代码更容易调试，并能够针对每个错误处理分支进行测试覆盖。

这种简单而明确的特性与 Go 的设计哲学十分契合，因此 Go 设计者决定采用类似的错误处理机制。

然而，C 语言的错误处理机制也有一些弊端。例如，由于 C 语言函数仅支持一个返回值，因此很多开发者会把单一的返回值"一值多用"。也就是说，一个返回值，不仅要承载函数返回给调用者的信息，还要承载函数调用的最终错误状态。以 C 标准库中的 fprintf 函数为例，其返回值在正常情况下表示写入 FILE 流中的字符数，而在发生错误时则变为负数，代表具体的错误值。

```
// stdio.h
int fprintf(FILE * restrict stream, const char * restrict format, …);
```

特别是在返回值为字符串等其他类型时，很难将其与错误状态结合起来。在这种情况下，C 开发者要么使用输出参数来承载返回给调用者的信息，要么自定义包含返回信息与错误状态的结构体作为返回值类型。这样，不同的做法难以形成统一的错误处理策略。

为了避免这种情况，Go 引入了**多返回值机制**，允许错误状态与返回信息分离，并建议开发者将要返回给调用者的信息和错误状态分别放在不同的返回值中。

我们继续以 C 语言中的 fprintf 函数为例进行介绍。Go 标准库中有一个与其功能等同的 fmt.Fprintf 函数，这个函数使用一个独立的表示错误状态的返回值（如下面代码中的 err），解决了 fprintf 函数中错误状态值与返回信息耦合在一起的问题。

```
// fmt 包
func Fprintf(w io.Writer, format string, a …interface{}) (n int, err error)
```

可以看到，在 fmt.Fprintf 函数中，返回值 n 表示写入 io.Writer 中的字节数，而返回值 err 表示函数调用的状态。如果成功，err 值为 nil；如果不成功，则为特定的错误值。

另外，可以看到，fmt.Fprintf 函数声明中的错误状态变量 err 的类型并不是传统的整型，而是名为 error 的接口类型。

虽然在 Go 中可以像 C 语言那样使用整型值来表示错误状态，但 Go 的惯用法是使用 **error 接口类型来表示错误，并且通常将 error 类型的返回值放在返回值列表的末尾**。接口作为一种可由多种具体类型实现的抽象类型，当作为函数返回值时，可以返回不同的具体类型对象，这也是使用预定义的 error 接口类型来表示函数返回的错误的原因。

那么，error 接口类型究竟如何表示错误？如何构造满足 error 接口类型的错误值？又如何检查错误值以选择不同的错误处理路径呢？我们继续往下看。

13.1.2　错误值构造与检视

我们先来看看 Go 中用于表示错误的 error 类型。

1. error 类型

error 接口是 Go 原生内置的类型，其定义如下。

```
// $GOROOT/src/builtin/builtin.go
type error interface {
    Error() string
}
```

从上述定义可以看出，error 接口类型仅包含一个 Error 方法。这意味着，任何实现了该方法的类型的实例都可以作为错误值赋值给 error 接口变量。

那么，使用 error 类型而非传统意义上的整型或其他类型作为错误类型有哪些优势呢？至少有以下 3 点优势。

第 1 点：统一了错误类型。

如果不同开发者的代码、不同项目中的代码，甚至标准库中的代码都采用 error 接口类型变量的形式呈现错误类型，则不仅提升了代码的可读性，也更容易形成一致的错误处理策略。这将在后续内容中详细介绍。

第 2 点：错误是值。

所构造的错误都是值，即便赋值给 error 这个接口类型变量，我们仍可以像操作整型值那样对错误进行 "==" 和 "!=" 逻辑比较。因此，函数调用者检视错误时的操作体验保持不变。

第 3 点：易扩展，支持自定义错误上下文。

尽管错误以 error 接口类型变量的形式统一呈现，但我们可以通过自定义错误类型轻松扩展错误上下文。error 接口作为错误值提供者与错误值检视者之间的契约，其实现者负责提供错误上下文，供错误处理代码使用。这种将错误具体上下文与 error 接口类型分离的做法体现了 Go 组合设计哲学中的 "正交" 理念。

到这里，你可能会问，为了构造一个错误值，是否需要自定义一个新类型来实现 error 接口？接下来，我们将回答这个问题，并讲解如何构造一个自定义错误。

2. 构造一个错误

Go 的设计者显然也考虑到了这一点，因此在标准库中提供了两个方便开发者构造错误值的方法——errors.New 和 fmt.Errorf。通过这两个方法，开发者可以轻松地构建满足 error 接口类型的错误值，例如以下代码。

```
err := errors.New("your first demo error")
errWithCtx = fmt.Errorf("index %d is out of bounds", i)
```

实际上，这两个方法返回的是同一实现了 error 接口类型的实例。这个未导出的类型是 errors.errorString，其定义如下。

```
// $GOROOT/src/errors/errors.go
type errorString struct {
    s string
}
func (e *errorString) Error() string {
    return e.s
}
```

大多数情况下，使用这两种方法构建的错误值可以满足需求。然而，尽管它们非常方便，但它们所提供的错误上下文仅限于字符串形式的信息，也就是 Error 方法返回的信息。在某些场景下，错误处理者需要从错误值中提取更多信息，以决定如何处理错误，显然这两种方法不能满足需求。在这种情况下，错误处理者可以自定义错误类型来提供所需的额外信息。例如，标准库中的 net 包定义了一种包含额外错误上下文的错误类型。

```go
// $GOROOT/src/net/net.go
type OpError struct {
    Op string
    Net string
    Source Addr
    Addr Addr
    Err error
}
```

这样，错误处理者可以根据此类错误提供的额外上下文信息（如 Op、Net、Source 等）选择合适的错误处理路径。以下是从标准库摘录的代码示例。

```go
// $GOROOT/src/net/http/server.go
func isCommonNetReadError(err error) bool {
    if err == io.EOF {
        return true
    }
    if neterr, ok := err.(net.Error); ok && neterr.Timeout() {
        return true
    }
    if oe, ok := err.(*net.OpError); ok && oe.Op == "read" {
        return true
    }
    return false
}
```

上述代码利用类型断言（type assertion）判断 error 接口类型变量 err 的动态类型是否为 *net.OpError 或实现了 *net.Error 接口。如果 err 的动态类型是 *net.OpError，那么类型断言会返回该类型的值（存储在 oe 中），进而可以通过检查其 Op 字段是否为 read 来确定它是否为 CommonNetRead 类型的错误。

这里不需要深入理解类型断言的具体含义，只需要知道通过类型断言可以判断接口类型的动态类型并获取其值。后面我们在讲解接口类型的时候还会再细讲。

3. 构造错误链

在所有编程语言中，错误处理的一大挑战在于提供足够的错误上下文信息以帮助开发者诊断问题，同时避免他们被不必要的细节淹没。

当一个错误跨越多层代码传播时，某一层可能会忽略接收到的错误，并构造自己的错误信息返回给调用者，导致初始错误信息丢失，从而加大了问题诊断的难度。例如以下代码。

```go
// ch13/losterrorcontext1.go
package main
```

```
import (
    "fmt"
    "os"
)
func readFile(filename string) ([]byte, error) {
    data, err := os.ReadFile(filename)
    if err != nil {
        return nil, err
    }
    return data, nil
}
func processFile(filename string) error {
    data, err := readFile(filename)
    if err != nil {
        return fmt.Errorf("failed to read file: %s", filename)
    }
    fmt.Println(string(data))
    return nil
}
func main() {
    err := processFile("demo.txt")
    if err != nil {
        fmt.Println(err)
        return
    }
}
```

运行上述代码，如果 demo.txt 不存在，那么将得到以下错误信息。

```
failed to read file: demo.txt
```

可以看到，上述错误信息只能表明文件无法读取，但没有**提供任何关于具体原因的有用信息**。也就是说，在 processFile 这一层进行错误处理时，初始错误信息丢失了。

到这里，你可能会问，如果在 processFile 构造错误时包含 readFile 返回的 err 信息，是否可以解决问题？例如对代码进行以下改造。

```
func processFile(filename string) error {
    data, err := readFile(filename)
    if err != nil {
        return fmt.Errorf("failed to read file: %s, err: %s", filiename, err)
    }
    fmt.Println(string(data))
    return nil
}
```

运行上述代码，输出的错误信息变为以下。

```
failed to read file: demo.txt, err: open demo.txt: no such file or directory
```

从输出的错误上下文中可以看到 processFile 失败的原因。没错，**保留下层调用返回的错误信息是一个良好的编码实践**。然而，这种方式只是将根本原因以字符串形式嵌入到 processFile 新创建的错误值中，错误检视者只能通过输出错误内容来获取错误根因。这还不够！当上层函数需要根据错误类型选择不同的处理路径时，上述方式将无法满足需求。例如以下代码。

```
func main() {
    err := processFile("demo.txt")
    if err != nil {
        if err == os.ErrNotExist {
            ...
            return
        }
        ...
        return
    }
}
```

本质上，processFile 返回的是一个错误值，而不是一个错误链。为了解决多层代码传播中的错误丢失问题，**我们需要构建错误链（error chain）**。

通过将一个错误值包裹（wrap）在另一个错误值中形成的链式结构（见图 13.1），我们称为错误链，而每个包裹其他错误值的实例称为包装错误（wrapped error）。

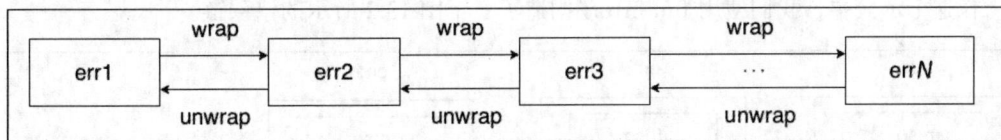

图 13.1　错误链

错误链不仅保存了每个被包裹错误的上下文信息，还保存了被包裹的错误值本身。通过特定的方法，可以将错误链中解包任何一个错误值。至于如何解析这些错误值，我们稍后会讲。现在让我们先看看在 Go 中如何构造错误链。

最初 Go 并不支持错误链的构造，直到 Go 1.13 版本才开始引入对错误链的支持，并在后续版本中不断完善。目前，Go 标准库提供的用于包裹错误的 API 有 fmt.Errorf 和 errors.Join（自 Go 1.20 版本引入），其中 fmt.Errorf 最常用。使用 fmt.Errorf 包裹错误、构造错误链的代码如下。

```
// ch13/wraperror1.go
package main
import (
    "errors"
    "fmt"
)
func rootCause(err error) error {
    for {
        e, ok := err.(interface{ Unwrap() error })
        if !ok {
            return err
        }
        err = e.Unwrap()
```

```
        if err == nil {
            return nil
        }
    }
}
func main() {
    err1 := errors.New("error1") // 根因
    err2 := fmt.Errorf("error2: wrap %w", err1)
    err3 := fmt.Errorf("error3: wrap %w", err2)
    err := fmt.Errorf("error: wrap %w", err3)
    fmt.Println(err)
    fmt.Println("root cause is", rootCause(err))
    fmt.Println(rootCause(err) == err1) // 输出: true
}
```

运行上述代码，可以得到以下结果。

```
$go run wraperror1.go
error: wrap error3: wrap error2: wrap error1
root cause is error1
true
```

在这个示例中，我们使用 fmt.Errorf 构造了一个图 13.2 所示的错误链。

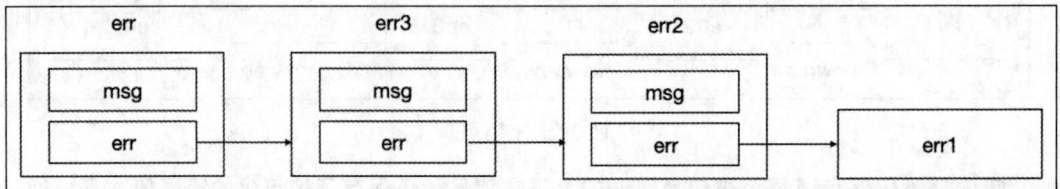

图 13.2　错误链示例

其中，err1 是根因，也是错误链上的第一个 error 实例；err2 通过 fmt.Errorf 包裹 err1；err3 包裹 err2；err 包裹 err3。只有当 fmt.Errorf 使用 %w 时，创建的 error 实例才能起到包裹的作用。实际上，这是因为该实例的类型（fmt.wrapError）实现了包含单个 Unwrap() 方法 error 的接口。通过查看 Go 标准库中的 fmt 包代码可以更清晰地理解这一点。

```
// $GOROOT/src/fmt/errors.go
type wrapError struct {
    msg string
    err error
}
func (e *wrapError) Error() string {
    return e.msg
}
func (e *wrapError) Unwrap() error {
    return e.err
}
```

在 rootCause 函数中，我们通过 interface{ Unwrap() error } 接口对错误链 err 逐层解包，最终获得了错误链上的第一个 error 实例——err1，这也是最后一行代码输出 true 的原因。

此外，以字符串形式输出错误链（err）的上下文信息，这条信息显然是沿着错误链从左到右逐个获取各个 error 实例的上下文信息并拼接为一行的结果。这一过程是在调用 fmt. Errorf 包裹错误实例时完成的，并记录在 wrapError 的 msg 字段中。

fmt.Errorf 还支持一次使用多个 %w 同时包裹多个 error 实例，例如以下代码。

```go
// ch13/wraperror2.go
package main
import (
    "errors"
    "fmt"
)
func main() {
    err1 := errors.New("error1")
    err2 := errors.New("error2")
    err3 := errors.New("error3")
    err := fmt.Errorf("error: wrap %w, %w, %w", err1, err2, err3)
    fmt.Println(err)
}
```

在上述代码中，通过一次调用 fmt.Errorf 同时包裹的多个 error 实例会构成一个 error 类型切片，并作为一个整体成为错误链中的一个节点，如图 13.3 所示。

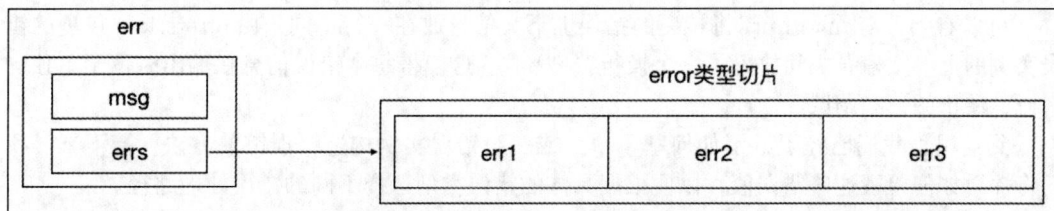

图 13.3　构造一个 error 类型切片

这次，fmt.Errorf 返回的 error 实例与之前的示例有所不同。在处理多个错误时，fmt. Errorf 会返回了一个 wrapErrors 类型的实例。

```go
// $GOROOT/src/fmt/errors.go
type wrapErrors struct {
    msg string
    errs []error
}
func (e *wrapErrors) Error() string {
    return e.msg
}
func (e *wrapErrors) Unwrap() []error {
    return e.errs
}
```

可以看到，与 wrapError 不同的是，wrapErrors 的第二个字段是 errs，这是一个 error 切片类型。

在 Go 1.20 版本中，errors 包新增了 Join 函数，用于将一组 error 实例一并包裹，例如以下代码。

```
// ch13/wraperror3.go
package main
import (
    "errors"
    "fmt"
)
func main() {
    err1 := errors.New("error1")
    err2 := errors.New("error2")
    err3 := errors.New("error3")
    err := errors.Join(err1, err2, err3)
    fmt.Println(err)
}
```

类似于 fmt.Errorf 同时包裹多个 error 实例，被 errors.Join 包裹的多个 error 实例也会形成一个 error 类型切片，并作为一个整体成为错误链上的一个节点。

运行上述代码，输出结果如下。

```
$go run wraperror3.go
error1
error2
error3
```

可以看到，与 fmt.Errorf 将包裹的错误上下文信息放在一行不同，由 errors.Join 包裹的错误实例的上下文信息之间放置了一个换行符 "\n"。这使得每个错误信息在输出时位于单独的一行，便于阅读和调试。

到这里，我们已经了解了如何基于单个或一组错误实例构造错误链的方法。接下来，我们将探讨如何检视这些错误值，以便根据具体的错误类型选择不同的错误处理路径。

4. 检视错误值

检视错误值指的是判断一个错误值是否为某个特定的错误。一个简单的示例如下。

```
// 检视错误值是某个特定的错误
if err == os.ErrNotExist {
    // 处理文件不存在的情况
}
// 检视错误值不是某个特定的错误
if err != os.ErrNotExist {
    // 处理不是因文件不存在而导致错误的情况
}
```

不过，通过 "=="或 "!="进行简单的值比较对错误链上的错误值是不起作用的，例如以下代码。

```
// ch13/wraperror4.go
package main
import (
    "errors"
    "fmt"
)
func main() {
```

```
    err1 := errors.New("error1")
    err2 := fmt.Errorf("error2: wrap %w", err1)
    err3 := fmt.Errorf("error3: wrap %w", err2)
    err := fmt.Errorf("error: wrap %w", err3)
    fmt.Println(err == err1) // 输出: false
}
```

上述代码在判断 err == err1 时输出为 false，这是因为"=="不会沿着错误链去逐个比较包装错误，它仅简单地判断 err 与 err1 这两个错误值是否为同一个实例。

自 Go 1.13 版本起，errors 包新增了 Is 函数，用于判断某个错误值是否在给定错误链中，例如以下代码。

```
// ch13/wraperror5.go
package main
import (
    "errors"
    "fmt"
)
func main() {
    err1 := errors.New("error1")
    err2 := fmt.Errorf("error2: wrap %w", err1)
    err3 := fmt.Errorf("error3: wrap %w", err2)
    err := fmt.Errorf("error: wrap %w", err3)
    fmt.Println(errors.Is(err, err1))  // 输出: true
    fmt.Println(errors.Is(err, err2))  // 输出: true
    fmt.Println(errors.Is(err, err3))  // 输出: true
    fmt.Println(errors.Is(err2, err1)) // 输出: true
    fmt.Println(errors.Is(err3, err1)) // 输出: true
    fmt.Println(errors.Is(err3, err2)) // 输出: true
}
```

以 errors.Is(err, err1) 为例，它用于检视 err1 是否在 err 指向的错误链中。

errors.Is 还支持通过 fmt.Errorf 或 errors.Join 包裹的错误值集合，例如以下代码。

```
// ch13/wraperror6.go
package main
import (
    "errors"
    "fmt"
)
func main() {
    err1 := errors.New("error1")
    err2 := errors.New("error2")
    err3 := errors.New("error3")
    err := fmt.Errorf("error: wrap %w, %w, %w", err1, err2, err3)
    fmt.Println(errors.Is(err, err1)) // 输出: true
    fmt.Println(errors.Is(err, err2)) // 输出: true
    fmt.Println(errors.Is(err, err3)) // 输出: true

    err = errors.Join(err1, err2, err3)
    fmt.Println(errors.Is(err, err1)) // 输出: true
    fmt.Println(errors.Is(err, err2)) // 输出: true
```

```
        fmt.Println(errors.Is(err, err3)) // 输出: true
}
```

在上述代码中，errors.Is(err, err1) 会检视 err 包裹的错误集合中是否存在 err1。

从 Go 1.13 版本开始，标准库中的 errors 包新增了 As 函数，用于检视错误值。这类似于通过类型断言判断一个 error 类型变量是否为特定的自定义错误类型，例如以下代码。

```
// 类似于 if e, ok := err.(*MyError); ok { … }
var e *MyError
if errors.As(err, &e) {
    // 如果 err 类型为 *MyError，则变量 e 将被设置为对应的错误值
}
```

与类型断言不同的是，如果 error 类型变量的动态错误值是一个包装错误，则 errors.As 函数会沿着该包装错误所在的错误链进行遍历，并与链上所有被包装的错误类型进行比较，直至找到匹配的错误类型，就像 errors.Is 函数那样。以下是一个使用 As 函数的示例。

```
type MyError struct {
    e string
}
func (e *MyError) Error() string {
    return e.e
}
func main() {
    var err = &MyError{"MyError error demo"}
    err1 := fmt.Errorf("wrap err: %w", err)
    err2 := fmt.Errorf("wrap err1: %w", err1)
    var e *MyError
    if errors.As(err2, &e) {
        println("MyError is on the chain of err2")
        println(e == err)
        return
    }
    println("MyError is not on the chain of err2")
}
```

运行上述代码，输出结果如下。

```
MyError is on the chain of err2
true
```

可以看到，errors.As 函数沿着 err2 所在错误链向下查找，找到了被包装到最深处的错误值，并成功将其与类型 *MyError 匹配。匹配成功后，errors.As 函数会将匹配到的错误值存储到其第二个参数中，这就是为什么 println(e == err) 输出 true。

所以，如果使用的是 Go 1.13 及后续版本，请尽量使用 errors.As 函数检视某个错误值是否为某自定义错误类型的实例。

尽管错误处理可以应对程序运行过程中的绝大部分问题，但当程序遇到极端情况，甚至是一些无法恢复的严重问题时，错误处理就无能为力了。在这种情况下，我们需要使用 Go 的异常处理机制。接下来，我们将系统地学习 Go 的异常处理机制。

13.2　Go 的异常处理

不同编程语言表示异常（exception）这个概念的语法各有差异。在 Go 中，异常通过 panic 表达。一些教程或文章可能会把 panic 译为"恐慌"，但在这里我们选择保留 panic 的原汁原味。接下来，让我们先认识一下 panic。

13.2.1　认识 panic

panic 指的是 Go 程序运行时出现的一种异常情况。如果发生了异常且未被捕获和恢复，无论异常发生在主 goroutine 还是其他 goroutine 中，Go 程序的执行都会被终止。

在 Go 中，panic 主要有两类来源：一类是由 Go 运行时触发的，另一类则是开发者通过调用 panic 函数主动触发的。无论是哪一类，一旦 panic 函数被触发，后续程序的执行过程是相同的，这个过程在 Go 中被称为 panicking。

Go 官方文档以手动调用 panic 函数为例解释了 panicking 的过程：当函数 F 调用 panic 函数后，函数 F 的执行将立即停止。不过，函数 F 中已进行求值的 deferred 函数仍然会正常执行。这些 deferred 函数执行完毕后，控制权才会返回其调用者。

对于函数 F 的调用者，它所看到的行为就如同直接调用了 panic 函数一样，该 panicking 将继续沿着栈展开，直到当前 goroutine 中的所有函数都返回为止，最终导致 Go 程序崩溃退出。

以下代码直观地展示了 panicking。

```go
// ch13/panic1.go
func foo() {
    println("call foo")
    bar()
    println("exit foo")// 这行不会被执行
}
func bar() {
    println("call bar")
    panic("panic occurs in bar")
    zoo()// 这行不会被执行
    println("exit bar")// 这行不会被执行
}
func zoo() {
    println("call zoo")
    println("exit zoo")
}
func main() {
    println("call main")
    foo()
    println("exit main")// 这行不会被执行
}
```

在上述代码中，从 Go 应用入口开始，函数调用顺序依次为 main → foo → bar。按照代码逻辑，下一步应该是调用 zoo 函数，但在 bar 函数内部，我们通过调用 panic 函数手动触发了一次 panic。

运行上述代码，输出结果如下。

```
call main
call foo
call bar
panic: panic occurs in bar
```

根据前面关于 panicking 的解释，我们可以这样理解这个例子。

程序从入口函数 main 开始，依次调用 foo、bar 函数。在 bar 函数中，代码在调用 zoo 函数之前调用了 panic 函数，从而导致异常发生。于是，示例中的 panicking 由此开始。一旦 bar 函数调用了 panic 函数，它自身的执行立即停止，因此我们没有看到代码进入 zoo 函数继续执行。此外，由于 bar 函数未捕捉到该 panic，此异常则沿着函数调用栈向上传播至调用 bar 函数的 foo 函数。

从 foo 函数的视角看，这就好比将对 bar 函数的调用替换为对 panic 函数的调用。因此，foo 函数的执行也被迫停止。同样地，由于 foo 函数也未捕捉到该 panic，此异常继续沿着函数调用栈向上传播至调用 foo 函数的 main 函数。

从 main 函数的视角看，这就好比将对 foo 函数的调用替换为对 panic 函数的调用。因此，main 函数的执行也被迫终止，整个程序因异常退出，exit main 这样的日志信息没有机会被输出。

不过，Go 提供了通过 recover 函数捕捉并处理 panic 的方法，从而恢复程序的正常执行流程。

我们继续用上面的例子进行分析。在 bar 函数内部捕捉并处理 panic 的情况如下，这里仅展示了修改后的 bar 函数代码，其余部分保持不变。

```
// ch13/panic2.go
func bar() {
    defer func() {
        if e := recover(); e != nil {
            fmt.Println("recover the panic:", e)
        }
    }()
    println("call bar")
    panic("panic occurs in bar")
    zoo()
    println("exit bar")
}
```

在上述更新后的 bar 函数中，我们在一个 defer 匿名函数中调用 recover 函数来捕捉 panic。recover 是 Go 内置的专门用于恢复 panic 的函数，它必须在 defer 函数内部使用才能生效。如果 recover 函数成功捕捉到 panic，它会返回触发 panic 的具体值；如果没有 panic 被触发，那么 recover 函数返回 nil。而且，一旦 panic 被 recover 函数捕捉到，由其引发的 panicking 就会停止。

关于 defer 函数的内容我们稍后会详细讲解。在这里你只需要知道，无论 bar 函数是正常执行结束，还是因 panic 异常终止，在那之前设置成功的 defer 函数都会得到执行。

运行更新后的程序，输出结果如下。

```
call main
call foo
call bar
recover the panic: panic occurs in bar
exit foo
exit main
```

可以看到，main 函数得以正常结束。那么在这个过程中究竟发生了什么？

在更新后的代码中，当 bar 函数调用 panic 函数触发异常后，其执行随即中断。但是，在控制权返回给 bar 函数的调用者之前，会执行 bar 函数内部已经设置好的 derfer 函数。这个匿名函数通过调用 recover 函数来捕捉和处理先前触发的 panic，从而阻止 panic 沿函数栈向上传播。

所以，从 foo 函数的视角看，bar 函数似乎正常返回。foo 函数继续向下执行，直至 main 函数成功返回。这样，整个程序的 panic "危机" 就解除了。

13.2.2　如何应对 panic

面对有如此行为特点的 panic，我们应该如何应对呢？是不是在所有 Go 函数或方法中，我们都要用 defer 函数来捕捉和恢复 panic 呢？

其实大可不必。一方面，这样做会增加开发者的心智负担；另一方面，很多函数非常简单，几乎不会出现 panic 的情况，如果强行加入 panic 捕获和恢复机制，反而会增加函数的复杂性并带来性能开销，我们在第 12 章讲解函数时已经说明过。

那么，在日常开发中我们应该怎么做呢？这里提供 3 点经验，供参考。

第 1 点：评估程序对 panic 的忍受度。

我们需要认识到，**不同的应用对于因异常引起的程序崩溃退出的忍受度是不一样的**。例如，一个运行于控制台窗口中的命令行交互类程序和一个常驻内存的后端 HTTP 服务器程序对异常崩溃的忍受度是不同的。前者即便因异常崩溃，用户只需重新运行一次即可。但后者一旦崩溃，就很可能导致整个网站服务中止。所以，**针对不同应用对 panic 忍受度的不同，我们的应对策略也应该有所差异**。对于像后端 HTTP 服务器程序这样的任务关键系统，我们需要在特定的位置捕捉并恢复 panic，以确保服务器整体的稳定性。Go 标准库中的 http server 就是一个典型的代表。

Go 标准库提供的 http server 采用的是每个客户端连接使用单独的 goroutine 进行处理的并发模型。也就是说，每当一个新的客户端连接成功，http server 就会为这个连接创建一个新的 goroutine，并在这个 goroutine 中执行对应连接的 serve 方法来处理请求。

前面在介绍 panic 的危害时提到，**无论哪个 goroutine 发生未被恢复的 panic，都将导致整个程序崩溃退出**。为了保证某个处理客户端连接的 goroutine 出现 panic 时不影响 http server 主 goroutine 的运行，Go 标准库在 serve 方法中加入了对 panic 的捕捉与恢复逻辑。serve 方法的代码片段如下。

```
// $GOROOT/src/net/http/server.go
// 创建一个新的连接
func (c *conn) serve(ctx context.Context) {
    c.remoteAddr = c.rwc.RemoteAddr().String()
    ctx = context.WithValue(ctx, LocalAddrContextKey, c.rwc.LocalAddr())
    defer func() {
        if err := recover(); err != nil && err != ErrAbortHandler {
            const size = 64 << 10
            buf := make([]byte, size)
            buf = buf[:runtime.Stack(buf, false)]
            c.server.logf("http: panic serving %v: %v\n%s", c.remoteAddr, err,
buf)
        }
        if !c.hijacked() {
            c.close()
            c.setState(c.rwc, StateClosed, runHooks)
        }
    }()
    ...
}
```

在上述代码中，通过在 serve 方法开始处设置 defer 函数并在其中捕捉和恢复可能发生的 panic，可以确保即便某个处理客户端连接的 goroutine 发生 panic，也不会影响其他连接或 http server 本身的正常运行。

这种**局部问题不影响整体**的设计思路在很多并发程序设计中都有所体现。通常，捕捉和恢复 panic 的位置都会设在子 goroutine 的起始处，以便捕捉到后续代码中可能出现的所有 panic，正如 serve 方法所示。

第 2 点：利用 panic 提示潜在的 bug。

通过评估程序对 panic 的忍受度，可以发现 panic 并非总是那么可怕。实际上，我们可巧妙利用 panic 来帮助快速找到潜在的 bug。

在 C 语言中，有一个很好用的辅助函数——断言（assert 宏）。它允许开发者在代码执行路径上声明某些条件必须为真。如果这些条件不成立，则表明存在意料之外的问题或潜在的 bug。

不过，Go 标准库没有提供断言之类的辅助函数，但我们可以使用 panic 来部分模拟断言的功能，以便提示和定位潜在的 bug。例如，在标准库的 encoding/json 包中就使用了 panic 来指示潜在的 bug。

```
// $GOROOT/src/encoding/json/decode.go
...
// 当一些本不该发生的事情导致我们结束处理时，phasePanicMsg 将被用作 panic 消息
// 它可以指示 JSON 解码器中的 bug，或者在解码器执行时还有其他代码正在修改数据切片
const phasePanicMsg = "JSON decoder out of sync - data changing underfoot?"
func (d *decodeState) init(data []byte) *decodeState {
    d.data = data
    d.off = 0
    d.savedError = nil
    if d.errorContext != nil {
```

```
        d.errorContext.Struct = nil
        // 复用为 FieldStack 切片分配的空间
        d.errorContext.FieldStack = d.errorContext.FieldStack[:0]
    }
    return d
}
func (d *decodeState) valueQuoted() interface{} {
    switch d.opcode {
    default:
        panic(phasePanicMsg)
    case scanBeginArray, scanBeginObject:
        d.skip()
        d.scanNext()
    case scanBeginLiteral:
        v := d.literalInterface()
        switch v.(type) {
        case nil, string:
            return v
        }
    }
    return unquotedValue{}
}
```

可以看到，在 valueQuoted 方法中，如果程序执行流进入 default 分支，就会触发一个 panic，并伴随一条消息。这条消息提醒开发者这里很可能存在问题或潜在的 bug。

值得注意的是，虽然从逻辑上看，移除 panic 这行代码并不会影响 valueQuoted 方法的功能，但如果真的出现问题，缺少这样的"断言"机制，会使开发者失去一个重要工具来快速识别和修复问题。因此，在 Go 标准库中，**大多数 panic 的使用都是为了充当类似断言的作用以帮助开发者快速定位问题**。

第 3 点：不要混淆异常与错误。

在日常开发中，一些 Go 初学者，尤其是那些从 Java 转向 Go 的开发者，常常将 Go 中的 panic 误用为 Java 的 checked exception。这种做法实际上混淆了 Go 中的异常与错误处理的本质差异，形成了一种不推荐的错误处理模式。

在 Java 中，存在一些预定义的 checked exception 类型，如 IOException、Timeout-Exception、EOFException、FileNotFoundException 等。这些 checked exception 代表特定场景下的错误状态。

那么，Java 的 checked exception 和 Go 中的 panic 有什么差别呢？

Java 的 checked exception 用于可预见的、常见的错误情况。对于这类异常的处理实际上就是针对这些情况的**"错误处理预案"**。可以说，对 checked exception 的使用、捕获及自定义等行为都是**"有意为之"**。如果要将其和 Go 中的某种语法结构相对应，它对应的是 Go 的错误处理机制，也就是基于 error 值比较模型的错误处理方法。所以，尽管名字包含异常一词，但 Java 中对 checked exception 的处理本质仍然是**错误处理**。

相比之下，Go 中的 panic 更接近于 Java 中的 RuntimeException+Error，而不是 checked exception。Java 的 checked exception 必须由上层代码进行处理，也就是要么被捕获处理，要

么继续向上抛出。但是，在 Go 中，开发者通常会导入大量第三方包，而这些包的 API 是否会触发 panic 是未知的。因此，作为 API 调用者并不需要，也没有义务去了解每个 API 是否会触发 panic 或对其进行处理。一旦在编写的 API 中像对待 checked exception 那样使用 panic 来进行常规错误处理，并将 panic 视为错误返回给 API 调用者，这将给使用者带来极大的不便。因此，**在 Go 中，作为 API 函数的作者，一定不要将 panic 当作错误返回给 API 调用者**。

13.3　本章小结

在本章中，我们探讨了 Go 代码设计中的一个关键环节——错误处理设计。希望通过这一章的内容，能够帮助你建立起对代码设计的意识，并增强函数设计及错误处理的能力。

Go 继承了 C 语言基于值比较的错误处理机制，同时在此基础上进行了优化。也就是说，Go 函数通过支持多返回值，解决了 C 语言中将错误状态与返回给函数调用者的信息耦合的问题。

此外，Go 统一了错误类型为 error 接口类型，并提供了多种快速构建可赋值给 error 类型的错误值或错误链的方法，如 errors.Join、fmt.Errorf 等。我们还讲解了使用统一 error 作为错误类型的优势，你要深刻理解这一点。

在 13.2 节中，我们学习了 Go 的异常处理机制，了解了 Go 中表示异常的 panic，以及 panic 触发后的代码执行流程。基于 panic 的行为特征，我们总结了 Go 代码设计过程中应对 panic 的 3 点经验。需要注意的是，"评估程序对 panic 的忍受度"是我们选取应对 panic 措施的前提。

最后，对于那些具有类似 Java 这样基于 exception 进行错误处理的编程语言经验的 Go 初学者，切勿将 panic 与错误处理相混淆。

第 14 章　方法

在前面的章节中，我们系统地学习了 Go 函数。函数作为 Go 代码的基本逻辑单元，**承载了 Go 程序的所有执行逻辑。可以说，Go 程序的执行流本质上是在函数调用栈之间流动，从一个函数转向另一个函数**。

看到这里，如果你提前预习或之前自学过 Go，可能会站出来反驳："这种说法太绝对了，Go 还有一种语法元素——**方法**（method），它也可以承载代码逻辑，程序也可以从一个方法转向另一个方法。"

别急，我这么说自然有我的道理，稍后你就会明白。在本章中，我们将系统地讲解 Go 中的**方法**。我们将围绕方法的本质、方法 receiver 的类型选择、方法集合，以及如何实现继承这几个主题进行探讨。

接下来，我们先看看 Go 中的方法。当你掌握了方法的本质后，再来评判这里的说法是否准确。

14.1　认识 Go 方法

我们知道，自设计之初，Go 就不支持传统的面向对象语法元素，如类、对象、继承等。然而，Go 保留了一种名为"方法"的语法元素。当然，Go 中的方法和面向对象编程中的方法并不相同。Go 引入方法这一元素，并不是为了支持面向对象编程范式，而是出于实现组合设计哲学的需求。相关内容会在后续章节展开细讲，这里了解一下即可。

14.1.1　方法的声明

我们以 Go 标准库 net/http 包中的 *Server 类型的方法 ListenAndServeTLS 为例，讲解一下声明 Go 方法的一般形式。方法声明的形式如图 14.1 所示。与在第 12 章中介绍函数时一样，为了降低学习和理解方法的难度，本章在讲解方法时**暂不涉及泛型的概念**，后续内容将系统地介绍泛型，包括泛型方法。

图 14.1　方法的声明

Go 中方法的声明与函数的声明有许多相似之处，我们可以参照函数来学习方法。例如，Go 的方法同样使用 func 关键字修饰，并且包含方法名（对应函数名）、参数列表、返回值列表与方法体（对应函数体）。

这些组成部分的形式与语义与函数声明中的对应部分是一致的。例如，方法名首字母大小写决定了该方法是不是导出方法；方法的参数列表支持变长参数；方法的返回值列表也支持具名返回值等。

不过，它们之间也有不同的地方。从图 14.1 可以看到，与由 5 个部分组成的函数声明相比，Go 方法的声明有 **6 个组成部分**，多出来的就是 receiver 部分。在 receiver 部分声明的参数称为 receiver 参数，**它是方法与类型之间的纽带，也是方法与函数的主要区别所在**。

接下来我们将重点讲解 receiver 参数。

在 Go 中，每个方法必须归属于一个特定的类型，而 receiver 参数的类型就是这个方法归属的类型，或者说，这个方法是该类型的方法。以图 14.1 中的 ListenAndServeTLS 为例，receiver 参数 srv 的类型为 *Server，因此可以说，这个方法是 *Server 类型的方法。

注意，这里强调的是 ListenAndServeTLS 是 *Server 类型的方法，而不是 Server 类型的方法。具体的原因将在后续内容中细讲，这里有个认知即可。

为了方便讲解，我们将前面例子中的方法声明转换为一个方法的一般声明形式。

```
func (t *T 或 T) MethodName(参数列表) (返回值列表) {
    // 方法体
}
```

无论 receiver 参数的类型是 *T 还是 T，我们都将一般声明形式中的 T 称为 receiver 参数 t 的基类型。如果 t 的类型是 T，那么这个方法是类型 T 的一个方法；如果 t 的类型是 *T，那么这个方法是类型 *T 的一个方法。需要注意的是，每个方法只能有一个 receiver 参数，Go 不支持在方法的 receiver 部分放置多个 receiver 参数，也不支持变长 receiver 参数。

那么，receiver 参数的作用域是什么呢？

还记得我们在第 6 章中提到过的关于函数 / 方法作用域的结论吗？这里我们复习一下：

方法 receiver 参数、函数 / 方法参数以及返回值变量对应的作用域范围，都是函数 / 方法体对应的显式代码块。

这就意味着 receiver 部分的参数名不能与方法参数列表中的形参名或具名返回值中的变量名发生冲突，在这个方法的作用域中必须保持唯一性。如果不遵守这一规则，例如运行以下代码，将导致编译器错误。

```
type T struct{}
func (t T) M(t string) { // 编译器错误: duplicate argument t
    ...
}
```

不过，如果在方法体中没有使用 receiver 参数，也可以省略 receiver 的参数名。例如以下代码。

```
type T struct{}
func (T) M(t string) {
    ...
}
```

仅当方法体中的实现不需要 receiver 参数参与时，才会省略 receiver 参数名。但这种情况很少见，了解即可。

除了 receiver 参数名要保证唯一性以外，Go 对 receiver 参数的基类型也设有一定的约束：**receiver 参数的基类型不能是指针类型或接口类型**。以下代码分别演示了基类型为指针类型和接口类型时，编译器报错的情况。

```
type MyInt *int
func (r MyInt) String() string { // r 的基类型为 MyInt，编译器错误: invalid receiver
type MyInt (MyInt is a pointer type)
    return fmt.Sprintf("%d", *(*int)(r))
}
type MyReader io.Reader
func (r MyReader) Read(p []byte) (int, error) { // r 的基类型为 MyReader，编译器错误:
invalid receiver type MyReader (MyReader is an interface type)
    return r.Read(p)
}
```

此外，Go 还要求**方法声明必须与 receiver 参数的基类型声明放在同一个包内**。基于这个约束，我们可以得到以下两个推论。

第 1 个推论：不能为原生类型（如 int、float64、map 等）添加方法。

例如，尝试为 int 类型增加一个新方法 Foo 会导致编译器错误。

```
func (i int) Foo() string { // 编译器错误: cannot define new methods on non-local
type int
    return fmt.Sprintf("%d", i)
}
```

第 2 个推论：不能跨越 Go 包边界为其他包的类型声明新方法。

例如，尝试为 Go 标准库中的 http.Server 类型添加新方法 Foo 会导致编译器错误。

```
import "net/http"
func (s http.Server) Foo() { // 编译器错误：cannot define new methods on non-local
type http.Server
}
```

到这里，我们已经基本了解了 Go 方法的声明形式及其对 receiver 参数的相关约束。有了这些基础知识后，接下来我们将通过一个例子看一下如何使用这些方法。

如果 receiver 参数的基类型为 T，那么我们说 receiver 参数绑定在类型 T 上，可以通过类型 *T 或 T 的变量实例调用该方法。

```
// ch14/method1.go
package main
type T struct{}
func (t T) M(n int) {
}
func main() {
    var t T
    t.M(1) // 通过类型 T 的变量实例调用方法 M
    p := &T{}
    p.M(2) // 通过类型 *T 的变量实例调用方法 M
}
```

不过，看到这里，你可能会问，在这段代码中，既然 M 方法是类型 T 的方法，为什么通过 *T 类型变量实例也可以调用 M 方法呢？关于这个问题，我们将在 14.1.2 小节中详细讲解，这里了解方法的调用方式即可。

从以上这些分析可以看出，与其他主流编程语言相比，Go 的方法仅比函数多了一个 receiver 参数，这大幅降低了学习方法这一语法元素的难度。

即便如此，在使用方法时你可能仍然会遇到一些疑问，例如，方法的类型是什么？是否可以将方法赋值给函数类型的变量？调用方法时，对 receiver 参数的修改是否对外部可见？为了回答这些问题，我们需要深入探讨方法的本质。

接下来，让我们看看 Go 方法的本质。

14.1.2　方法的本质

通过前面的学习，我们了解到 Go 的方法与类型是通过 receiver 联系在一起的。我们可以为任何非内置的基本类型定义方法，例如下面的类型 T。

```
type T struct {
    a int
}
func (t T) Get() int {
    return t.a
}
func (t *T) Set(a int) int {
    t.a = a
    return t.a
}
```

我们可以将此与 C++ 进行比较。如果你熟悉 C++，尤其是看过 Stanley B. Lippman 的图书《深入探索 C++ 对象模型》，你可能知道，在 C++ 中调用对象方法时，编译器会自动将指向该对象自身的 this 指针作为第一个参数进行传递。

在 Go 中，方法的工作原理相似，只不过是将 receiver 参数作为第一个参数纳入方法的参数列表。基于这一原则，类型 T 和 *T 的方法可以分别等价转换为以下普通函数。

```
// 类型 T 的方法 Get 的等价函数
func Get(t T) int {
    return t.a
}
// 类型 *T 的方法 Set 的等价函数
func Set(t *T, a int) int {
    t.a = a
    return t.a
}
```

这种转换后的函数类型就是方法的类型。在 Go 中，这种转换由编译器在编译和代码生成过程中自动完成。此外，Go 规范引入了**方法表达式**（method expression），使我们能够更清晰地理解上述转换。

继续以上述类型 T 为例，并结合 Go 方法的调用方式，我们可以得到以下代码。

```
var t T
t.Get()
t.Set(1)
```

同样，这些方法调用可以用另一种形式等价替换。

```
var t T
T.Get(t)
(*T).Set(&t, 1)
```

这种直接使用类型名 T 调用方法的方式称为方法表达式。通过这种方法表达式，类型 T 仅能调用属于 T 的方法集合（method set）中的方法，同理，类型 *T 也仅能调用属于 *T 的方法集合中的方法。关于方法集合，我们将在后续内容中详细讲解。

可以看出，方法表达式有些类似于 C++ 中的静态方法，但 Go 的方法表达式在使用时以 receiver 参数所代表的类型实例作为第一个参数。

这种利用方法表达式调用方法的方式，实际上就是前面提到的方法到函数的等价转换。所以，**Go 方法实质上是以方法的 receiver 参数作为第一个参数的普通函数**。

而且，方法表达式是 Go 方法本质的最佳体现。因为方法自身的类型就是一个普通函数的类型，我们甚至可以将其作为右值赋值给一个函数类型的变量，例如以下代码。

```
func main() {
    var t T
    f1 := (*T).Set // f1 的类型也是 T 类型 Set 方法的类型: func (t *T, int)int
    f2 := T.Get    // f2 的类型也是 T 类型 Get 方法的类型: func(t T)int
    fmt.Printf("the type of f1 is %T\n", f1) // 输出: the type of f1 is
func(*main.T, int) int
```

```
      fmt.Printf("the type of f2 is %T\n", f2) // 输出: the type of f2 is func(main.T)
int
      f1(&t, 3)
      fmt.Println(f2(t)) // 输出: 3
}
```

既然**方法本质上也是函数**，那么我们在本章开头的讨论便有了答案，这已经能够证明我们的说法是正确的。一旦理解了方法的本质，后续关于方法的内容就会更容易掌握。接下来，我们将探讨如何为方法选择 receiver 参数的类型。

14.2 选择 receiver 参数类型

在了解 Go 中方法的组成、声明和实质后，可以说，我们已经初步掌握了 Go 方法。

入门之后，就像设计函数一样，我们要考虑如何设计方法。由于 Go 中的**方法本质上是函数**，因此之前讲解的关于函数设计的原则对方法同样适用，例如错误处理、异常处理策略、使用 defer 提升简洁性等。

但针对 Go 方法中特有的 receiver 部分，没有现成的指南可供参考。很多初学者在学习 Go 方法时，最头疼的一个问题是如何选择 receiver 参数的类型。

接下来，我们将学习不同 receiver 参数类型对 Go 方法的影响，以及选择 receiver 参数类型的一些经验法则。

14.2.1 receiver 参数类型对 Go 方法的影响

要想为 receiver 参数选择合理的类型，先要了解不同的 receiver 参数类型会对 Go 方法产生怎样的影响。在前面的讲解中，我们分析了 Go 方法的本质，得出了" Go 方法实质上是以**方法的 receiver 参数作为第一个参数的普通函数**"的结论。

对于函数参数类型如何影响函数的行为，我们已经相当熟悉。那么，我们是否可以将方法等价转换为对应的函数，然后通过分析 receiver 参数类型对这些函数的影响，间接推导出它们对 Go 方法的影响呢？

我们可以按照这个思路进行探讨。直接来看以下代码中的两个 Go 方法及其等价转换后的函数。

```
func (t T) M1() <=> F1(t T)
func (t *T) M2() <=> F2(t *T)
```

在上述例子中，M1 方法代表了 receiver 参数类型为 T 的方法，而 M2 方法则代表了 receiver 参数类型为 *T 的方法。接下来，我们将分别考察不同 receiver 参数类型对 M1 和 M2 的影响。

1. receiver 参数类型为 T

当我们选择 T 作为 receiver 参数类型时，M1 方法等价于 F1(t T)。我们知道，Go 函数的参数是按值传递，也就是说，F1 函数体中的 t 是 T 类型实例的一个副本。因此，在 F1 函数体内对参数 t 所做的任何修改仅会影响副本，而不会影响原始 T 类型的实例。

由此我们可以得出结论：当方法 M1 使用类型为 T 的 receiver 参数时，代表 T 类型实例的 receiver 参数以值传递方式传递到 M1 方法体中，实际上传递了一个 **T 类型实例的副本**。因此，M1 方法体内对副本的任何修改都不会影响原始 T 类型的实例。

2. receiver 参数类型为 *T

当我们选择 *T 作为 receiver 参数类型时，M2 方法等价于 F2(t *T)。同上面的分析，传递给 F2 函数的参数 t 是指向 T 类型实例的地址。因此，F2 函数体中对参数 t 所做的任何修改仅会反映在原始 T 类型的实例上。

由此我们可以得出结论：当方法 M2 使用类型为 *T 的 receiver 参数时，代表 *T 类型实例的 receiver 参数以值传递方式传递到 M2 方法体中，实际上传递了一个 **T 类型实例的地址**。因此，M2 方法体通过该地址可以对原始 T 类型实例进行任意修改操作。

我们再通过一个更直观的例子来验证上述分析结果，看看 Go 方法选择不同的 receiver 类型对原始类型实例的影响。

```go
// ch14/method2.go
package main

type T struct {
    a int
}
func (t T) M1() {
    t.a = 10
}
func (t *T) M2() {
    t.a = 11
}
func main() {
    var t T
    println(t.a) // 输出: 0
    t.M1()
    println(t.a) // 输出: 0
    p := &t
    p.M2()
    println(t.a) // 输出: 11
}
```

在这个示例中，我们为基类型 T 定义了两个方法 M1 和 M2。其中，M1 方法的 receiver 参数类型为 T，而 M2 方法的 receiver 参数类型为 *T。这两个方法都尝试通过 receiver 参数 t 修改字段 a。

运行这个示例程序后，可以看到，调用方法 M1 后，t.a 的值仍为 0。这是因为方法 M1 使用 T 作为 receiver 参数类型，它在方法体内所做的修改仅影响副本，而不影响原始实例。

而调用方法 M2 后，t.a 的值变为 11。这是因为方法 M2 使用 *T 作为 receiver 参数类型，它在方法体内通过 t 所做的修改直接作用于原始实例。这些输出结果与我们前面的分析是一致的。

了解不同类型的 receiver 参数对 Go 方法的影响后，我们在日常开发中就可以依据这些原则合理选择 receiver 参数类型，从而编写出更高效、健壮的代码。

14.2.2 选择 receiver 参数类型的原则

第一个原则

基于前面的影响分析，我们可以得到选择 receiver 参数类型的第一个原则：**如果 Go 方法需要将对 receiver 参数所代表的类型实例的修改反映到原始类型实例上，那么应该选择 *T 作为 receiver 参数的类型。**

这个原则似乎很好掌握，不过你可能会问，如果我们选择将 *T 作为 Go 方法 receiver 参数的类型，是否意味着我们只能通过 *T 类型的变量来调用该方法，而不能通过 T 类型的变量调用？这个问题实际上也是我们在本章前面遗留的一个问题。让我们通过改造前面的例子来解答这个问题。

```
type T struct {
    a int
}

func (t T) M1() {
    t.a = 10
}

func (t *T) M2() {
    t.a = 11
}

func main() {
    var t1 T
    println(t1.a) // 输出: 0
    t1.M1()
    println(t1.a) // 输出: 0
    t1.M2()
    println(t1.a) // 输出: 11

    var t2 = &T{}
    println(t2.a) // 输出: 0
    t2.M1()
    println(t2.a) // 输出: 0
    t2.M2()
    println(t2.a) // 输出: 11
}
```

首先来看类型为 T 的实例 t1。可以看到，它不仅可以调用 receiver 参数类型为 T 的方法 M1，还可以直接调用 receiver 参数类型为 *T 的方法 M2，并且在调用完方法 M2 后，t1.a 的值被修改为 11。

实际上，T 类型的实例 t1 之所以能够调用 receiver 参数类型为 *T 的方法 M2，是因为 Go 的编译器自动进行了转换。换句话说，t1.M2() 这种调用方式是 Go 提供的 "语法糖"：Go 检测到 t1 的类型为 T（即与方法 M2 的 receiver 参数类型 *T 不一致时），会自动将 t1.M2() 转换

为 (&t1).M2()。

同理，对于类型为 *T 的实例 t2，它不仅能够调用 receiver 参数类型为 *T 的方法 M2，还能够调用 receiver 参数类型为 T 的方法 M1，这同样是因为 Go 的编译器在背后进行了转换。也就是说，当 Go 检测到 t2 的类型为 *T（与方法 M1 的 receiver 参数类型 T 不一致时），会自动将 t2.M1() 转换为 (*t2).M1()。

通过这个例子，我们可以得到结论：**无论是 T 类型还是 *T 类型的实例，都可以调用 receiver 参数类型为 T 的方法以及 receiver 参数类型为 *T 的方法**。因此，在为方法选择 receiver 参数类型时，我们不需要担心由于 receiver 参数类型的不一致而导致某些类型的实例无法调用这些方法。

第二个原则

在讨论了当需要在方法中对 receiver 参数所代表的类型实例进行修改时应选择 *T 类型的第一个原则之后，接下来，我们探讨另一种情况：如果不需要在方法中对类型实例进行修改，这时是应该为 receiver 参数选择 T 类型还是 *T 类型？

这需要分情况讨论。一般情况下，如果不需要修改类型实例的状态，我们会为 receiver 参数选择 T 类型。这样做可以限制外部代码直接修改类型实例内部状态的机会，从而尽量减少暴露可修改类型内部状态的方法。

不过存在两个例外情况需要特别注意。如果 receiver 参数类型的大小较大，以值传递的形式传入方法可能会导致较大的性能开销，这时选择 *T 作为 receiver 类型可能更好；如果 receiver 参数的基类型中包含不支持复制的类型（如 sync.Mutex），那么必须使用 *T 作为 receiver 参数的类型。这是因为尝试复制这些不可复制的类型时会导致编译器错误。

基于以上分析，我们可以总结出选择 receiver 参数类型的第二个原则。

第一个原则和第二个原则只是基础原则，我们将在 14.3.3 小节介绍第三个原则。

在讲解第三个原则之前，我们先要了解一个基本概念——**方法集合**，这是我们理解第三个原则的前提。

14.3 方法集合

14.3.1 为什么要有方法集合

在了解方法集合是什么之前，我们先通过一个示例直观地了解一下为什么需要方法集合，以及它主要解决什么问题。

```go
// ch14/method3.go
type Interface interface {
    M1()
    M2()
}
type T struct{}
```

```
func (t T) M1()  {}
func (t *T) M2() {}
func main() {
    var t T
    var pt *T
    var i Interface
    i = pt// 正常赋值
    i = t // 编译器错误: cannot use t (type T) as type Interface in assignment: T
does not implement Interface (M2 method has pointer receiver)
    _ = i
}
```

在这个例子中，我们定义了一个接口类型 Interface 和一个自定义类型 T。接口 Interface 包含了两个方法 M1 和 M2，它们的基类型都是 T，但它们的 receiver 参数类型不同，一个是 T，另一个是 *T。在 main 函数中，我们尝试将 T 类型的实例 t 和 *T 类型的实例 pt 分别赋值给 Interface 类型的变量 i。

运行这个示例程序，在执行到 i = t 这一行时，编译器报错，表示由于 **T 没有实现 Interface 接口中的 M2 方法，因此不能将类型 T 的实例 t 赋值给 Interface 类型的变量 i。**

为什么 *T 类型的 pt 可以正常赋值给 Interface 类型变量 i，而 T 类型的 t 就不行呢？如果说 T 类型是因为只实现了 M1 方法，未实现 M2 方法，而不满足 Interface 类型的要求，那么 *T 类型也只实现了 M2 方法，并未实现 M1 方法。

实际上，事情并非表面上看起来那么简单。了解方法集合之后，这个问题就能迎刃而解。**方法集合不仅可以帮助我们判断一个类型是否实现了某个接口类型，而且是判断的唯一手段。可以说，方法集合决定了接口实现。**

那么，什么是类型的方法集合呢？我们继续往下看。

14.3.2　方法集合的定义

在 Go 中每个类型都有其对应的方法集合，即方法集合是 Go 类型的一个"属性"。但不是所有类型都定义了方法，例如，int 类型就没有方法。所以，对于那些没有定义任何方法的类型，我们称它们拥有空方法集合。

接口类型相对特殊，它只列出代表接口的方法列表，而不具体实现这些方法。接口的方法集合就是它的方法列表中的所有方法。

对于非接口类型，**Go 规定：*T 类型的方法集合包含所有以 *T 为 receiver 参数类型的方法，以及所有以 T 为 receiver 参数类型的方法。**

到这里，你是不是找到了前面示例中 i = pt 没有编译器错误的原因了？可以看到，*T 类型的方法集合不仅包含自身定义的 M2 方法，还包含 T 类型定义的 M1 方法。因此，*T 的方法集合与 Interface 接口类型的方法集合一致，允许将 pt 赋值给 Interface 类型的变量 i。

由此可得，**方法集合决定接口实现**的含义是：如果某类型 T 的方法集合与某接口类型 I 的方法集合相同，或者类型 T 的方法集合是接口类型 I 方法集合的超集，则认为类型 T 实现了接口 I。或者说，在 Go 中，方法集合主要用于判断某个类型是否实现了某个接口。

14.3.3　选择 receiver 参数类型的第三个原则

理解方法集合的概念后，选择 receiver 参数类型的第三个原则就变得清晰了。这个原则主要依据于 T 类型是否需要实现某个接口。

如果 T 类型需要实现某个接口，就将 T 作为 receiver 参数的类型，以确保满足接口类型方法集合中的所有方法。

如果 T 类型不需要实现某一接口，但 *T 需要实现该接口，那么根据方法集合的概念，*T 的方法集合是包含 T 的方法集合的。在这种情况下，当确定 Go 方法的 receiver 参数类型时，只需参考第一个原则和第二个原则即可。

如果说前面的两个原则更多地聚焦于单个方法的实现层面，那么第三个原则更多地是从全局设计的层面出发，关注类型与接口之间的耦合关系。

14.4　类型嵌入模拟"实现继承"

学习 Go 方法的声明、本质以及选择 receiver 参数类型的三个原则之后，我们基本上解决了独立自定义类型的方法设计问题。

那么，什么是**独立自定义类型**呢？简单来说，就是这个类型的所有方法都是由自己显式实现的。例如，假设自定义类型 T 有两个方法 M1 和 M2，如果 T 是一个独立自定义类型，那么在声明类型 T 的 Go 包源码文件中，我们可以找到其所有方法的实现代码，例如以下代码。

```
func (T) M1() {…}
func (T) M2() {…}
```

你可能会问，难道还有某种自定义类型的方法不是自己显式实现的吗？当然有！这就是接下来我们要讲解的内容：如何让某个自定义类型"继承"其他类型的方法实现。

或许你又质疑，Go 不支持传统的面向对象编程范式，怎么还会有"继承"这一说法呢？没错！Go 从设计之初就决定不支持传统的面向对象编程范式与语法元素，所以这里只是借用了"继承"这个词而已，实际上它体现的是一种**组合**的思想。这种"继承"是通过 Go 的**类型嵌入**（type embedding）来实现的。

类型嵌入指的是在一个类型的定义中嵌入其他类型。Go 支持两种类型嵌入——**接口类型的类型嵌入**和**结构体类型的类型嵌入**。

接口类型嵌入的语义是新接口类型将嵌入的接口类型的方法集合合并到自己的方法集合中。我们来看一个示例。

```
type E interface {
    M1()
    M2()
}
type I interface {
    E
```

```
    M3()
}
```

根据接口类型嵌入的规则，新接口类型 I 不仅包含自己的 M3 方法，还将嵌入的接口类型 E 的 M1 和 M2 方法纳入其方法集合中。

结构体类型的嵌入则是通过将某个类型名、类型的指针类型名或接口类型名直接作为结构体字段的方式实现，这些字段也被称为**嵌入字段**（embedded field）。结构体类型会"继承"这些嵌入字段的方法集合。然而，这本质上是组合思想中的代理（delegate）模式的一种实现形式，如图 14.2 所示。

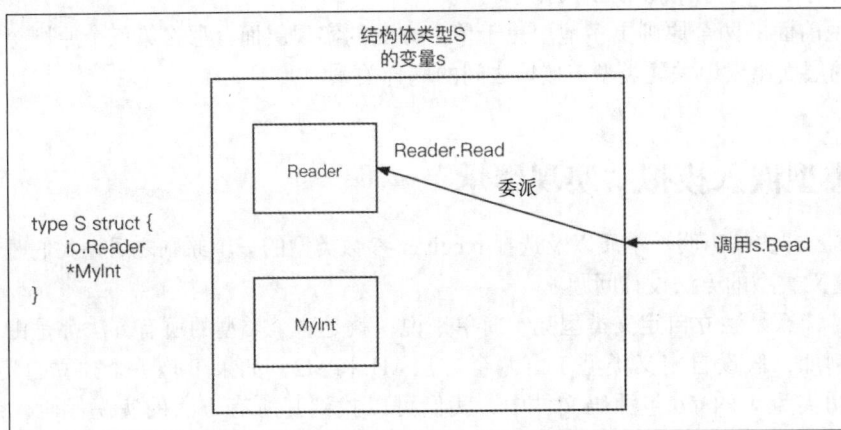

图 14.2　类型嵌入的方法调用

在图 14.2 中，结构体 S 嵌入了 io.Reader 类型，使得类型 S "继承"了 io.Reader 对应的动态类型的 Read 方法实现。但实际上 S 只是一个代理（delegate），对外提供了其可以代理的所有方法，例如这里的 Read 方法。当外界调用 S 的 Read 方法时，实际上是委派给内部的 Reader 实例来执行 Read 方法。

此外，Go 对嵌入字段设置了约束条件。例如，嵌入字段类型的底层类型不能是指针类型，并且嵌入字段的名字在结构体定义中必须是唯一的。这意味着，如果两个类型的名字相同，那么它们无法同时作为嵌入字段存在于同一个结构体定义中。一旦违反这些约束条件，Go 编译器会给出相应的提示。

14.5　本章小结

在本章中，我们深入探讨了 Go 中除了函数以外的另一种可承载代码执行逻辑的语法元素——方法。需要注意的是，Go 引入方法这一语法特性，并非为了支持传统的面向对象编程范式，而是基于其组合设计哲学下类型系统实现的需求。

Go 中的方法本质上是一个函数，它将方法的 receiver 参数作为第一个参数。Go 的编译器会在方法调用时自动进行相应的转换。理解方法的这个本质对于设计高效的方法至关重要，尤其是帮助我们在选择 receiver 参数类型时做出更明智的决策。

我们提出了选择 receiver 参数类型的 3 个原则，**在进行 Go 方法设计时，应该首先考虑第 3 个原则，即 T 类型是否需要实现某一接口**。如果 T 类型不需要实现某一接口，那么可以参考第 1 个原则和第 2 个原则来为 receiver 参数选择类型。

在理解第 3 个原则时，我们介绍了 Go 中的一个重要概念——**方法集合**。方法集合主要用于判断一个类型是否实现了某个接口，它是连接自定义类型与接口的关键纽带，如同"胶水"一般将二者隐式地结合在一起。

本章最后部分讲解了类型嵌入相关的知识，包括"实现继承"等。类型嵌入不仅影响到类型的方法集合，也是日常进行方法设计时必须考虑的一个重要因素。

第 15 章　接口类型

在前面学习 Go 基础语法的过程中，我们多次接触到接口类型，并对其有了一定的了解。接口类型是体现 Go 设计哲学，尤其是组合设计思想的核心语法。在本章中，我们将系统学习 Go 的接口类型，包括基础知识、接口定义的惯例及接口类型的特性与内部表示等内容。

首先，我们将接口类型的基础知识开始学习。

15.1　接口类型基础

15.1.1　接口类型的定义

根据前面的学习，我们知道**接口类型是由 type 和 interface 关键字定义的一组方法集合**，这组方法集合唯一确定了该接口类型所表示的内容。为了降低学习和理解接口类型的难度，本章讲解接口类型的定义时**暂不涉及泛型的概念**。后续章节会系统介绍泛型，包括作为类型参数约束的接口类型。

一个典型的接口类型 MyInterface 的定义如下。

```
type MyInterface interface {
    M1(int) error
    M2(io.Writer, ···string)
}
```

通过上述定义可以看出，接口类型 MyInterface 的方法集合包含两个方法——M1 和 M2。**这两个方法之所以被称"方法"，是从实现者的角度来考虑的。但从接口声明的形式看，它们更像是省略了 func 关键字的函数名加上函数签名**（即参数列表和返回值列表）。

与在前面章节中提到的函数签名一样，我们在接口类型的方法集合中声明的方法，其参数列表不需要写出形参名，返回值列表也是如此。这意味着，区分不同方法的标准不在于形参名或具名返回值。

以下两种 MyInterface 接口类型的定义是等价的。

```
type MyInterface interface {
    M1(a int) error
```

```
    M2(w io.Writer, strs ···string)
}
type MyInterface interface {
    M1(n int) error
    M2(w io.Writer, args ···string)
}
```

不过，Go 要求接口类型声明中的**方法必须是具名的，并且方法名在其所属接口类型的方法集合中是唯一的**。此外，自 Go 1.14 版本起，接口类型允许嵌入的不同接口类型的方法集合存在交集，但前提是交集中的方法不仅名字要相同，其方法签名（包括参数列表与返回值列表）也要相同，否则编译器报错。

例如，在以下示例中，Interface3 嵌入了 Interface1 和 Interface2。然而，后两者交集中的 M2 方法具有不同的函数签名，这将导致编译器错误。

```
// ch15/conflict.go
type Interface1 interface {
    M1()
}
type Interface2 interface {
    M1(string)
    M2()
}
type Interface3 interface{
    Interface1
    Interface2 // 编译器错误: duplicate method M2
    M3()
}
```

到这里，你可能会注意到，以上示例中所有的方法名都是首字母大写的导出方法。那么，在接口类型定义中是否可以声明首字母小写的非导出方法呢？

答案是可以的。**在 Go 中，接口类型的方法集合可以包含首字母小写的非导出方法**，并且这样的做法在标准库中也是存在的，例如 context 包中的 canceler 接口类型。

```
// $GOROOT/src/context.go
// A canceler is a context type that can be canceled directly
// The implementations are *cancelCtx and *timerCtx.
type canceler interface {
    cancel(removeFromParent bool, err error)
    Done() <-chan struct{}
}
```

可以看到，如果一个接口类型的方法集合包含了非导出方法，那么这个接口类型自身通常也是非导出的，其适用范围也仅局限于同一个包内。但这样的例子并不多。在日常开发中，我们很少遇见或使用带有非导出方法的接口类型，简单了解即可。

除了上述常规接口类型以外，还有空接口类型这种特殊情况。如果一个接口类型定义中不包含任何方法，那么它的方法集合为空，例如以下 EmptyInterface 接口类型。

```
type EmptyInterface interface {
}
```

　　这种没有方法的方法集合就被称为**空接口类型**，然而，我们通常不需要显式定义这类空接口类型，而是直接使用 interface{} 这一类型字面值来代表所有空接口类型即可。自 Go 1.18 版本起，Go 引入了一个新的预定义标识符——any，它是 interface{} 的类型别名。在任何使用 interface{} 的地方，都可以用 any 替代，这不仅使代码更简洁，而且表意更明确，尤其是在涉及泛型的情况下。

　　接口类型一旦被定义，它就可以像其他 Go 类型一样用于声明变量，例如以下代码。

```
var err error   // err 是一个 error 接口类型的实例变量
var r io.Reader // r 是一个 io.Reader 接口类型的实例变量
```

　　这些类型为接口类型的变量被称为**接口类型变量**。如果没有被显式赋予初始值，接口类型变量的默认值为 nil。如果要为接口类型变量显式赋值，则必须选择合法的右值。

　　Go 规定：**如果一个类型 T 的方法集合是接口类型 I 的方法集合的等价集合或超集，就说类型 T 实现了接口类型 I，这意味着类型 T 的变量可以作为合法的右值赋值给接口类型 I 的变量**。在前面内容中，我们已经知道一个类型 T 与其指针类型 *T 的方法集合的求取规则，所以判断一个类型是否实现了某个接口变得相对简单。

　　对于空接口类型变量，由于其方法集合为空，这意味着**任何类型都自动实现了空接口类型**。因此，任何类型的值都可以作为右值赋值给空接口类型的变量。例如以下代码。

```
var i interface{} = 15 // 正确
i = "hello, golang"    // 正确
type T struct{}
var t T
i = t  // 正确
i = &t // 正确
```

　　空接口类型的这一特性使其可以接受任意类型变量值作为右值，成为 Go 加入泛型语法之前**唯一具有"泛型"能力的语法元素**。包括标准库在内的许多通用数据结构与算法的实现，都采用了 interface{} 作为数据元素的类型，从而避免了为每种支持的元素类型编写单独代码的问题。

　　Go 还支持接口类型变量赋值的"逆操作"，也就是通过接口类型变量"还原"其右值的类型与值信息，这个过程被称为**类型断言**（type assertion）。类型断言通常使用以下语法形式。

```
v, ok := i.(T)
```

　　其中，i 是某个接口类型变量。如果 T 是一个非接口类型，并且是你想要还原的类型，那么这段代码的作用是**断言存储在接口类型变量 i 中的值的类型为 T**。

　　如果接口类型变量 i 之前被赋予的值确实是 T 类型的值，那么执行上述语句后，变量 ok 的值将为 true，变量 v 的类型为 T，其值会是之前变量 i 的右值。如果变量 i 之前被赋予的值不是 T 类型的值，那么执行上述语句后，变量 ok 的值为 false，而变量 v 的类型虽仍为 T，但其值是类型 T 的零值。

　　类型断言也支持以下语法形式。

```
v := i.(T)
```

　　然而，在这种形式下，如果接口变量 i 之前被赋予的值不是 T 类型的值，那么执行这个语句将导致程序抛出一个 panic。因此，除非你绝对确定接口变量包含的是特定类型的值，否则不推荐使用这种形式进行类型断言。

　　接下来我们通过一个例子直观地看一下类型断言的工作原理。

```
// ch15/typeassert1.go
var a int64 = 13
var i interface{} = a
v1, ok := i.(int64)
fmt.Printf("v1=%d, the type of v1 is %T, ok=%t\n", v1, v1, ok) // 输出 :v1=13,
the type of v1 is int64, ok=true
v2, ok := i.(string)
fmt.Printf("v2=%s, the type of v2 is %T, ok=%t\n", v2, v2, ok) // 输出 :v2=, the
type of v2 is string, ok=false
v3 := i.(int64)
fmt.Printf("v3=%d, the type of v3 is %T\n", v3, v3) // 输出 :v3=13, the type of
v3 is int64
v4 := i.([]int) // 导致抛出一个 panic: interface conversion: interface {} is int64,
not []int
fmt.Printf("the type of v4 is %T\n", v4)
```

　　这个例子的输出结果与我们之前讲解的是一致的。

　　在这段代码中，如果 v, ok := i.(T) 中的 T 是一个接口类型，那么类型断言的语义变成：**断言 i 的值实现了接口类型 T**。如果断言成功，变量 v 的类型将是变量 i 的值的实际类型，而非接口类型 T；如果断言失败，变量 ok 的值为 false，变量 v 的类型信息则为接口类型 T，其值为 nil。接下来我们再看一个 T 为接口类型的示例。

```
// ch15/typeassert2.go
type MyInterface interface {
    M1()
}
type T int

func (T) M1() {
    println("T's M1")
}

func main() {
    var t T
    var i interface{} = t
    v1, ok := i.(MyInterface)
    if !ok {
        panic("the value of i is not MyInterface")
    }
    v1.M1()
    fmt.Printf("the type of v1 is %T\n", v1) // 输出 :the type of v1 is main.T

    i = int64(13)
```

```
    v2, ok := i.(MyInterface)
    fmt.Printf("the type of v2 is %T\n", v2) // 输出 :the type of v2 is <nil>
    v2 = 1 // 编译器错误 :cannot use 1 (type int) as type MyInterface in
assignment: int does not implement MyInterface (missing M1    method)
    }
```

从这个例子可以看出，当尝试将一个未实现 MyInterface 接口的值（如 int64(13)）进行类型断言时，断言会失败，变量 v2 的类型为 <nil>。虽然通过 the type of v2 is <nil>，我们无法直接看到变量 v2 的具体类型信息，但通过最后一行代码的编译器错误提示，可以清晰地看出变量 v2 的类型信息为 MyInterface。

实际上，接口类型的类型断言还有一种变体——type switch。我们在第 11 章讲解 switch 语句时已经详细讨论过，在此不赘述。

至此，关于接口类型的基础语法我们就全部介绍完毕。掌握这些基础知识后，我们再来看看 Go 接口定义的一个惯例——尽量定义"小接口"。

15.1.2 尽量定义"小接口"

接口类型的核心在通过抽象类型的行为形成**契约**，建立双方共同遵守的约定，从而最大限度地降低双方的耦合度。就像生活和工作中的契约有繁有简、签署方式多样一样，代码中的契约也有大小之分，达成契约的方式也有所不同。Go 选择了简化这一过程，主要体现在以下两个方面。

- ❏ **隐式契约，无需签署，自动生效**。在 Go 中，接口类型与其实现者之间的关系是隐式的。与 Java 等其他编程语言不同，Go 不要求实现者显式声明 implements 关键字来表示实现了某个接口。只要一个类型实现了接口方法集合中的全部方法，它就被认为遵守了契约，并立即生效。
- ❏ **倾向于"小契约"**。如果契约过于繁杂，将会束缚手脚，减少灵活性并抑制表现力。所以，Go 提倡使用"小契约"，这意味着**尽量定义小接口，通常包含 1~3 个方法**。正如 Go 之父罗伯·派克所说："接口越大，抽象程度越弱。"这句话也体现了 Go 社区倾向于定义小接口的原因。

Go 对小接口的偏好在其标准库中体现得淋漓尽致。标准库中常用接口的定义如下。

```
// $GOROOT/src/builtin/builtin.go
type error interface {
    Error() string
}
// $GOROOT/src/io/io.go
type Reader interface {
    Read(p []byte) (n int, err error)
}
// $GOROOT/src/net/http/server.go
type Handler interface {
    ServeHTTP(ResponseWriter, *Request)
}
type ResponseWriter interface {
```

```
Header() Header
Write([]byte) (int, error)
WriteHeader(int)
}
```

尽量定义"小接口"的惯例不仅在 Go 标准库中得到广泛应用,在 Go 开发者社区中也被广泛采用。无论是标准库还是知名开源项目,大多数接口都遵循"尽量定义小接口"的惯例。

在设计和实现层面,小接口的优势可以总结为以下 3 点。

☐ **接口越小,抽象程度越高**。计算机程序本质上是对真实世界的抽象与重构。抽象过程涉及去除具体且次要的方面,提取共同的主要特征。不同的抽象层次,会导致抽象出的概念所涵盖的事物的集合有所不同。抽象程度越高,对应的集合空间越大;反之,抽象程度越低,则越接近事物的真实面貌,对应的集合空间就越小。因此,接口越小(即接口方法越少),其抽象程度越高,能够涵盖的事物集合也就越大。在这种情况下,无方法的空接口 interface{} 达到极限,其抽象涵盖了 Go 世界中的所有事物。

☐ **小接口易于实现和测试**。这是一个显而易见的优点。小接口包含的方法较少,一般情况下只有一个或少数几个。所以,要想满足这一接口,只需要实现一个方法或者少数几个方法就可以了,这显然比实现拥有较多方法的接口容易得多。尤其是在单元测试环节,构建类型来实现只有少量方法的接口要比实现拥有较多方法的接口所需的工作量小得多。

☐ **小接口表示的"契约"职责单一,易于复用组合**。在前面内容中我们提过,Go 推崇通过组合的方式构建程序。Go 开发者一般会尝试通过嵌入其他已有接口类型的方式来构建新接口类型,例如,通过嵌入 io.Reader 和 io.Writer 来构建 io.ReadWriter。当构建新的接口时,如果有众多候选接口类型,我们该如何选择呢?显然,我们会倾向于选择那些只包含必要契约职责的小接口,避免引入不需要的契约职责。在这种情况下,拥有单一或少数方法的小接口便更有可能成为我们的首选,而那些拥有较多方法的大接口可能会因引入过多不需要的契约职责而被放弃。由此可见,小接口更契合 Go 的组合设计思想,也更容易发挥出组合的优势。

15.2　接口类型的实现

Go 开发团队的技术负责人罗斯·考克斯曾说:"**如果要从 Go 中挑选出一个特性放入其他语言,我会选择接口。**"这句话充分体现了接口这一语法特性在 Go 中的重要地位。

接口之所以在 Go 中占据这么高的地位,是因为**它是 Go 这门静态编程语言中唯一"动静兼备"的语法特性**。接口的这种双重特性赋予了 Go 强大的表达能力。但同时也给 Go 初学者带来了不少困惑。要想真正解决这些困惑,必须深入到 Go 运行时层面,了解 Go 如何在运行时表示接口类型。但在深入了解接口类型的运行时表示层面之前,我们先来看看接口的静态特性与动态特性。

15.2.1 接口的静态特性与动态特性

接口的**静态特性**体现在**接口类型变量具有静态类型**，例如，在 var err error 中，变量 err 的静态类型为 error。拥有静态类型意味着编译器会在编译阶段对所有接口类型变量的赋值操作进行类型检查，确保右值的类型实现了该接口方法集合中的所有方法。如果不满足条件，则导致编译器错误。

```
var err error = 1 // 编译器错误 :cannot use 1 (type int) as type error in
assignment: int does not implement error (missing Error method)
```

接口的**动态特性**体现在接口类型变量在运行时存储了右值的真实类型信息，这个右值的真实类型被称为接口类型变量的**动态类型**。例如以下代码。

```
var err error
err = errors.New("error1")
fmt.Printf("%T\n", err)  // 输出 :*errors.errorString
```

在这个示例中，通过 errros.New 构造了一个错误值，并赋值给 error 接口类型变量 err。使用 fmt.Printf 函数可以输出接口类型变量 err 的动态类型，即 *errors.errorString。

接口的这种"动静兼备"的特性带来了什么好处呢？

首先，接口类型变量在程序运行时可以被赋值为不同的动态类型变量，每次赋值后，接口类型变量中存储的动态类型信息都会发生变化。这让 Go 可以像动态编程语言（如 Python）那样拥有鸭子类型（duck typing）的灵活性。所谓鸭子类型，是指某类型所表现出的特性（如是否可以作为某接口类型的右值）不是由其基类决定的，而是由类型所表现出来的行为（如类型拥有的方法）决定的。

以下代码展示了如何利用接口实现鸭子类型。

```
// ch15/ducktyping.go
type QuackableAnimal interface {
    Quack()
}
type Duck struct{}
func (Duck) Quack() {
    println("duck quack!")
}
type Dog struct{}
func (Dog) Quack() {
    println("dog quack!")
}
type Bird struct{}
func (Bird) Quack() {
    println("bird quack!")
}

func AnimalQuackInForest(a QuackableAnimal) {
    a.Quack()
}
```

```
func main() {
    animals := []QuackableAnimal{new(Duck), new(Dog), new(Bird)}
    for _, animal := range animals {
        AnimalQuackInForest(animal)
    }
}
```

在这个例子中，我们定义了一个 QuackableAnimal 接口来表示具有 "会叫" 这一特征的动物。Duck、Bird 和 Dog 类型各自都实现了 Quack 方法，因此可以将它们的实例赋值给 QuackableAnimal 接口类型变量 a。每次赋值时，由于变量 a 中存储的动态类型信息都不同，因此 Quack 方法的执行结果也不同。

尽管这些类型之间没有直接联系，但由于它们都表现出 QuackableAnimal 所要求的特征，因此都能作为右值赋值给 QuackableAnimal 类型的变量。

与动态编程语言不同的是，Go 接口还可以保证 "动态特性" 使用时的安全性。 例如，编译器可以在编译期捕捉到将 int 类型变量传递给 QuackableAnimal 接口类型变量这样的明显错误，从而避免在运行时才发现问题。

接口类型的 "动静特性" 展示了接口类型的强大功能。但在日常使用过程中，许多人会产生各种困惑，其中最经典的一个问题是 " nil 的 error 值不等于 nil"。接下来我们将详细探讨这个问题。

15.2.2　nil 的 error 值不等于 nil

下面是一段改编自 GO FAQ 中例子的代码。

```
// ch15/nilerror.go
type MyError struct {
    error
}
var ErrBad = MyError{
    error: errors.New("bad things happened"),
}
func bad() bool {
    return false
}
func returnsError() error {
    var p *MyError = nil
    if bad() {
        p = &ErrBad
    }
    return p
}
func main() {
    err := returnsError()
    if err != nil {
        fmt.Printf("error occur: %+v\n", err)
        return
    }
    fmt.Println("ok")
```

```
}
```

在这个例子中，我们的关注点集中在 returnsError 这个函数上。该函数定义了一个类型为 *MyError 的变量 p，初始值为 nil。如果函数 bad 返回 false，returnsError 函数就会直接将 p（此时 p = nil）作为返回值返回给调用者。然后，调用者会将 returnsError 函数的返回值（一个实现了 error 接口类型的值）与 nil 进行比较，并根据比较结果做出相应的处理。

如果你是初学者，可能会认为：由于变量 p 为 nil，returnsError 函数返回 p，那么 main 函数中的 err 等于 nil，程序应该输出 ok 后退出。

但实际运行结果如下。

```
error occur: <nil>
```

可以看到，程序并未如预期那样输出 ok。它显然进入了错误处理分支，输出了 err 的值。这就引出了一个问题：既然 returnsError 函数返回的 p 值为 nil，为什么满足了 if err != nil 条件而进入了错误处理分支呢？

想要弄清楚这个问题，我们需要进一步探讨接口类型变量的内部表示。

15.2.3　接口类型变量的内部表示

接口类型"动静兼备"特性决定了其变量的内部表示不像静态类型变量（如 int、float64）那样简单，我们可以在 $GOROOT/src/runtime/runtime2.go 中找到接口类型变量运行时的内部表示。

```
// $GOROOT/src/runtime/runtime2.go
type iface struct {
    tab  *itab
    data unsafe.Pointer
}
type eface struct {
    _type *_type
    data  unsafe.Pointer
}
```

可以看到，在运行时层面，接口类型变量有两种内部表示形式——eface 和 iface，这两种表示形式分别用于不同类型接口的变量。

❑ eface 用于表示没有方法的空接口（即 interface{} 类型的变量）。

❑ iface 用于表示拥有方法的其他接口类型变量。

上述两个结构的共同点是它们都包含两个指针字段，并且第二个字段的功能相同，都是**指向当前赋值给该接口类型变量的动态类型变量的值**。

它们的不同点在于：由于 eface 表示的空接口类型并没有方法列表，因此它的第一个指针字段指向一个 _type 结构，这个结构保存了该接口类型变量的动态类型信息。而 iface 除了要存储动态类型信息以外，还要存储接口本身的信息（如接口的类型信息、方法列表信息等）以及动态类型实现的方法信息，因此 iface 的第一个字段指向一个 itab 结构。

接下来，我们将通过代码示例展示 eface 和 iface 的结构。考虑到本书的目标读者是初学者，我们不会深入探究 _type 和 itab 的具体定义。只需要知道它们分别表示空接口和非空接口的类型信息即可。对 _type 和 itab 的具体定义感兴趣的读者可以查阅 Go 运行时的源码。

首先我们看一个用 eface 表示的空接口类型变量的例子。

```go
// ch15/eface.go
type T struct {
    n int
    s string
}
func main() {
    var t = T {
        n: 17,
        s: "hello, interface",
    }

    var ei interface{} = t // Go 运行时使用 eface 结构表示 ei
    _ = ei
}
```

在这个例子中，空接口类型变量 ei 在 Go 运行时的表示如图 15.1 所示。

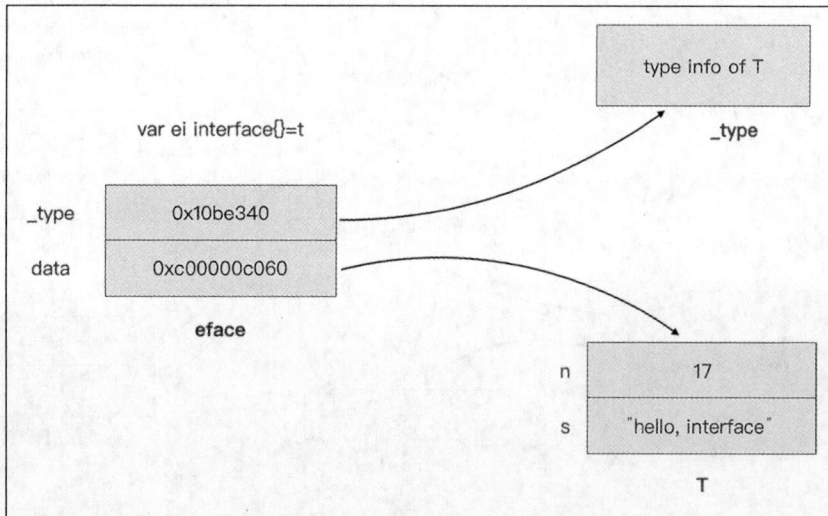

图 15.1　接口类型的 eface 表示

可以看出，空接口类型的表示相对简单：在图 15.1 上半部分的 _type 字段指向它的动态类型 T 的类型信息，而在下半部分的 data 则指向一个 T 类型的实例值。

我们再来看一个更复杂的使用 iface 表示非空接口类型变量的例子。

```go
// ch15/iface.go
type T struct {
    n int
```

```
    s string
}
func (T) M1() {}
func (T) M2() {}
type NonEmptyInterface interface {
    M1()
    M2()
}
func main() {
    var t = T{
        n: 18,
        s: "hello, interface",
    }
    var i NonEmptyInterface = t
    _ = i
}
```

与 eface 相比，iface 的表示稍微复杂一些。其中，NonEmptyInterface 接口类型的变量在 Go 运行时中的表示如图 15.2 所示。

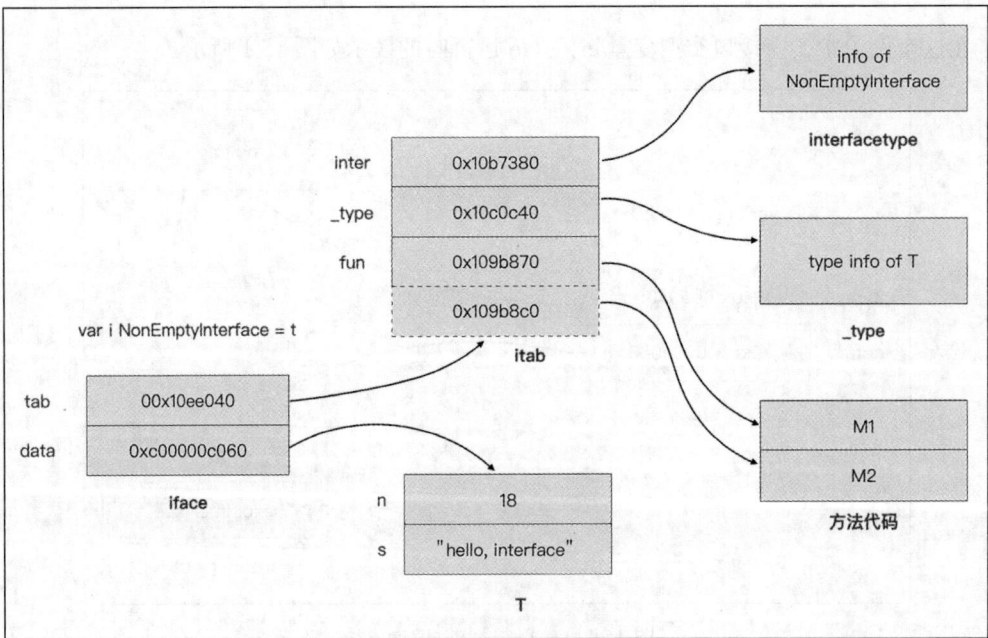

图 15.2　接口类型的 iface 表示

由图 15.1 和图 15.2 可以看出，每个接口类型变量在 Go 运行时的表示都是由两部分组成的，可以简化记作 eface(_type, data) 和 iface(tab, data)。

Go 提供了 println 预定义函数，可以用来输出 eface 或 iface 的两个指针字段的值。这里，我们来看一个非空接口类型变量的内部表示输出的例子。

```
type T int
func (t T) Error() string {
    return "bad error"
}
func printNonEmptyInterface() {
    var err1 error // 非空接口类型
    var err2 error // 非空接口类型
    err1 = (*T)(nil)
    println("err1:", err1)
    println("err1 = nil:", err1 == nil)
    err1 = T(5)
    err2 = T(6)
    println("err1:", err1)
    println("err2:", err2)
    println("err1 = err2:", err1 == err2)
    err2 = fmt.Errorf( "%d\n" , 5)
    println("err1:", err1)
    println("err2:", err2)
    println("err1 = err2:", err1 == err2)
}
```

运行上述代码，输出结果如下。

```
err1: (0x10ed120,0x0)
err1 = nil: false
err1: (0x10ed1a0,0x10eb310)
err2: (0x10ed1a0,0x10eb318)
err1 = err2: false
err1: (0x10ed1a0,0x10eb310)
err2: (0x10ed0c0,0xc000010050)
err1 = err2: false
```

在上述示例中，每一轮通过 println 函数输出的 err1 和 err2 的 tab 值和 data 值，要么 data 值不同，要么 tab 值与 data 值都不同。

与空接口类型变量一样，只有 tab 和 data 指向的数据内容完全一致时，两个非空接口类型变量才有可能相等。这里需要注意的是 err1 下面的赋值情况。

```
err1 = (*T)(nil)
```

在这种情况下，println 函数输出的 err1 是 (0x10ed120, 0x0)，这意味着，虽然数据指针为空，但非空接口类型变量的类型信息并不为空。因此，它与 nil(0x0,0x0) 并不相等。

现在回到 "nil 的 error 值不等于 nil" 这个问题上，returnsError 返回的 error 接口类型变量 err 的数据指针虽然为空，但它的类型信息 (iface.tab) 并不为空，而是指向 *MyError 对应的类型信息。因此，err 与 nil(0x0,0x0) 自然不相等。

15.3　使用接口时的注意事项

最后，我们来讨论一下使用接口时的一些注意事项，尤其是与空接口相关的。Go 之父罗伯·派克曾说："**空接口不提供任何信息。**"那么我们应该怎么理解这句话背后的深层含义呢？

在 Go 中，一方面，你不需要像 Java 那样显式声明某个类型实现了某个接口；另一方面，你仍然需要定义这些接口，这与 Java 等静态编程语言的工作方式一致。

这种不需要类型显式声明实现接口的方式，允许各种各样的类型与接口相匹配，包括那些存在的、并非由你编写的代码，甚至是无法编辑的标准库代码。Go 通过这种处理方式兼顾安全性和灵活性，其中，安全性是由 Go 的编译器保证的，而编译器进行检查的依据恰恰是接口类型的定义。

例如，下面是一个接口例子。

```
// $GOROOT/src/io/io.go
type Reader interface {
    Read(p []byte) (n int, err error)
}
```

Go 的编译器通过解析这个接口定义，获取接口的名字及其方法的信息，当为这个接口类型的参数赋值时，编译器会根据这些信息对实参进行检查。此时，如果函数或方法的参数类型是空接口 interface{}，会发生什么呢？

这恰好印证了罗伯·派克所说的"空接口不提供任何信息"。这里所说的"提供"对象并不是开发者，而是编译器。在函数或方法参数中使用空接口类型，意味着你没有给编译器提供关于传入实参数据的任何信息。所以，你会失去静态编程语言类型带来的安全检查的"**保护屏障**"，你需要自行检查类似的错误，并且只有运行时才能发现这些问题。

因此，建议 Gopher 尽可能抽象出具有明确行为契约的接口，并将其作为函数参数类型，**尽量避免使用可以"绕过"编译器类型安全检查的空接口类型。**

在这方面，Go 标准库已经为我们树立了榜样。全面搜索标准库后，你会发现以 interface{} 为参数类型的方法和函数少之甚少。通常使用 interface{} 作为参数类型的函数或方法主要有以下两类。

❑ 容器算法类，例如 container 下的 heap、list 和 ring 包，sort 包及 sync.Map 等。

❑ 格式化 / 日志类，例如 fmt 包、log 包等。

这些使用 interface{} 作为参数类型的函数或方法都有一个共同点，即它们处理的都是未知类型的数据。所以，在这种情况下，使用具备"泛型"能力的 interface{} 类型是可以理解的。可以说，在 Go 支持泛型之前，这是一种权宜之计。现在随着 Go 支持泛型，许多场合下 interface{} 都可以被泛型所替代。

15.4　本章小结

在本章中，我们系统地学习了接口类型的基础知识，包括接口类型的声明、接口类型变量的定义与初始化以及类型断言等。这些内容包含了许多语法细节，一定要牢牢掌握，以避免在使用接口时走弯路。

Go 中的接口本质上是一种"契约"，它能最大限度地减少代码之间的耦合。按照 Go 的惯例，推荐尽量定义"小接口"，一般而言，接口的方法集合不超过 3 个方法，单一方法的接口更受 Go 社区的青睐。

接口类型在 Go 中有着很高的地位，因为它拥有"动静兼备"的语法特性。Go 接口的动态特性赋予了 Go 类似动态编程语言的灵活性，而静态特性又确保这种灵活性在编译阶段的安全性。要更好地理解 Go 接口的这两种特性，需要深入了解 Go 接口在运行时的表示方式。接口类型变量在运行时通过 eface 和 iface 两种结构表示：eface 用于表示空接口类型变量，而 iface 用于表示非空接口类型变量。

在使用接口前，一定要搞清楚自己使用接口的目的，**千万不能为了使用接口而使用接口**。此外，还要牢记：**尽量避免将空接口作为函数参数类型**。一旦将空接口作为函数参数类型，你便失去了编译器提供的类型安全保护屏障。

第 16 章　并发编程

在第 1 章中曾提到，Go 的设计者敏锐地捕捉到 CPU 向多核发展的趋势，在决定创建 Go 时，他们果断地将面向多核、**原生支持并发**作为设计目标之一，并将面向并发视为 Go 的核心设计哲学。当 Go 首次对外发布时，对并发的原生支持迅速成为开发者最喜欢的特性之一。

在本章中，我们将首先了解什么是并发；其次系统学习 Go 的并发机制——goroutine 的基本用法、注意事项以及背后的理论模型；最后，我们将学习如何通过 channel 和 select 实现 goroutine 之间的通信。

16.1　什么是并发

本书频繁提到并发（concurrency）这一概念。那么，究竟什么是并发？它与并行（parallelism）有什么区别？要想搞清楚这些问题，我们需要回顾操作系统调度单元的发展历程，以及计算机处理器的演进对应用设计的影响。

早期，主流消费级处理器（如 CPU）都是单核，操作系统的调度与执行单元是进程（process）。此时，用户层的应用有两种主要设计方式。第一种设计方式是单进程应用，也就是每次启动一个应用，操作系统仅启动一个进程来运行这个应用。

在单进程应用中，用户层应用、操作系统进程与处理器间的关系如图 16.1 所示。

每个单进程应用对应一个操作系统进程，多个进程按时间片轮流被调度到唯一的单核处理器上执行。这意味着，在某一时刻，单核处理器只能执行一个进程对应的代码，因此，两个进程无法同时执行。

这里说的**并行**，指的是在同一时刻有两个或更多任务（这里指进程）的代码在处理器上执行。根据这个定义，我们可以知道，**多处理器或多核处理器是实现并行执行的必要条件**。

总的来说，单进程应用结构简单，内部仅有一条代码执行流，从头至尾依次执行，不存在竞争状态，也无需考虑同步问题。

第二种设计方式是多进程应用，也就是应用通过 fork 等系统调用创建多个子进程来共同实现功能。在这种情况下，用户层应用、操作系统进程与处理器间的关系如图 16.2 所示。以图中的 App1 为例，应用设计者将其划分为多个模块，每个模块由一个独立的进程承载，从而形成多个独立的代码执行流。

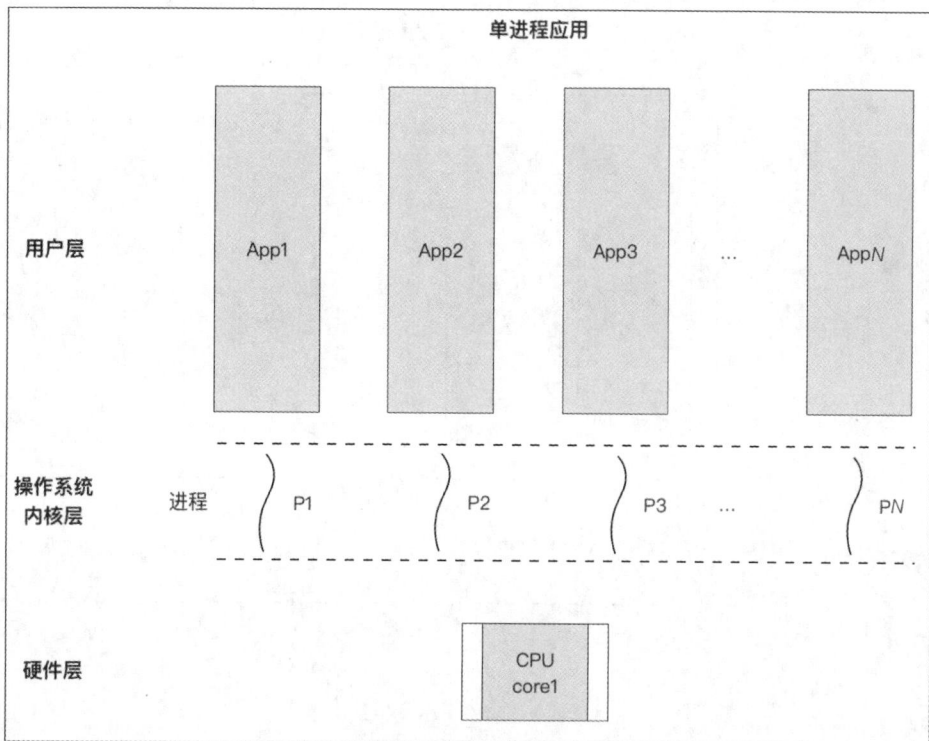

图 16.1　单进程应用

　　然而，受限于单一的单核处理器，这些进程（执行流）依旧无法并行执行，无论是 App1 内部的某个模块对应的进程，还是其他 App 对应的进程，都必须按时间片逐一被操作系统调度到处理器上执行。

　　粗略来看，多进程应用与单进程应用相比并没有质的提升，那我们为什么还要将应用设计为多进程呢？这更多的是从应用的结构角度考虑的，多进程应用由于将功能职责做了划分，并指定专门的模块来负责，因此，从结构上来看，要比单进程应用更为清晰简洁，可读性与可维护性也更好。**这种将程序分成多个可独立执行部分的设计方法就是并发设计**。采用并发设计的应用可以被视为一组独立执行模块的组合。

　　然而，进程并不适合作为并发设计应用模块执行流的载体，因为它们不仅包含应用代码和数据，还拥有文件描述符、内存地址空间等系统级资源，这使得进程的创建、切换与撤销成本很大。

　　于是，线程应运而生，作为运行于进程上下文中更轻量级的执行流。随着处理器技术的进步，多核处理器逐渐普及，真正实现了并行执行的可能性。目前主流的应用设计模型如图 16.3 所示。

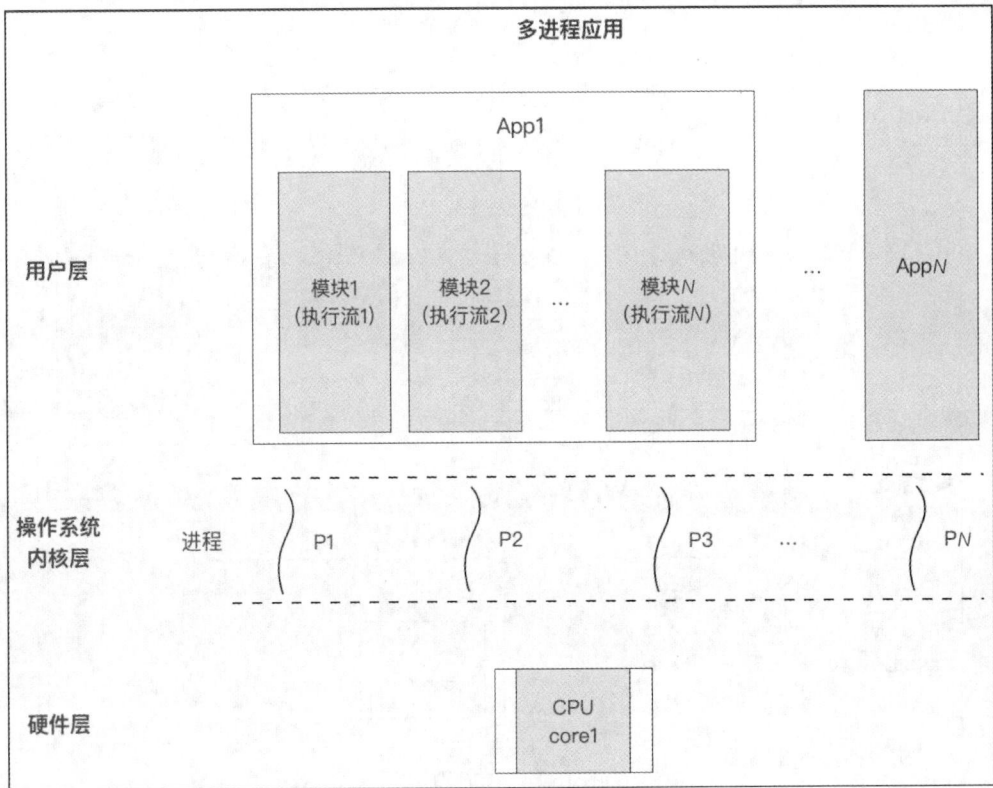

图 16.2　多进程应用

　　基于线程的应用通常采用单进程多线程的架构，一个应用对应一个进程，应用通过并发设计将其划分为多个模块，每个模块由一个独立的线程负责执行。多个线程共享所属进程的资源，但各自可以独立地被调度到处理器上运行。

　　线程的创建、切换与撤销成本相对于进程要小得多。当应用的多个线程能够同时被调度到不同的处理器核上执行时，我们称这个应用为并行应用。

　　至此，我们可以对并发与并行两个概念进行明确区分。正如 Go 之父罗伯·派克所言："**并发不是并行，并发关乎结构，并行关乎执行。**"

　　结合前面的例子可以看出，**并发主要是在应用设计与实现阶段需要考虑的问题**，它关注的是如何将一个应用划分为多个能够互相配合、独立执行的模块。即使采用了并发设计，程序也不一定能够并行执行。

　　在不满足并行条件（如只有一个单核 CPU）的情况下，即便采用并发设计，程序也无法实现并行执行。相反，在满足并行条件下，采用并发设计的程序则可以并行执行。而那些没有采用并发设计的应用，除非启动多个实例，否则无法实现并行执行。

　　随着多核处理器成为主流，采用并发设计的应用即使以单一个实例运行，其内部每个模块也各自运行在一个单独的线程中，从而充分利用多核资源。此外，并发使得并行变得更加容易，它允许应用自然地将负载分布到各个 CPU 核上，以提升处理效率。

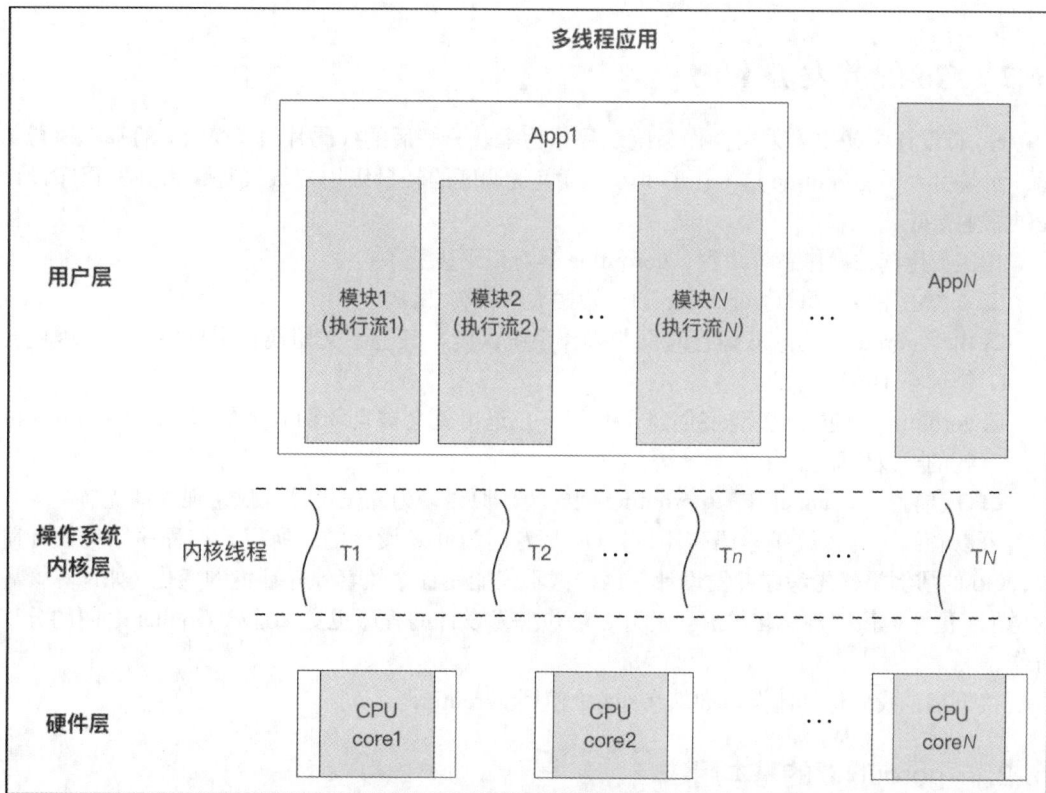

图 16.3　主流的应用设计模型

传统编程语言（如 C、C++ 等）通过**多线程模型**实现了典型的并发程序设计。然而，这些语言并非专门为并发设计，因此在支持并发方面存在诸多不便。基于操作系统线程作为分解后的代码片段（模块）的执行单元，由操作系统进行调度的传统方式存在诸多不足。

首先是复杂性。创建和管理线程的过程相对复杂。不仅涉及线程的创建参数，还需要考虑线程退出机制，包括是否离线或等待线程终止等。此外，线程间通信机制较为复杂且易出错，尤其是在共享内存使用锁互斥机制时，容易引发死锁问题。

其次是难以规模化（scale）。尽管线程相较于进程开销较小，但大量创建线程仍然不可行。每个线程占用的资源及操作系统在线程间切换的代价都限制了可创建线程的数量。

对于许多网络服务程序，由于无法大量创建线程，开发者往往选择在网络连接复用的少量线程中工作，例如使用 epoll/kqueue/IoCompletionPort 机制，尽管有 libevent 和 libev 这样的第三方库辅助，但编写这样的程序依然具有挑战性，因为它们涉及大量的回调函数，这给开发者带来了不小的心智负担。

那么，"原生支持并发"的 Go 在并发方面的实现方案是什么呢？相对于基于线程的并发设计模型，Go 又有哪些改进？接下来我们将一起探讨这些问题。

16.2　Go 的并发方案

Go 自设计之初便未采用操作系统线程作为承载分解后的代码片段（模块）的基本执行单元，而是引入了 goroutine 这一由 Go 运行时负责调度的轻量级用户级线程，为并发程序设计提供原生支持。

相比于传统的操作系统线程，goroutine 具有以下优势。

☐ 资源占用少，每个 goroutine 的初始栈大小仅为 2KB。

☐ 由于 goroutine 由 Go 运行时而非操作系统调度，其上下文切换在用户层完成，因此开销远小于传统线程。

☐ goroutine 通过 go 关键字创建，并且一旦退出就会被自动回收或销毁，提供了更为流畅的开发体验。

☐ Go 内置了 channel 作为 goroutine 间的通信原语，为并发设计提供了强大的支持。

可以看到，与传统编程语言不同，Go 是专门为并发设计的。所以，在程序结构设计阶段，**Go 的惯例是优先考虑并发设计**。这样做不仅能使程序随着外界环境的变化（如计算资源的增加）更好地适应**规模化扩展**。此外，经过并发设计的程序也更加适合 Gopher 之间的分工协作。

接下来，我们将具体探讨如何在 Go 中使用 goroutine。

16.2.1　goroutine 的基本用法

并发是一种能力，它允许程序由多个独立运行的代码片段组合而成。在 Go 中，goroutine 是实现这种并发能力的具体形式。无论是 Go 自身的运行时代码还是用户层的代码，均运行于 goroutine 之中。

创建一个 goroutine 非常简单，通过 **go 关键字 + 函数 / 方法**调用即可实现。一旦创建后，新的 goroutine 将拥有其独立的代码执行流，并与创建它的 goroutine 一起被 Go 运行时调度管理。

以下是创建 goroutine 的代码示例。

```
// 使用 go 关键字基于具名函数创建 goroutine
go fmt.Println("I am a goroutine")
// 基于匿名函数 / 闭包创建 goroutine，并通过 channel 传递结果
var c = make(chan int)
go func(a, b int) {
    c <- a + b
}(3,4)

// $GOROOT/src/net/http/server.go
c := srv.newConn(rw)
```

```
go c.serve(connCtx)
```

可以看到，通过 go 关键字，可以基于现有的具名函数 / 方法或匿名函数 / 闭包创建 goroutine。需要注意的是，创建 goroutine 后，go 关键字不会返回用于标识 goroutine 的 id，请不要尝试依赖这样的 id 进行操作。此外，应用内部的所有 goroutine 共享进程空间资源，当多个 goroutine 访问同一内存数据时，可能会存在竞争，因此需要考虑 goroutine 间的同步问题。

关于 goroutine 的退出，通常不需要特别控制：当 goroutine 执行的函数或方法返回时，**该 goroutine 即自动退出**。

然而，如果 main goroutine 退出，也就意味着整个应用退出。此外，需要注意的是，即使 goroutine 执行的函数或方法有返回值，Go 也会忽略这些返回值。所以，如果要获取 goroutine 执行后的返回值，应通过其他方法实现，例如，通过 goroutine 间的通信机制来完成。

接下来我们就来看看 goroutine 间的通信方式。

16.2.2　CSP 并发模型

传统的编程语言（如 C++、Java、Python 等）并非专门为并发设计。因此，它们处理并发的方式大多依赖于操作系统的线程机制。对于并发执行单元（线程）之间的通信，这些语言通常使用操作系统提供的线程或进程间通信方法，包括共享内存、信号（signal）、管道（pipe）、消息队列和套接字（socket）等。

在这些通信机制中，使用最多、最广泛的（也是最高效的）是结合了线程同步原语（如锁和更底层的原子操作）的共享内存方式。因此，可以说传统编程语言的并发模型是**基于共享内存的**。

不过，这种基于共享内存的传统并发模型难以掌握且容易出错，尤其是在大型或复杂的程序中。开发者在设计并发程序时，需要根据线程模型对程序进行建模，并规划线程间的通信方式。如果选择高效的基于共享内存的方法，他们还需要花费大量心思设计线程间的同步机制，考虑多线程之间复杂的内存管理问题以及如何避免死锁等情况。

在这种情况下，开发者面临着巨大的心智负担，并且基于这类传统并发模型编写的程序难以编写、阅读、理解和维护。一旦出现问题，查找 bug 的过程会非常漫长和艰难。

Go 从设计之初就将解决上述传统并发模型的问题作为一个目标，并在其新的并发模型设计中借鉴了著名计算机科学家托尼·霍尔（Tony Hoare）提出的 CSP（Communicationing Sequential Processes，通信顺序进程）并发模型。

托尼·霍尔的 CSP 模型旨在简化并发程序的编写，使编写并发程序与编写顺序程序一样简单。他认为输入 / 输出应该是基本的编程原语，数据处理逻辑（即 CSP 中的 P）只需调用输入原语获取数据，顺序地处理数据，并通过输出原语输出结果即可。

因此，根据托尼·霍尔的观点，**符合 CSP 模型的并发程序应该是一组通过输入 / 输出原语连接起来的 P 的集合**。从这个角度来看，CSP 理论不仅是一个并发参考模型，也是一种组织并发程序的方法。它的组合思想与 Go 的设计哲学不谋而合。

在托尼·霍尔的 CSP 理论中，P（process，进程）是一个抽象概念，它代表任何顺序处理逻辑的封装，可以从其他 P 的输出中获取输入数据，并产生可被其他 P 使用的输出数据。CSP 模型如图 16.4 所示。

图 16.4　CSP 模型

注意，这里的 P 并不一定对应于操作系统的进程或线程。在 Go 中，对应的实体是 goroutine。为了实现 CSP 模型中的输入和输出原语，Go 还引入了 goroutine（P）之间的通信原语 channel。goroutine 可以通过 channel 接收输入数据，并将处理后的结果数据通过 channel 发送出去。通过 channel 将 goroutine（P）组合在一起，使得设计和编写大型并发系统变得更加简单和清晰。

例如，我们提到的获取 goroutine 的退出状态，就可以通过 channel 原语实现。

```
func spawn(f func() error) <-chan error {
    c := make(chan error)
    go func() {
        err <- f()
    }()
    return c
}
func main() {
    c := spawn(func() error {
        time.Sleep(2 * time.Second)
        return errors.New("timeout")
    })
    fmt.Println(<-c)
}
```

上述代码在 main goroutine 与子 goroutine 之间建立了一个元素类型为 error 的 channel。当子 goroutine 退出时，会将其执行函数的错误返回值写入该 channel，main goroutine 则可以通过读取 channel 的值来获取子 goroutine 的退出状态。

尽管 CSP 模型已成为 Go 支持的主要并发模型，但 Go 同样支持基于共享内存的传统并发模型，并在标准库的 sync 包中提供了基础的低级别同步原语（主要包括互斥锁、条件变量、读写锁和原子操作等）。那么，在实践中，我们应该选择哪种并发原语呢？是使用 channel 还是在低级同步原语保护下的共享内存？

毫无疑问，从程序的整体结构来看，**Go 始终推荐以 CSP 模型风格构建并发程序**，尤其是在复杂业务逻辑层面，这可以提高程序的逻辑清晰度，大大降低并发设计的复杂性，并增强程序的可读性和可维护性。不过，在局部场景下，例如涉及性能敏感的部分或需要保护的数据结构时，可以使用更为高效的低级同步原语（如 mutex），确保 goroutine 对数据的安全访问。

16.3　goroutine 间的通信

通过前面的讲解，我们了解到 Go 的 CSP 模型包含两个主要部分：一个是 goroutine，它是 Go 应用并发设计的基本构建与执行单元；另一个是 channel，它在并发模型中扮演着重要角色。channel 不仅可以用于 goroutine 间的通信，还可以实现 goroutine 间的同步。可以说，channel 就像 Go 并发设计这门"武功"的秘籍口诀。学会灵活运用 channel，才能真正掌握 Go 的并发设计。

因此，在本节中，我们将系统地学习 channel 这一并发原语的基础语法与常见使用方法。

16.3.1　作为"一等公民"的 channel

Go 对并发的原生支持不仅仅停留在口号上，它在语法层面将 channel 作为"一等公民"对待。我们在前面学习了"一等公民"这个概念，那么，channel 作为"一等公民"意味着什么呢？这意味着我们可以**像操作普通变量那样使用 channel**，例如定义 channel 类型变量、给 channel 变量赋值、将 channel 作为参数传递给函数 / 方法、从函数 / 方法中返回 channel，甚至可以将一个 channel 发送到另一个 channel 中。这种灵活性大大简化了 channel 的使用，提升了开发者在进行并发设计和实现时的体验。

1. 创建 channel

与切片、结构体、map 等类似，channel 也是一种复合数据类型。也就是说，在声明一个 channel 类型变量时，必须指定其元素类型，例如以下代码。

```
var ch chan int
```

在这段代码中，我们声明了一个元素类型为 int 的 channel 类型变量 ch。

如果 channel 类型变量在声明时没有被赋予初始值，那么其默认值为 nil。与其他复合数据类型不同的是，为 channel 类型变量赋初始值的唯一方法是使用 make 这个预定义函数，例如以下代码。

```
ch1 := make(chan int)
ch2 := make(chan int, 5)
```

这里，我们声明了两个元素类型为 int 的 channel 类型变量 ch1 和 ch2，并分别为它们赋初始值。但这两个变量的初始化方式有所不同。

第一行代码通过 make(chan T) 创建了一个**无缓冲的 channel**，其中元素类型为 T。第二行代码通过带有 capacity 参数的 make(chan T, capacity) 创建了一个**带缓冲的 channel，其中元素类型为 T，缓冲区长度为 capacity**。

这两种类型的 channel 在发送（send）与接收（receive）数据元素方面的特征不同。接下来，我们将基于这两种类型的 channel 探讨如何进行数据元素的发送和接收。

2. 发送与接收

Go 提供了 <- 操作符，用于对 channel 类型变量进行发送与接收操作。

```
ch1 <- 13        // 将整型值13发送到无缓冲 channel 类型变量 ch1 中
n := <- ch1      // 从无缓冲 channel 类型变量 ch1 中接收一个整型值并存储到整型变量 n 中
ch2 <- 17        // 将整型值17发送到带缓冲 channel 类型变量 ch2 中
m := <- ch2      // 从带缓冲 channel 类型变量 ch2 中接收一个整型值并存储到整型变量 m 中
```

在理解 channel 的发送与接收操作时，一定要始终牢记：channel 是为 goroutine 间的通信设计的，因此，在大多数情况下，对 channel 的读写操作都会被分别放在不同的 goroutine 中执行。

我们先来看看无缓冲 channel 类型变量（如 ch1）的发送与接收。

由于无缓冲 channel 没有内部缓冲区，因此发送和接收操作必须同步完成。也就是说，只有当存在一个对应的接收操作等待接收数据时，发送操作才能成功；反之亦然。如果只进行了发送或接收操作而没有对应的操作，相应的 goroutine 将会被挂起，直到配对操作出现，否则将导致死锁。

例如，以下代码会引发死锁错误。

```
func main() {
    ch1 := make(chan int)
    ch1 <- 13 // fatal error: all goroutines are asleep - deadlock!
    n := <-ch1
    println(n)
}
```

在这个例子中，由于发送和接收操作都在同一个 goroutine（main）中，且没有其他 goroutine 准备就绪来接收数据，发送操作将导致程序进入死锁状态。

为了避免这种情况，可以将发送操作放入一个新的 goroutine 中，例如以下代码。

```
func main() {
    ch1 := make(chan int)
    go func() {
        ch1 <- 13 // 将发送操作放入一个新的 goroutine 中
    }()
    n := <-ch1
    println(n)
}
```

由此，我们可以得出结论：**对无缓冲 channel 类型的发送与接收操作，一定要放在两个不同的 goroutine 中进行，否则会导致程序进入死锁状态。**

接下来，我们看看带缓冲 channel 的发送与接收操作。

与无缓冲 channel 相反，带缓冲 channel 在实现中包含一个缓冲区。因此，在缓冲区未满时进行发送操作或在缓冲区非空时进行接收操作是**异步**的（即发送或接收不需要阻塞等待）。

也就是说，对于一个带缓冲 channel，在缓冲区未满的情况下，执行发送操作的 goroutine 不会被阻塞；在缓冲区有数据时，执行接收操作的 goroutine 也不会被阻塞。

但是，当缓冲区已满时，试图向其发送数据的 goroutine 将会被阻塞；当缓冲区为空时，尝试从中接收数据的 goroutine 也会被阻塞。

以下是几个关于带缓冲 channel 的操作的例子。

```
ch2 := make(chan int, 1)
n := <-ch2 // 由于此时 ch2 的缓冲区中没有数据，因此执行接收操作将导致 goroutine 阻塞
ch3 := make(chan int, 1)
ch3 <- 17   // 向 ch3 发送整型型值 17
ch3 <- 27   // 由于此时 ch3 的缓冲区已满，因此再次发送数据将导致 goroutine 阻塞
```

正是因为带缓冲 channel 与无缓冲 channel 在发送与接收操作上的差异，在具体使用上，它们有各自的"用武之地"。

使用操作符 <-，还可以声明只发送（chan<-）和只接收（<-chan）的 channel 类型。例如以下代码。

```
ch1 := make(chan<- int, 1) // 只发送 channel 类型
ch2 := make(<-chan int, 1) // 只接收 channel 类型
<-ch1       // invalid operation: <-ch1 (receive from send-only type chan<- int)
ch2 <- 13   // invalid operation: ch2 <- 13 (send to receive-only type <-chan int)
```

从这个例子可以看到，试图让一个只发送 channel 类型的变量接收数据，或者向一个只接收 channel 类型的变量发送数据，都会导致编译器错误。通常，只发送和只接收类型的 channel 会被用作函数参数或返回值，以明确指定该 channel 允许的操作类型，例如以下代码。

```
func produce(ch chan<- int) {
    for i := 0; i < 10; i++ {
        ch <- i + 1
        time.Sleep(time.Second)
    }
    close(ch)
}
func consume(ch <-chan int) {
    for n := range ch {
        println(n)
    }
}
func main() {
    ch := make(chan int, 5)
    var wg sync.WaitGroup
    wg.Add(2)
    go func() {
        produce(ch)
        wg.Done()
    }()
    go func() {
        consume(ch)
        wg.Done()
    }()
    wg.Wait()
}
```

在这个例子中，两个 goroutine 分别作为生产者（produce）和消费者（consume）运行。生产者只能向 channel 发送数据，因此 produce 函数接受一个 chan<-int 类型的参数；消费者只能从 channel 接收数据，因此 consume 函数接受一个 <-chan int 类型的参数。

在 consume 函数中，通过 for range 循环从 channel 接收数据，这个循环会阻塞直到 channel 中有数据可接收或 channel 被关闭。一旦 channel 被关闭，for range 语句就会结束。

3. 关闭 channel

在 Go 中，通过内置的 close 函数可以关闭一个 channel。关闭 channel 后，所有等待从这个 channel 接收数据的操作都将立即返回。

这里我们继续看一下采用不同接收语法形式的语句。channel 被关闭后的返回值的情况如下。

```
n := <-ch      // 当 ch 被关闭后，n 将被赋值为该元素类型的零值
m, ok := <-ch   // 当 ch 被关闭后，m 将被赋值为该元素类型的零值，而 ok 将为 false
for v := range ch { // 当 ch 被关闭后，for range 语句结束
    ...
}
```

使用 comma, ok 惯用法或 for range 语句，可以帮助我们准确判断 channel 是否已被关闭。然而，如果只是简单地采用 n := <-ch 形式的接收操作，则无法区分接收到的零值是因为 channel 还是正常发送的零值数据。

另外，从前面 produce 的示例程序中也可以看到，channel 是在 produce 函数中被关闭的，这也是 channel 的一个使用惯例——**发送端负责关闭 channel**。

为什么要在发送端关闭 channel 呢？这是因为发送端没有像接收端那样可以安全判断 channel 是否被关闭的方法。同时，尝试向已关闭的 channel 发送数据会导致 panic，例如以下代码。

```
ch := make(chan int, 5)
close(ch)
ch <- 13 // panic: send on closed channel
```

4. select 原语

当涉及同时对多个 channel 进行操作时，可以使用 Go 提供的 select 原语。

通过 select，我们可以同时在多个 channel 上进行发送 / 接收操作，例如以下代码。

```
select {
case x := <-ch1:      // 从 ch1 接收数据
    ...
case y, ok := <-ch2: // 从 ch2 接收数据，并根据 ok 值判断 ch2 是否已关闭
    ...
case ch3 <- z:        // 将 z 值发送到 ch3 中
    ...
default:              // 当上面 case 语句中的 ch1 通信均无法实施时，执行该默认分支
}
```

当 select 语句中没有 default 分支且所有 case 语句都处于阻塞时，select 语句本身也会被阻塞，直到某个 case 语句对应的 channel 变成可发送或者可接收。关于 select 语句的妙用，我们在后续内容中还会详细讲解，这里简单了解即可。

select 遵循 Go "简单" 的设计哲学，提供了强大的并发控制能力。学习这些基础知识后，

接下来，我们将探讨 channel 与 select 结合使用的惯用法。

16.3.2 channel 与 select 结合使用的惯用法

通过将 channel 与 select 结合使用，可以形成强大的表达能力，关于这一点，我们在前面的例子中已经有所见识。这里再次强调几种常见的 channel 与 select 结合使用的方法。

1. 利用 default 分支避免阻塞

在 select 语句中，当所有非 default 分支因通信未就绪而无法执行时，default 分支将会被执行。这赋予了 default 分支一种"避免阻塞"的特性。

在前面例子中，我们已经运用带有 default 分支的 trySend 和 tryRecv 实现了无阻塞操作。

```
func tryRecv(c <-chan int) (int, bool) {
    select {
    case i := <-c:
        return i, true
    default: // channel 为空
        return 0, false
    }
}
func trySend(c chan<- int, i int) bool {
    select {
    case c <- i:
        return true
    default: // channel 满了
        return false
    }
}
```

无论对于无缓冲还是带缓冲的 channel，上述两个函数都能确保不因尝试接收或发送数据而发生阻塞。

此外，Go 标准库也应用了这一惯用法。

```
// $GOROOT/src/time/sleep.go
func sendTime(c interface{}, seq uintptr) {
    // 以非阻塞方式向 c 发送当前时间
    select {
    case c.(chan Time) <- Now():
    default:
    }
}
```

2. 实现超时机制

使用带超时机制的 select 语句，是 Go 中一种常见的 select 与 channel 组合的用法。通过引入超时事件，我们既可以避免长期陷入某种操作的等待，也可以执行一些异常处理工作。

例如，以下代码实现了一次具有 30s 超时的 select 操作。

```
func worker() {
    select {
```

```
    case <-c:
        // 执行某些操作
    case <-time.After(30 *time.Second):
        return
    }
}
```

不过，在应用带有超时机制的 select 语句时，要特别注意 timer **资源的释放**，尤其是在大量创建 timer 的情况下。

由于 Go 标准库中的 timer 由 Go 运行时自行维护，而非依赖操作系统级别的定时器资源，因此其使用代价相对较低。但即便如此，作为 time.Timer 的使用者，我们仍要尽量减少因 timer 使用而对 Go 运行时及垃圾回收造成的压力，并及时调用 timer 的 Stop 方法回收相关资源。

3. 实现心跳机制

通过结合 time 包中的 Ticker，我们可以实现带有心跳机制的 select 语句。这种机制允许我们在监听 channel 的同时执行一些**周期性的任务**，例如以下代码。

```
func worker() {
    heartbeat := time.NewTicker(30 * time.Second)
    defer heartbeat.Stop()
    for {
        select {
        case <-c:
            // 执行某些操作
        case <- heartbeat.C:
            // 执行某些心跳事件
        }
    }
}
```

上述代码通过 time.NewTicker 创建了一个 Ticker 类型的实例 heartbeat。该实例包含一个 channel 类型的字段 C，这个字段会按照设定的时间间隔持续产生事件，就像"心跳"一样。这样一来，当 channel c 无数据可接收时，for 语句会每隔固定时间完成一次迭代，并继续下一次循环。

与 timer 一样，在使用完 ticker 后，应及时调用其 Stop 方法，避免心跳事件继续在 ticker 的 channel（如上述示例中的 heartbeat.C）中生成。

16.4　本章小结

在本章中，我们开始了对 Go 并发的学习，了解了并发的含义以及并发与并行两个概念之间的区别。一定要记住：**并发并不等同于并行**。并发更多的是关于应用结构的设计，而并行则涉及程序执行期间能否同时处理多个任务，其实现的前提是拥有多个处理器或多核处理器。如果没有这些硬件的支持，无论程序设计是否支持并发，实际运行时都有且仅有一个任务被调度到处理器上执行。

Go 提供的并发解决方案依赖于轻量级线程 goroutine。goroutine 占用资源极少,创建、切换及销毁的开销都很小。这些优势给开发者提供了极佳的开发体验。不过,goroutine 调度模型的发展并非一蹴而就。goroutine 调度器的演进过程如图 16.5 所示。对 goroutine 调度感兴趣的读者,可以参考 Go 官方资料获取更多信息。

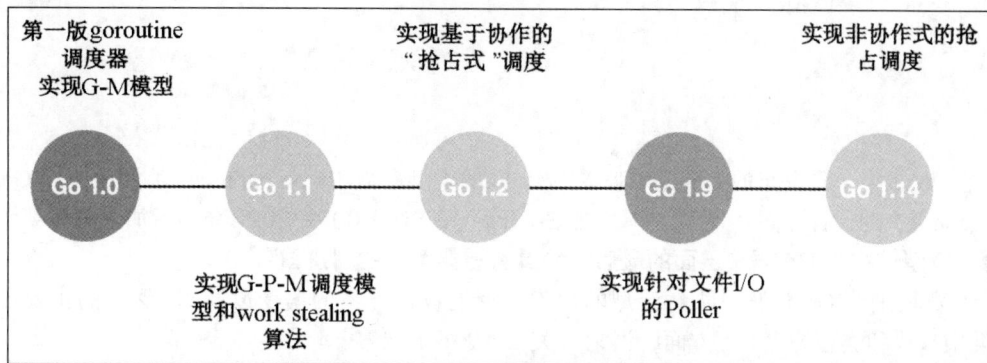

图 16.5 goroutine 调度器的演进过程

在 Go CSP 模型中,除了 goroutine 以外,另一个重要组件是 channel。channel 是 goroutine 之间通信的主要手段。Go 将 channel 视为"一等公民",这种设计大幅提升了开发者使用 channel 进行并发设计和实现的体验。

最后,select 是 Go 为了支持同时操作多个 channel 引入的另一个并发原语。掌握和理解 select 与 channel 结合使用的几种常见方式同样非常重要。

第 17 章　泛型

在 2022 年 3 月发布的 Go 1.18 版本中，Go 的类型参数（type parameter）语法，即 Go 泛型（generic）的设计方案落地了。作为在 Go 开源 13 年（2009—2022 年）后加入的重要语法变更，**泛型被视为 Go 语法层面的最后一块具有重要意义的"拼图"。**

本章将围绕 Go 开发团队对泛型的探索、泛型设计方案的演变以及 Go 泛型的主要语法（如类型参数和类型约束）等方面，讨论有关 Go 泛型的内容。

17.1　Go 泛型设计演化简史

在探讨 Go 开发团队对泛型的探索之前，先来了解一下什么是泛型编程。

维基百科提到，泛型编程这个概念来自缪斯·大卫和斯捷潘诺夫·亚历山大合著的《泛型编程》一文。该文章解释道："泛型编程的核心思想是抽象出具体而高效的算法，以获得通用算法。这些算法可以与不同的数据表示法结合，从而产生各种各样有用的软件。"这实际上就是将算法与类型解耦，实现更广泛的算法复用。

以一个最简单的加法函数为例，在没有泛型编程的情况下，针对不同类型（如 int32、float64、byte、int64 等），我们需要分别实现 AddInt32、AddFloat64、AddByte 和 AddInt64 等多个函数，尽管它们的算法实现逻辑基本相同。有了泛型编程的支持后，我们只需要实现一个 Add 函数，即可支持 int32、float64、byte、int64 等多种数值类型。

根据近几年的 Go 官方用户调查结果，在"你最想要的 Go 特性"调查中，泛型连续多年位居榜首。图 17.1 展示了 2020 年 Go 官方用户调查的结果，其中，泛型以 88% 的高投票率位列第一。

既然 Go 社区对泛型特性的需求如此强烈，那么为何 Go 开发团队直到 Go 开源 13 年后才将这个特性加入语言中呢？这个问题在 Go 的常见问题解答中早有解释，主要涉及以下 3 点。

❑ 这个语法特性在 Go 诞生初期并不被视为紧急或必要的。当时，很多基本语法特性的优先级都高于泛型。此外，Go 开发团队更关注于语言的规模化、可读性和并发性等设计目标，而泛型与这些主要目标关联性不大。因此，在 Go 成熟之后，Go 开发团队才考虑在适当时机引入泛型。

你最想要的Go特性（请选择所有想要的）

$n = 1162$

特性	百分比
泛型	88 %
更好的错误处理	58 %
空安全	44 %
函数式编程特性	42 %
更强大/可扩展的类型系统	41 %
代数类型	28 %
提高表达性	27 %
默认值	20 %
改进的性能运行的控制	19 %
编译时条件/宏	19 %
其他	11 %

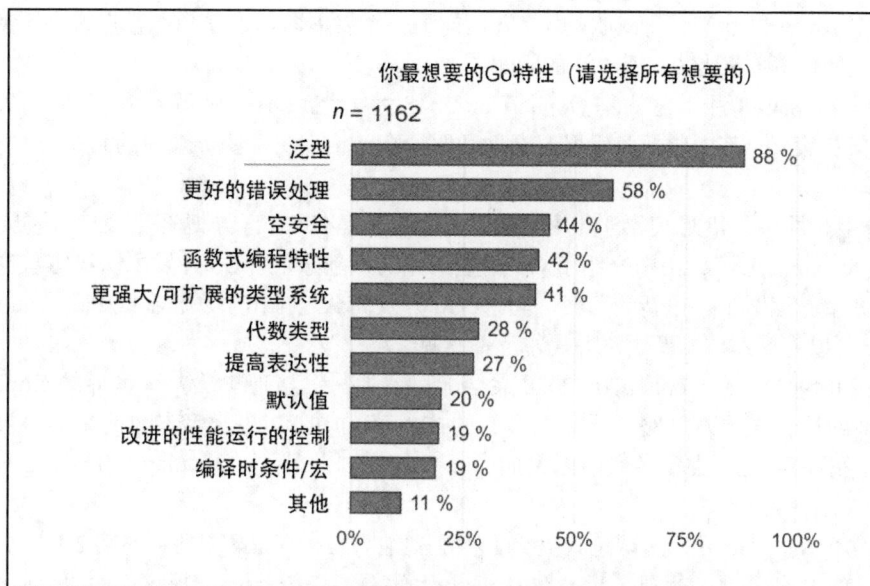

图 17.1　2020 年 Go 官方用户调查的结果

❏ **与简单的设计哲学有悖**。Go 最引人注目的特点之一是其简洁性，这也是 Go 设计哲学的核心。但泛型的引入会为语言增加复杂性，这不仅体现在新的语法元素上，还涉及在编译器、类型系统和运行时层面需要进行复杂的实现以支持泛型。

❏ **未找到理想的设计方案**。自 Go 开源以来，Go 开发团队一直在探索泛型，并试图寻找一个理想的泛型设计方案，但一直未找到。

Go 开发团队对泛型的探索始于 2009 年 12 月 3 日罗斯·考克斯在其博客上发表的一篇文章《泛型窘境》。在这篇文章中，罗斯提出了 Go 实现泛型的 3 种可遵循的方法，以及每种方法的不足，也就是如下 3 个"拖慢"（slow）因素。

❏ **拖慢开发者**：如果不实现泛型，虽然不会引入额外的复杂性，但开发者需要花费额外的时间和精力重复实现类似 AddInt、AddInt64 这样的函数。

❏ **拖慢编译器**：就像 C++ 的泛型实现方式那样，这种方法通过增加编译器负担为每个类型参数生成独立的函数实现，导致产生大量代码，其中大部分可能是多余的，有时还需要优秀的链接器来消除重复的函数实现。

❏ **拖慢执行性能**：就像 Java 的泛型实现方式那样，这种方法通过隐式的装箱和拆箱操作来消除类型差异，尽管节省了空间，但这通常会导致代码执行效率降低。

当时，需要在 3 个"拖慢"之间进行取舍，就如同数据一致性的 CAP 原则一样，无法同时避免所有负面效果。

之后，伊恩·泰勒接手并持续跟进 Go 泛型方案的设计，2010 年至 2016 年，伊恩提出了多个版本的泛型设计方案，但由于各种不足之处，这些方案最终都未被采纳。然而，这些探索为后续 Go 泛型的实现奠定了基础。2017 年 7 月，罗斯·考克斯在 GopherCon 2017 大会上发表演讲"Toward Go 2", 正式吹响了 Go 迈向下一个发展阶段的号角, 重点解决泛型、包依赖以及错误处理等 Go 社区广泛关注的问题。

随后, 2018 年 8 月, 也就是 GopherCon 2018 大会结束不久之后, Go 开发团队发布了"Go 2 草案提案", 其中包括由伊恩·泰勒和罗伯特·格瑞史莫主导编写的第一版 Go 泛型草案提案。

2020 年 6 月末, 伊恩·泰勒和罗伯特·格瑞史莫在 Go 官方博客上发表了文章"The Next Step for Generics", 文中介绍了 Go 泛型工作的最新进展。Go 开发团队决定放弃之前的技术草案并重新编写了一份新的草案。同时, Go 开发团队还推出了一款在线 Playground 工具, 让 Gopher 可以直观地体验新语法并提供反馈意见。

在 2020 年 11 月的 GopherCon 2020 大会上, 罗伯特·格瑞史莫向全世界的 Gopher 同步了 Go 泛型的最新进展及其路线图。在最新的技术草案中, 包裹类型参数的小括号被中括号取代, 并且不再需要在类型参数前面添加 type 关键字。此外, go2goplay.golang.org 也更新以支持这种新的中括号语法。

2021 年 1 月, Go 开发团队正式提交了将泛型纳入 Go 的提案。到了同年 2 月, 这个提案被正式接受。同年 4 月, 伊恩·泰勒在 GitHub 上发布了一个 issue, 提议移除原 Go 泛型方案中置于 interface 定义中的类型列表内的 type 关键字, 并引入了类型集的概念。同年 12 月 14 日, Go 1.18 beta1 版本发布, 首次加入了对 Go 泛型的支持。2022 年 3 月 15 日, 随着 Go 1.18 正式版的发布, 经过 12 年的努力与不断自我否定, Go 开发团队成功地将泛型引入 Go, 其设计缜密的语法**确保了与 Go 1 的兼容性**承诺得到实现。

截至 Go 1.22.0 版本, Go 泛型的实现与最后一版的设计方案相比仍存在一定差距, 尚未达到完全版的状态, 一些特性还有待加入, 部分问题也亟待解决。

此外, 与其他支持泛型的主流编程语言一样, Go 的泛型设计和实现也有其独特之处。在开始学习之前, 我们先看一下 Go 泛型设计方案明确不支持的若干特性。

- ❑ **不支持泛型特化**(specialization), 即无法针对特定类型编写特殊版本的泛型函数。
- ❑ **不支持元编程**(metaprogramming), 这意味着不能编写编译期执行以生成运行时代码的程序。
- ❑ **不支持操作符方法**(operator method), 只能用普通的方法来操作类型实例(如 getIndex(k)), 而不能自定义操作符的行为, 例如容器类型的下标访问 c[k]。
- ❑ **不支持变长的类型参数**(type parameters)。

这些特性并未得到支持, 后续大概率也不会被添加。因此, 尤其是对于拥有 Java、C++ 等语言开发背景的开发者, 在深入学习 Go 泛型之前, 理解这些设计决策非常重要。

到这里, 很多读者已经迫不及待要深入了解泛型语法了。接下来, 我们将集中讨论 Go 泛型的核心语法。通过一个常见的泛型应用场景开启我们的学习之旅。

17.2　Go 泛型语法

17.2.1　例子：返回切片中值最大的元素

本例将实现一个函数，该函数接收一个切片作为输入参数，并返回该切片中值最大的元素。我们先以最常见的整型切片为例，实现一个名为 maxIn 的函数。

```
// ch17/max/maxint.go
func maxInt(sl []int) int {
    if len(sl) == 0 {
        panic("slice is empty")
    }
    max := sl[0]
    for _, v := range sl[1:] {
        if v > max {
            max = v
        }
    }
    return max
}
func main() {
    fmt.Println(maxInt([]int{1, 2, -4, -6, 7, 0})) // 输出: 7
}
```

函数 maxInt 的逻辑非常简单。我们首先将切片的第一个元素值（max := sl[0]）作为变量 max 的初值，然后将其与切片的后续元素（sl[1:]）逐一进行比较。如果某个后续元素大于 max，则将该元素的值赋给 max。当切片遍历完成时，变量 max 即为切片中值最大的元素。

现在我们为它增加一个新需求：能否针对元素为 string 类型的切片，返回其按字典序最大的元素值呢？

答案是肯定的。下面我们来实现这个 maxString 函数。

```
// ch17/max/maxstring.go
func maxString(sl []string) string {
    if len(sl) == 0 {
        panic("slice is empty")
    }
    max := sl[0]
    for _, v := range sl[1:] {
        if v > max {
            max = v
        }
    }
    return max
}
func main() {
    fmt.Println(maxString([]string{"11", "22", "44", "66", "77", "10"})) // 输出: 77
}
```

函数 maxString 实现了返回 string 类型切片中字典序最大元素的需求。从实现上来看，函数 maxString 与函数 maxInt 的逻辑几乎一致，唯一的区别在于切片的元素类型不同。如果需要实现一个返回浮点类型切片中最大值的函数 maxFloat，可以参考上述代码给出正确的实现。

```
// ch17/max/maxfloat64.go
func maxFloat(sl []float64) float64 {
    if len(sl) == 0 {
        panic("slice is empty")
    }
    max := sl[0]
    for _, v := range sl[1:] {
        if v > max {
            max = v
        }
    }
    return max
}
func main() {
    fmt.Println(maxFloat([]float64{1.01, 2.02, 3.03, 5.05, 7.07, 0.01})) // 输出: 7.07
}
```

上面 3 个函数除了切片的元素类型不同以外，逻辑几乎一致。但它们都存在一个问题——代码重复。

那么，能否实现一个"通用"的函数来处理上面这 3 种不同类型的切片呢？提到"通用"，你一定会想到 Go 提供的 any 类型（即 interface{} 的别名）。我们尝试通过 any 来实现一个通用的 maxAny 函数。

```
// ch17/max/maxany.go
func maxAny(sl []any) any {
    if len(sl) == 0 {
        panic("slice is empty")
    }
    max := sl[0]
    for _, v := range sl[1:] {
        switch v.(type) {
        case int:
            if v.(int) > max.(int) {
                max = v
            }
        case string:
            if v.(string) > max.(string) {
                max = v
            }
        case float64:
            if v.(float64) > max.(float64) {
                max = v
            }
        }
    }
    return max
}
func main() {
    i := maxAny([]any{1, 2, -4, -6, 7, 0})
```

```
    m := i.(int)
    fmt.Println(m) // 输出: 7
    fmt.Println(maxAny([]any{"11", "22", "44", "66", "77", "10"})) // 输出: 77
    fmt.Println(maxAny([]any{1.01, 2.02, 3.03, 5.05, 7.07, 0.01})) // 输出: 7.07
}
```

可以看到，函数 maxAny 利用 any、类型切换（type switch）以及类型断言实现了预期目标。不过这个实现并不理想，主要存在以下几个问题。

❑ 若要支持其他元素类型的切片，必须对该函数进行修改。

❑ 函数 maxAny 的返回值类型为 any（interface{}），在实际使用中需要通过类型断言将其转换为具体类型，增加了复杂性。

❑ 由于 any（interface{}）作为输入参数和返回值类型时涉及装箱和拆箱操作，其性能与直接操作具体类型的函数（如 maxInt）相比逊色不少，实测数据如下。

```
// ch17/max/max_test.go
func BenchmarkMaxInt(b *testing.B) {
    sl := []int{1, 2, 3, 4, 7, 8, 9, 0}
    for i := 0; i < b.N; i++ {
        maxInt(sl)
    }
}
func BenchmarkMaxAny(b *testing.B) {
    sl := []any{1, 2, 3, 4, 7, 8, 9, 0}
    for i := 0; i < b.N; i++ {
        maxAny(sl)
    }
}
```

测试结果如下。

```
$go test -v -bench . ./max_test.go
goos: darwin
goarch: amd64
...
BenchmarkMaxInt
BenchmarkMaxInt-8        398996863                2.982 ns/op
BenchmarkMaxAny
BenchmarkMaxAny-8        85883875                13.91 ns/op
PASS
ok    command-line-arguments    2.710s
```

可以看到，基于 any（interface{}）实现的函数 maxAny 的执行性能比像 maxInt 这样的直接操作具体类型的函数慢了数倍。

在 Go 1.18 版本之前，Go 缺乏一种比较理想的解决方案来应对上述"通用"问题。直到 Go 1.18 版本引入泛型后，我们终于可以通过泛型语法实现一个通用的 maxGenerics 函数。

```
// ch17/max/maxgenerics.go
type ordered interface {
    ~int | ~int8 | ~int16 | ~int32 | ~int64 |
        ~uint | ~uint8 | ~uint16 | ~uint32 | ~uint64 | ~uintptr |
```

```
            ~float32  |  ~float64  |
            ~string
    }
    func maxGenerics[T ordered](sl []T) T {
        if len(sl) == 0 {
            panic("slice is empty")
        }
        max := sl[0]
        for _, v := range sl[1:] {
            if v > max {
                max = v
            }
        }
        return max
    }
    type myString string
    func main() {
        var m int = maxGenerics([]int{1, 2, -4, -6, 7, 0})
        fmt.Println(m) // 输出: 7
        fmt.Println(maxGenerics([]string{"11", "22", "44", "66", "77", "10"}))
    // 输出: 77
        fmt.Println(maxGenerics([]float64{1.01, 2.02, 3.03, 5.05, 7.07, 0.01}))
    // 输出: 7.07
        fmt.Println(maxGenerics([]int8{1, 2, -4, -6, 7, 0})) // 输出: 7
        fmt.Println(maxGenerics([]myString{"11", "22", "44", "66", "77", "10"}))
    // 输出: 77
    }
```

　　从功能角度来看，泛型版本的函数 maxGenerics 实现了预期的特性。对于 ordered 接口中声明的原生类型，以及以这些原生类型为底层类型（underlying type）的自定义类型（例如示例中的 myString），函数 maxGenerics 都可以无缝支持。此外，函数 maxGenerics 返回值类型与传入切片的元素类型一致，调用者无需通过类型断言进行转换。

　　通过性能基准测试，我们也可以看出，与函数 maxAny 相比，泛型版本的函数 maxGenerics 在性能上有显著提升。尽管与原生类型的函数（例如 maxInt 等）相比仍有一点差距，但总体来说，泛型提供了更好的性能和类型安全性。性能测试结果如下。

```
$go test -v -bench . ./max_test.go
goos: darwin
goarch: amd64
BenchmarkMaxInt
BenchmarkMaxInt-8          379520814              3.053 ns/op
BenchmarkMaxAny
BenchmarkMaxAny-8           77339240             15.60 ns/op
BenchmarkMaxGenerics
BenchmarkMaxGenerics-8     355700779              3.374 ns/op
PASS
ok    command-line-arguments    4.258s
```

　　关于泛型的运行时性能损耗问题，我们将在后续讲解中详细说明。

　　通过上述例子，我们也可以看到 Go 泛型非常**适用于实现操作容器类型（如切片、map 等）的算法**。这是 Go 官方推荐的主要应用场景，利用泛型实现的此类算法能够与容器内元素的具体类型彻底解耦。

接下来，我们将基于这个例子逐步介绍 Go 泛型的基本语法。

17.2.2 类型参数

根据官方说法，由于"泛型"（generic）一词在 Go 社区中被广泛使用，官方也接纳了这一概念。**但 Go 所谓泛型方案的核心在于对类型参数的支持**，具体包括以下这些。

- 泛型函数（generic function）：包含类型参数的函数。
- 泛型类型（generic type）：包含类型参数的自定义类型。
- 泛型方法（generic method）：关联于泛型类型的方法。

1. 泛型函数

在 17.2.1 小节的示例中，maxGenerics 就是一个泛型函数。maxGenerics 的函数原型如下。

```
func maxGenerics[T ordered](sl []T) T {
    ...
}
```

可以看到，maxGenerics 函数与我们之前学过的普通 Go 函数相比，至少有两点不同。

- maxGenerics 函数在函数名称与函数参数列表之间多了一段由中括号括起的代码：[T ordered]。
- maxGenerics 函数的参数列表中的参数类型及返回值类型都是 T，而不是某个具体的类型。

maxGenerics 函数原型中多出的这段代码 [T ordered] 就是 Go 泛型的**类型参数列表**（type parameters list）。在这个示例中，这个列表仅包含一个**类型参数 T**，而 ordered 为对类型参数 T 的**类型约束**（type constraint）。类型约束对于类型参数的作用，类似于常规参数列表中的类型之于常规参数。

Go 规范规定：**函数的类型参数列表位于函数名与函数参数列表之间，由中括号括起的固定数量的、由逗号分隔的类型参数声明组成**，其一般形式如下。

```
func genericsFunc[T1 constraint1, T2, constraint2, …, Tn constraintN](ordinary parameters list) (return values list)
```

一旦函数拥有类型参数，就可以将该参数作为常规参数列表和返回值列表中修饰参数与返回值的类型。我们继续以 maxGenerics 泛型函数为例进行分析，它拥有一个类型参数 T。在常规参数列表中，T 被用作切片的元素类型；在返回值列表中，T 被用作返回值的类型。

按照 Go 惯例，**类型参数名的首字母通常采用大写形式**，并且类型参数必须是具名的，即便在后续的函数参数列表、返回值列表和函数体中并未使用该类型参数，这一规则依然适用。例如以下代码中的类型参数 T。

```
func print[T any]() { // 正确
}
```

相比之下，以下代码会导致编译器错误。

```
func print[any]() {    // 编译器错误: all type parameters must be named
}
```

此外，与常规参数列表中的参数名需要唯一一样，在同一个类型参数的列表中，类型参数名也必须唯一。例如，以下代码会导致编译器错误。

```
func print[T1 any, T1 comparable](sl []T) { // 编译器错误: T1 redeclared in this
block
    ...
}
```

常规参数列表中的参数有其特定的作用域，即从参数声明处开始，到函数体结束为止。与常规参数类似，泛型函数中的类型参数也有其作用域范围。这个作用域从类型参数列表左侧的中括号"["开始，一直持续到函数体结束为止，如图 17.2 所示。

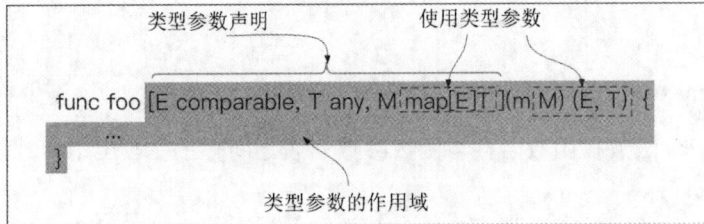

图 17.2　泛型函数声明

类型参数的作用域还决定了类型参数的声明顺序并不重要，也不会影响泛型函数的行为。因此，以下泛型函数声明与图 17.2 中的函数声明是等价的。

```
func foo[M map[E]T, T any, E comparable](m M)(E, T) {
    ...
}
```

到这里，我们已经了解了泛型函数的结构。接下来，我们将探讨如何调用泛型函数。

1）调用泛型函数

在学习如何调用泛型函数之前，我们需要对"类型参数"进行进一步细分。

与普通函数的形式参数和实际参数类似，类型参数也可以分为**类型形参**和**类型实参**。其中，类型形参是指泛型函数声明中的类型参数。以前面示例中的 maxGenerics 泛型函数为例，在以下代码中，maxGenerics 函数的类型形参是 T，而类型实参则是在调用 maxGenerics 函数时实际传递的类型，例如 int。

```
// 泛型函数声明: T 为类型形参
func maxGenerics[T ordered](sl []T) T
// 调用泛型函数: int 为类型实参
m := maxGenerics[int]([]int{1, 2, -4, -6, 7, 0})
```

从上面这段代码可以看出，调用泛型函数与调用普通函数存在区别。**在调用泛型函数时，除了要传递普通参数列表对应的实参以外，还应显式传递类型实参**，例如这里的 int。另外，显式传递的类型实参要放在函数名和普通参数列表前的中括号中。

如果泛型函数的类型形参较多，逐一显式传入类型实参会让泛型函数的调用显得冗长，例如以下示例。

```
foo[int, string, uint32, float64](1, "hello", 17, 3.14)
```

这种写法对开发者来说并不友好。实际上，Go 开发团队在实现泛型时也考虑到了这个问题，并给出了解决方法：**函数类型实参的自动推断**。

顾名思义，这种机制允许通过分析传递给函数的实际参数的类型来推断出类型实参的类型，从而避免了开发者必须显式提供类型实参的需求。以 maxGenerics 函数为例，类型实参推断过程如图 17.3 所示。

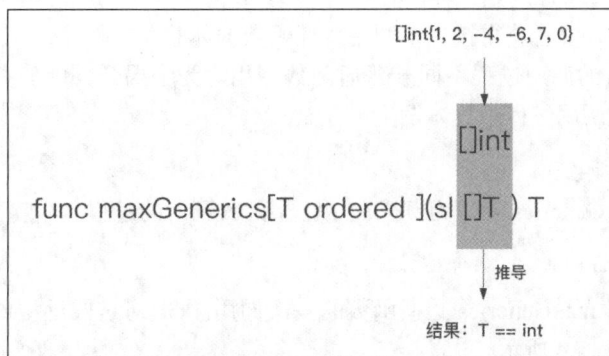

图 17.3 类型实参的推断

可以看到，当 maxGenerics 函数传入的实际参数为 []int{...} 时，编译器会将这个数组的类型 []int 与泛型函数参数列表中相应参数的类型（即 []T）进行比较，并推断出 T == int。当然，这个示例较为简单，但对于复杂的情况，甚至那些难以直观判断的情况，编译器会进行处理，我们没有必要深入了解。

类型实参自动推断有一个前提，那就是只有在**函数参数列表中使用的类型形参才能被编译器自动推断**。如果某个类型形参没有出现在函数的参数列表中，那么编译器将无法推断其类型实参，从而导致编译器错误。例如以下示例会导致编译器错误。

```
func foo[T comparable, E any](a int, s E) {
}
foo(5, "hello") // 编译器错误: cannot infer T
```

当编译器无法完全推断出所有类型实参时，我们可以为编译器提供“部分提示”。例如，如果编译器无法推断出 T 的实参类型，我们可以显式指定 T 的实参类型，即在调用泛型函数时，在类型实参列表中显式指定 T 的实参类型，而 E 的类型则由编译器自动推断。示例代码如下。

```
var s = "hello"
foo[int](5, s)  // 正确
foo[int,](5, s) // 正确
```

除了函数参数列表中的参数类型可以作为类型实参推断的依据以外，函数返回值的类型是否也可以呢？例如以下代码。

```
func foo[T any](a int) T {
    var zero T
    return zero
}
var a int = foo(5) // 编译器错误: cannot infer T
println(a)
```

可以看到，尽管函数 foo 在返回值中使用了类型参数 T，但编译器无法通过返回值的类型推断出 T 的具体类型。所以，切记：**不能依赖函数的返回值类型来推断类型实参**。

有了函数类型实参的自动推断机制后，在大多数情况下，调用泛型函数时无需显式传递类型实参，从而使得开发者获得接近于调用普通函数的体验。

然而，泛型函数的调用过程不同于普通函数调用。为了揭开其中的奥秘，接下来，我们将详细探讨泛型函数调用过程中具体发生了什么。

2）泛型函数实例化

我们仍然以 maxGenerics 函数为例来演示泛型函数调用的过程。

```
maxGenerics([]int{1, 2, -4, -6, 7, 0})
```

上面的代码是对 maxGenerics 泛型函数的一次调用。Go 对这段泛型函数调用代码的处理分为两个阶段，如图 17.4 所示。

从图 17.4 可以看到，Go 首先会对泛型函数进行实例化（instantiation）。具体来说，编译器会根据自动推断出的类型实参生成一个新函数（当然，这一过程是在编译阶段完成的，不会对运行时性能产生影响）。然后，Go 会调用这个新函数，并对输入的函数参数进行处理。

我们可以通过一种更形象的方式来描述上述泛型函数的实例化过程。可以将实例化比喻为一家生产"求最大值"机器的工厂，它会根据要比较大小的对象类型来制造对应的机器。以上面的例子为例，整个实例化过程可以分为以下几个步骤。

- ❑ 工厂接单：调用 maxGenerics([]int{…}) 函数时，工厂师傅发现要比较的对象类型为 int。
- ❑ 模具检查与匹配：工厂师傅会检查 int 类型是否满足模具的约束要求，即 int 是否满足 ordered 约束，如果满足，则将 int 作为类型实参替换 maxGenerics 函数中的类型形参 T，结果生成一个具体的类型版本——maxGenerics[int]。
- ❑ 生产机器：将泛型函数 maxGenerics 实例化为一个新函数，这里将其命名为 maxGenericsInt。这个新函数的原型为 func([]int)int。本质上，这相当于执行了操作： maxGenericsInt := maxGenerics[int]。

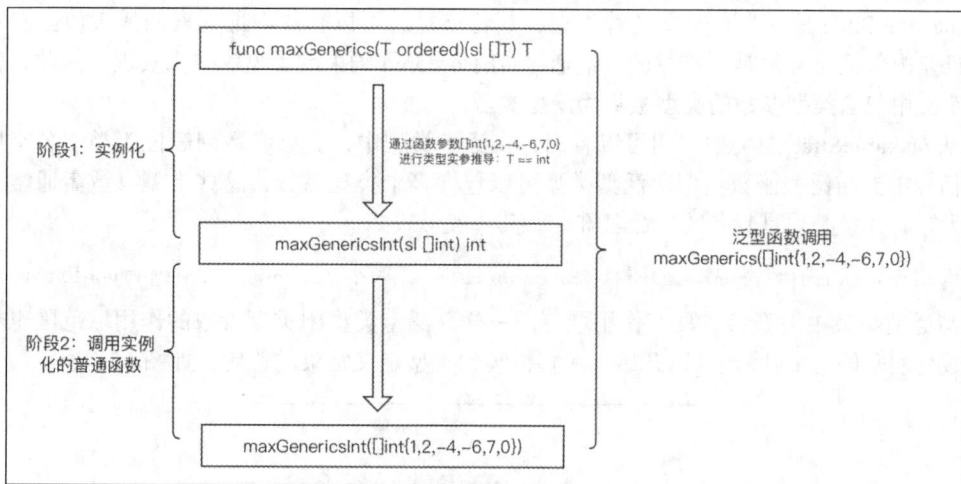

图 17.4 泛型函数实例化

在实际的 Go 代码中，我们也可以真实地获得这台新生产出的"机器"。例如以下代码。

```
maxGenericsInt := maxGenerics[int] // 实例化后得到的新"机器"——maxGenericsInt
fmt.Printf("%T\n", maxGenericsInt) // 输出: func([]int) int
```

一旦针对 int 对象的"求最大值"机器被生产出来，它就可以像普通函数一样对目标对象进行处理。这里相当于调用了以下代码。

```
maxGenericsInt([]int{1, 2, -4, -6, 7, 0}) // 输出: 7
```

在整个过程中，只需检查传入的函数实参（即 []int{1, 2, …}）的类型是否与 maxGenericsInt 函数原型中的形参类型（即 []int）相匹配。

此外，当我们使用相同类型实参多次调用泛型函数时，编译器仅会执行一次实例化，并在后续调用中复用实例化后的函数，例如以下代码。

```
maxGenerics([]int{1, 2, -4, -6, 7, 0})
maxGenerics([]int{11, 12, 14, -36, 27, 0}) // 复用第一次调用后生成的原型为 func([]
int) int 的函数
```

至此，关于泛型函数的讲解暂告一段落。接下来，我们将探讨 Go 对类型参数支持的另一重要方面——包含类型参数的自定义类型，即泛型类型。

2. 泛型类型

所谓泛型类型，指的是在类型声明中包含类型参数的 Go 类型，例如以下代码中的 maxableSlice。

```
type maxableSlice[T ordered] struct {
    elems []T
}
```

maxableSlice 是一个自定义切片类型，其特点是总可以获取内部元素的最大值。它唯一的条件是内部元素必须是可排序的，这通过带有 ordered 约束的类型参数来实现。因此，**像这样在定义中包含类型参数的类型被称为泛型类型。**

从 maxableSlice 的类型声明可以看出，在泛型类型中，类型参数列表位于类型名字后面的中括号中。与泛型函数类似，泛型类型可以包含多个类型参数，这些类型参数名通常为首字母大写，并且必须是具名的，命名唯一，其一般形式如下。

```
type TypeName[T1 constraint1, T2 constraint2, …, Tn constraintN] TypeLiteral
```

与泛型函数中类型参数具有作用域范围一样，泛型类型中类型参数的作用域范围也从类型参数列表左侧的中括号"["开始，一直持续到类型定义结束的位置，如图 17.5 所示。

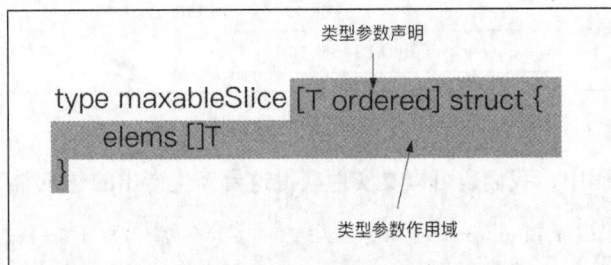

图 17.5 泛型类型声明

这样的作用域方便我们在各个字段中灵活使用类型参数。下面是一些自定义泛型类型的示例。

```
type Set[T comparable] map[T]struct{}
type sliceFn[T any] struct {
    s    []T
    cmp func(T, T) bool
}
type Map[K, V any] struct {
    root    *node[K, V]
    compare func(K, K) int
}
type element[T any] struct {
    next *element[T]
    val T
}
type Numeric interface {
    ~int | ~int8 | ~int16 | ~int32 | ~int64 |
        ~uint | ~uint8 | ~uint16 | ~uint32 | ~uint64 | ~uintptr |
        ~float32 | ~float64 |
        ~complex64 | ~complex128
}
type NumericAbs[T Numeric] interface {
    Abs() T
}
```

可以看到，泛型类型中的类型参数被用于多种场景：作为类型声明中字段的类型（例如

element 类型）、复合类型的元素类型（例如 Set 和 Map 类型），以及方法的参数和返回值类型
（例如 NumericAbs 接口类型）等。

如果要在泛型类型声明的内部引用该类型名，则必须带上类型参数，例如前面 element
结构体中的 next 字段的类型为 *element[T]。根据泛型的设计方案，如果泛型类型包含多个类
型参数，在其声明内部引用该类型名时，不仅要带上所有类型参数，而且类型参数的顺序必
须与声明中类型参数列表的顺序一致，例如以下代码。

```
type P[T1, T2 any] struct {
    F *P[T1, T2]  // 正确
}
```

不过，从实测结果来看，在 Go 1.22 版本中，对于以下不符合技术方案的泛型类型声明，
编译器并未报错。

```
type P[T1, T2 any] struct {
    F *P[T2, T1] // 不符合技术方案，但 Go 1.22.0 版本的编译器并未报错
}
```

了解如何声明一个泛型类型后，我们再来看看如何使用这些泛型类型。

1）使用泛型类型

与使用泛型函数类似，使用泛型类型时也会经历一个**实例化过程**，例如以下代码。

```
var sl = maxableSlice[int]{
    elems: []int{1, 2, -4, -6, 7, 0},
}
```

Go 会根据传入的类型实参（即 int）生成一个新的类型，并创建该类型的变量实例。此
时，sl 的类型等价于以下代码。

```
type maxableIntSlice struct {
    elems []int
}
```

看到这里，你可能会问，泛型类型是否可以像泛型函数那样实现类型实参的自动推断
呢？很遗憾，目前，Go 1.22.0 版本尚不支持这一功能。例如，运行以下代码时，编译器会
报错。

```
var sl = maxableSlice {
    elems: []int{1, 2, -4, -6, 7, 0}, // 编译器错误: cannot use generic type
maxableSlice[T ordered] without instantiation
}
```

不过，这一特性可能会在 Go 的未来版本中得到支持。

既然涉及类型，你肯定会联想到诸如类型别名、类型嵌入等 Go 语言机制，那么这些机
制对泛型类型的支持情况又是如何呢？接下来，我们逐一看一下。

2）泛型类型与类型别名

在本书前面的讲解中，我们学习过类型别名。我们知道，类型别名与其绑定的原类型是
完全等价的，但这仅限于原类型是一个直接类型，即可以直接用于声明变量的类型。那么，

将类型别名与泛型类型绑定是否可行呢？我们来看一个示例。

```
type foo[T1 any, T2 comparable] struct {
    a T1
    b T2
}

type fooAlias = foo // 编译器错误: cannot use generic type foo[T1 any, T2
comparable] without instantiation
```

在上述代码中，我们尝试为泛型类型 foo 建立类型别名 fooAlias，但在编译这段代码时，编译器报错。这是因为泛型类型可以被视为一个生产具体类型的"工厂"，在未实例化之前它自身是不能直接用于声明变量的，所以不符合类型别名机制的要求。只有当泛型类型被实例化后，才会生成一个具体的真实类型。例如，以下代码是合法的。

```
type fooAlias = foo[int, string]
```

也就是说，我们只能为泛型类型实例化后的类型创建类型别名。实际上，上述 fooAlias 等价于实例化后的类型 fooInstantiation。

```
type fooInstantiation struct {
    a int
    b string
}
```

3）泛型类型与类型嵌入

类型嵌入是 Go 中运用组合设计哲学的重要手段。在引入泛型类型之后，我们依然可以在泛型类型定义中嵌入普通类型。例如，在以下代码中，Lockable 类型中嵌入了 sync.Mutex。

```
type Lockable[T any] struct {
    t T
    sync.Mutex
}
func (l *Lockable[T]) Get() T {
    l.Lock()
    defer l.Unlock()
    return l.t
}
func (l *Lockable[T]) Set(v T) {
    l.Lock()
    defer l.Unlock()
    l.t = v
}
```

在泛型类型定义中，我们也可以将其他泛型类型实例化后的类型作为成员。现在我们改写一下上述 Lockable，为其嵌入另外一个泛型类型实例化后的类型 Slice[int]。

```
type Slice[T any] []T

func (s Slice[T]) String() string {
    if len(s) == 0 {
        return ""
```

```
    }
    var result = fmt.Sprintf("%v", s[0])
    for _, v := range s[1:] {
        result = fmt.Sprintf("%v, %v", result, v)
    }
    return result
}
type Lockable[T any] struct {
    t T
    Slice[int]
    sync.Mutex
}
func main() {
    n := Lockable[string]{
        t:      "hello",
        Slice: []int{1, 2, 3},
    }
    println(n.String()) // 输出: 1, 2, 3
}
```

可以看到，代码使用泛型类型名（即 Slice）作为嵌入后的字段名，并且 Slice[int] 的方法 String 被提升为 Lockable 实例化后的类型的方法。同理，在普通类型定义中，我们也可以使用实例化后的泛型类型作为成员，例如，将上面的 Slice[int] 嵌入到一个普通类型 Foo 中，示例代码如下。

```
type Foo struct {
    Slice[int]
}
func main() {
    f := Foo{
        Slice: []int{1, 2, 3},
    }
    println(f.String()) // 输出: 1, 2, 3
}
```

此外，Go 暂不支持在泛型类型定义中嵌入类型参数作为成员，例如，以下代码中的泛型类型 Lockable 内嵌了一个类型 T，且 T 恰为其类型参数。

```
type Lockable[T any] struct {
    T
    sync.Mutex
}
```

在 Go 1.22 版本中编译上述代码时，针对嵌入 T 的那一行会导致编译器错误。

编译器错误: embedded field type cannot be a (pointer to a) type parameter

3. 泛型方法

Go 类型可以拥有自己的方法，泛型类型也不例外。为泛型类型定义的方法称为**泛型方法**。接下来，我们将通过一个示例讲解如何定义和使用泛型方法。

首先，定义 maxableSlice 泛型类型及其 max 方法。

```
func (sl *maxableSlice[T]) max() T {
    if len(sl.elems) == 0 {
        panic("slice is empty")
    }
    max := sl.elems[0]
    for _, v := range sl.elems[1:] {
        if v > max {
            max = v
        }
    }
    return max
}
```

可以看到，在定义泛型类型的方法时，方法的 receiver 部分不仅要带上类型名称，还需要带上完整的类型形参列表（如 maxableSlice[T]）。这样做可以确保这些类型形参可以在方法的参数列表和返回值列表中使用。

不过，在 Go 泛型的当前设计中，泛型方法本身不能再支持类型参数。例如，以下定义会导致编译器错误。

```
func (f *foo[T]) M1[E any](e E) T { // 编译器错误: syntax error: method must have
no type parameters
    ...
}
```

关于泛型方法未来是否支持类型参数，目前 Go 开发团队倾向于不支持，但最终结果还要根据 Go 社区在使用泛型过程中的反馈来决定。

在泛型方法中，如果 receiver 中的某个类型参数没有在方法的参数列表和返回值中使用，则可以用下画线 "_" 代替，但不能省略。例如以下代码。

```
type foo[A comparable, B any] struct{}
func (foo[A, B]) M1() { // 正确
}
func (foo[_, _]) M1() { // 正确
}
func (foo[A, _]) M1() { // 正确
}

func (foo[]) M1() { // 错误: receiver 部分缺少类型参数
}
```

此外，在泛型方法中，receiver 中的类型参数名称可以与泛型类型定义中的类型形参名称不同，只要它们的位置和数量能够一一对应即可。我们还以前面的泛型类型 foo 为例，为它添加以下方法。

```
type foo[A comparable, B any] struct{}
func (foo[First, Second]) M1(a First, b Second) { // First 对应类型参数 A, Second 对
应类型参数 B
}
```

17.2.3 类型约束

虽然泛型是开发者表达"通用代码"的一种重要方式，但这并不意味着所有泛型代码对所有类型都适用。更多时候，我们需要对泛型函数的类型参数以及泛型函数中的实现代码设置限制。泛型函数调用者只能传递满足这些限制条件的类型实参，而泛型函数内部也只能以类型参数允许的方式使用这些类型实参值。在 Go 的泛型语法中，我们使用**类型约束**（以下简称**约束**）来表达这种限制条件。

约束之于类型参数就如同函数参数列表中的类型之于参数，如图 17.6 所示。

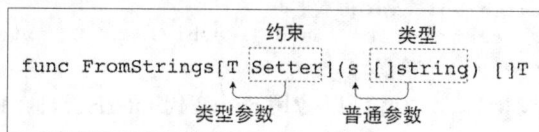

图 17.6 泛型类型约束

在普通函数中，参数的性质与它可以参与的操作由其声明时的类型决定。类似地，在泛型函数中，类型参数由约束来决定。

2018 年 8 月，伊恩·泰勒和罗伯特·格瑞史莫主笔的 Go 泛型第一版设计方案提出通过引入 contract 关键字来定义泛型类型参数的约束。但经过约两年的 Go 社区公示和讨论后，Go 开发团队于 2020 年 6 月末发布的新泛型设计方案中决定放弃使用 contract 关键字，转而采用现有的 interface 类型来定义约束。这一转变得到了 Go 社区的大力支持。利用 interface 类型定义约束的方法能够最大限度地复用现有语法，并抑制因引入泛型而可能增加的语言复杂度。

但原有的 interface 语法尚不足以完全满足定义约束的需求。所以，在 Go 泛型版本中，对 interface 语法进行了若干扩展。这些扩展虽然有助于实现更灵活的泛型设计，但也给初学 Go 泛型的开发者带来了困惑，这也是约束被认为是学习 Go 泛型的一个难点的原因。

接下来，我们将聚焦于 Go 类型参数的约束，探讨如何使用 Go 内置的约束、如何自定义约束以及理解新引入的类型集合概念等。我们先来看一下 Go 的内置约束，从 Go 泛型中最宽松的约束——any 开始。

1. 最宽松的约束：any

无论是泛型函数还是泛型类型，其所有类型参数声明中都必须显式包含约束，即便允许类型形参接受所有类型作为类型实参传入，也是如此。那么，如何表达"所有类型"这种约束呢？可以使用**空接口类型**（interface{}）作为类型参数的约束。例如以下代码。

```
func Print[T interface{}](sl []T) {
    ...
}
func doSomething[T1 interface{}, T2 interface{}, T3 interface{}](t1 T1, t2 T2,
t3 T3) {
    ...
}
```

不过，使用 interface{} 作为约束存在以下几点不足。

❑ 如果存在多个这类约束，泛型函数声明部分会显得很冗长，例如上面示例中的 doSomething 声明部分。

❑ interface{} 包含 {} 这样的符号，会让本已复杂的类型参数声明部分显得更加复杂。

❑ 与 comparable、Sortable、ordered 等约束命名相比，interface{} 作为约束的表意不够直接。

为此，Go 开发团队在 Go 1.18 版本引入泛型的同时，新增了一个预定义标识符——any。any 本质上是 interface{} 的一个类型别名。

```
// $GOROOT/src/builtin/buildin.go
// any is an alias for interface{} and is equivalent to interface{} in all ways.
type any = interface{}
```

这样，在泛型类型参数声明中就可以使用 any 替代 interface{}，而上述 interface{} 作为类型参数约束的几点"不足"也随之被消除。

any 约束的类型参数意味着可以接受所有类型作为类型实参。在函数体内，使用 any 约束的形参 T 可以进行以下操作。

❑ 声明变量。

❑ 同类型赋值。

❑ 将变量传给其他函数或从函数返回。

❑ 取变量地址。

❑ 转换或赋值给 interface{} 类型变量。

❑ 用在类型断言或 type switch 中。

❑ 作为复合类型中的元素类型。

❑ 传递给预定义函数，例如 new。

以下是 any 约束的类型参数执行这些操作的一个示例。

```
func doSomething[T1, T2 any](t1 T1, t2 T2) T1 {
    var a T1            // 声明变量
    var b T2
    a, b = t1, t2       // 同类型赋值
    _ = b
    f := func(t T1) {
    }
    f(a)                // 传给其他函数
    p := &a             // 取变量地址
    _ = p
    var i interface{} = a  // 转换或赋值给 interface{} 类型变量
    _ = i
    c := new(T1)        // 传递给预定义函数
    _ = c
    f(a)                // 将变量传给其他函数
    sl := make([]T1, 0, 10) // 作为复合类型中的元素类型
    _ = sl
    j, ok := i.(T1) // 用在类型断言中
    _ = ok
```

```
        _ = j
        switch i.(type) { // 作为 type switch 中的 case 类型
        case T1:
        case T2:
        }
        return a          // 从函数返回
    }
```

但如果对 any 约束的类型参数进行了上述允许范围之外的操作，例如相等性（==）或不等性（!=）比较，那么会导致编译器错误。

```
func doSomething[T1, T2 any](t1 T1, t2 T2) T1 {
    var a T1
    if a == t1 { // 编译器错误: invalid operation: a == t1 (incomparable types in
type set)
    }

    if a != t1 { // 编译器错误: invalid operation: a != t1 (incomparable types in
type set)
    }
    ...
}
```

因此，如果需要在泛型函数体内部对类型参数声明的变量实施相等性或不等性比较操作，则应更换约束，这就引出了 Go 内置的另一个预定义约束——comparable。

2. 支持比较操作的内置约束：comparable

Go 泛型提供了一个预定义约束 comparable，其定义如下。

```
// $GOROOT/src/builtin/buildin.go
// comparable is an interface that is implemented by all comparable types
// (booleans, numbers, strings, pointers, channels, arrays of comparable types,
// structs whose fields are all comparable types).
// The comparable interface may only be used as a type parameter constraint,
// not as the type of a variable.
type comparable interface{ comparable }
```

从上述源码中，我们无法直观看到 comparable 的实现细节。编译器会在编译期间判断某个类型是否实现了 comparable 接口。

根据注释说明，所有可比较的类型都实现了 comparable 接口，包括布尔类型、数值类型、字符串类型、指针类型、channel 类型、元素类型实现了 comparable 的数组，以及成员类型均实现了 comparable 接口的结构体类型。以下代码可以更直观地展示这一点。

```
// ch17/comparable.go
type foo struct {
    a int
    s string
}
type bar struct {
    a  int
    sl []string
```

```
}
func doSomething[T comparable](t T) T {
    var a T
    if a == t {
    }

    if a != t {
    }
    return a
}

func main() {
    doSomething(true)
    doSomething(3)
    doSomething(3.14)
    doSomething(3 + 4i)
    doSomething("hello")
    var p *int
    doSomething(p)
    doSomething(make(chan int))
    doSomething([3]int{1, 2, 3})
    doSomething(foo{})
    doSomething(bar{}) //  编译器错误: bar does not implement comparable
}
```

可以看到，最后一行的 bar 结构体类型因为内含不支持比较的切片类型，被编译器认为未实现 comparable 接口。但除此之外的其他类型作为类型实参，都满足 comparable 约束的要求。

此外，需要注意的是，虽然 comparable 也是一个接口类型，但它不能像普通接口类型那样使用。例如，运行以下代码时，会导致编译器错误。

```
var i comparable = 5 // 编译器错误: cannot use type comparable outside a type
constraint: interface is (or embeds) comparable
```

从编译器的错误提示可以看出，comparable 只能用作修饰类型参数的约束。

好了，我们已经学习了两个内置约束。接下来，让我们看看如何自定义约束。

3. 自定义约束

前面提到，Go 泛型最终决定使用 interface 语法来定义约束。这样一来，**所有接口类型均可作为类型参数的约束**。以下是一个使用普通接口类型作为类型参数约束的示例。

```
// ch17/stringify.go
func Stringify[T fmt.Stringer](s []T) (ret []string) {
    for _, v := range s {
        ret = append(ret, v.String())
    }
    return ret
}
type MyString string
func (s MyString) String() string {
    return string(s)
}
```

```
}
func main() {
    sl := Stringify([]MyString{"I", "love", "golang"})
    fmt.Println(sl) // 输出: [I love golang]
}
```

在这个例子中，我们使用了 fmt.Stringer 接口作为约束。一方面，这要求类型参数 T 的实参必须实现 fmt.Stringer 接口的所有方法；另一方面，在泛型函数 Stringify 的实现代码中，声明的 T 类型实例（如 v）也仅被允许调用 fmt.Stringer 的 String 方法。

这类基于行为（方法集合）定义的约束对习惯了 Go 接口类型的开发者来说，相对容易理解。与使用接口类型作为形参的传统 Go 函数相比，其定义和使用方式的区别不大。

```
func Stringify(s []fmt.Stringer) (ret []string) {
    for _, v := range s {
        ret = append(ret, v.String())
    }
    return ret
}
```

现在，当我们尝试扩展 stringify.go 这个示例，以使 Stringify 函数只处理非零值元素时，我们遇到了一个问题。

```
func StringifyWithoutZero[T fmt.Stringer](s []T) (ret []string) {
    var zero T
    for _, v := range s {
        if v == zero { // 编译器错误: invalid operation: v == zero (incomparable
types in type set)
            continue
        }
        ret = append(ret, v.String())
    }
    return ret
}
```

可以看到，针对 v 的相等性判断导致编译器错误，指出不支持这种类型的比较操作。为了解决这个问题，我们需要赋予类型参数更多的能力，例如支持相等性和不等性比较。这正是 Go 内置约束 comparable 发挥作用的地方。实现了 comparable 约束的类型可以支持相等性和不等性判断操作。

我们知道，虽然 comparable 不能像普通接口类型那样直接声明变量，但它可以被嵌入到其他接口类型中。基于这一特性，我们对上面的示例进行扩展，代码如下。

```
// ch17/stringify_new_without_zero.go
type Stringer interface {
    comparable
    String() string
}
func StringifyWithoutZero[T Stringer](s []T) (ret []string) {
    var zero T
    for _, v := range s {
        if v == zero {
```

```
            continue
        }
        ret = append(ret, v.String())
    }
    return ret
}
type MyString string
func (s MyString) String() string {
    return string(s)
}
func main() {
    sl := StringifyWithoutZero([]MyString{"I", "", "love", "", "golang"}) // 输出:
[I love golang]
    fmt.Println(sl)
}
```

在这个示例中，我们自定义了一个名为 Stringer 的接口类型作为约束。在该接口中，我们不仅定义了 String 方法，还嵌入了 comparable。这样一来，在泛型函数 StringifyWithoutZero 中，使用 Stringer 约束的类型参数就具备了进行相等性和不等性比较的能力。

但我们的示例演进尚未完成。目前，相等性和不等性比较已不能满足需求，我们还需要**为其添加对排序行为的支持**，并基于排序能力实现以下 StringifyLessThan 泛型函数。

```
func StringifyLessThan[T Stringer](s []T, max T) (ret []string) {
    var zero T
    for _, v := range s {
        if v == zero || v >= max {
            continue
        }
        ret = append(ret, v.String())
    }
    return ret
}
```

然而，当我们尝试编译上述 StringifyLessThan 函数时，会导致编译器错误："invalid operation: v >= max (type parameter T is not comparable with >=)"。编译器认为，Stringer 约束的类型参数 T 不具备排序比较的能力。

如果连排序比较都无法支持，这将大大限制泛型函数的表达能力。但是，Go 并不支持运算符重载（operator overloading），也不允许我们将以下接口类型作为类型参数的约束。

```
type Stringer[T any] interface {
    String() string
    comparable
      >(t T) bool
      >=(t T) bool
      <(t T) bool
      <=(t T) bool
}
```

那我们又该如何解决这个问题呢？Go 开发团队显然也考虑到了这一点，于是对 Go 接口类型声明语法进行了扩展，**支持在接口类型中放入类型元素（type element）信息**。例如以下

ordered 接口类型。

```
type ordered interface {
    ~int | ~int8 | ~int16 | ~int32 | ~int64 |
    ~uint | ~uint8 | ~uint16 | ~uint32 | ~uint64 | ~uintptr |
    ~float32 | ~float64 | ~string
}
```

在这个接口类型的声明中，我们并未看到任何方法，而是看到了一组由竖线"|"分隔的、带有"~"的类型列表。这组列表表示，所有以这些类型为底层类型（underlying type）的类型都满足 ordered 约束，都可以作为以 ordered 为约束的类型参数的类型实参，传入泛型函数。

接下来，我们将这一特性与之前声明的 Stringer 接口结合起来，并应用到我们的 StringifyLessThan 函数中。

```
type Stringer interface {
    ordered
    comparable
    String() string
}
func main() {
    sl := StringifyLessThan([]MyString{"I", "", "love", "", "golang"},
MyString("cpp")) // 输出: [I]
    fmt.Println(sl)
}
```

这一次，编译器没有报错，并且程序输出了预期的结果。

扩展后的接口类型定义的组成如图 17.7 所示。

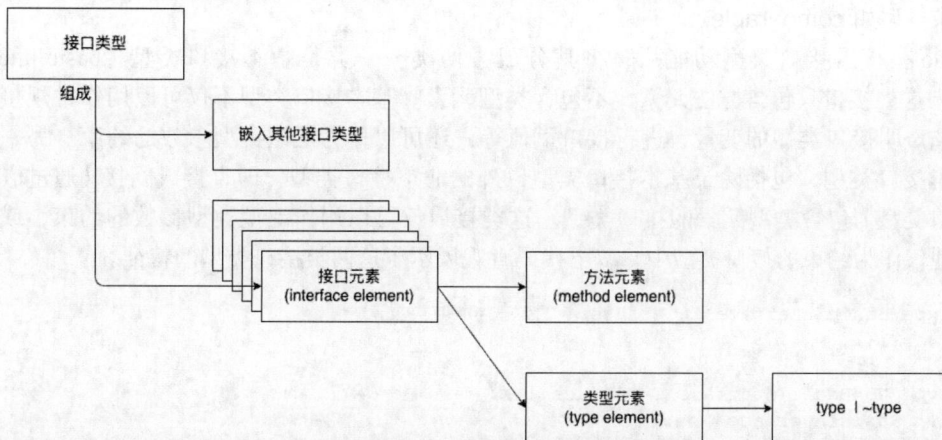

图 17.7 接口类型的扩展定义

可以看到，新的接口类型依然可以嵌入其他接口类型，这符合 Go 组合的设计哲学。在接口定义中，除了可以嵌入的其他接口类型以外，其余组成部分被称为接口元素。

　　接口元素主要分为两类：一类是常规的方法元素，每个方法元素对应一个方法原型；另一类则是此次扩展新增的类型元素，允许在接口类型中指定一些类型信息，就像前面提到的 ordered 接口那样。

　　类型元素可以是单个类型或一组由竖线"|"连接的类型。这种用竖线"|"连接的一组类型称为 union element，表示这些类型的并集。无论是单个类型，还是 union element 中由"|"分隔的类型，不带"~"符号的类型就代表其自身；带有"~"符号的类型则代表以该类型为底层类型的类型，也被称为 approximation element。例如以下代码。

```
type Ia interface {
    int | string  // 仅代表 int 和 string
}
type Ib interface {
    ~int | ~string  // 代表以 int 和 string 为底层类型的类型
}
```

类型元素的分解说明如图 17.8 所示。

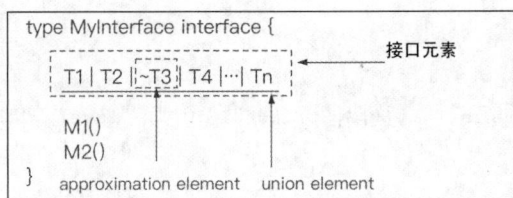

图 17.8　接口中的类型元素示例

　　需要注意的是，在 union element 中不能包含带有方法的接口类型，也不能包含预定义的约束类型如 comparable。

　　Go 在扩展接口类型功能后，将其分成了两类。一类是基本接口类型（basic interface type），这类接口只包含方法元素，不包含类型元素。基本接口类型不仅可以用作常规接口类型，如声明接口类型的变量、进行接口赋值等，还可以作为泛型类型参数的约束。另一类是非基本接口类型，包括除了基本接口类型以外的非空接口类型，即直接或间接（通过嵌入其他接口类型）包含类型元素的接口类型。这类接口仅可以用作泛型类型参数的约束，或被嵌入其他仅作为约束的接口类型中。以下代码直观展示了这两类接口类型的特征。

```
type BasicInterface interface { // 基本接口类型
    M1()
}
type NonBasicInterface interface { // 非基本接口类型
    BasicInterface
    ~int | ~string // 包含类型元素
}
type MyString string
func (MyString) M1() {
}

func foo[T NonBasicInterface](a T) { // 非基本接口类型作为约束
```

```
}

func bar[T BasicInterface](a T) { // 基本接口类型作为约束
}

func main() {
    var s = MyString("hello")
    var bi BasicInterface = s // 基本接口类型支持常规用法
    var nbi NonBasicInterface = s // 非基本接口不支持常规用法，导致编译器错误: cannot
use type NonBasicInterface outside a type constraint: interface contains type
constraints
    bi.M1()
    nbi.M1()
    foo(s)
    bar(s)
}
```

由于基本接口类型仅包含方法元素，我们依旧可以基于之前讲解的**方法集合**，判断一个类型是否实现了接口，以及是否可以作为类型实参传递给约束下的类型形参。但对于只能作为约束的非基本接口类型，它既包含方法元素，又包含类型元素，我们如何判断一个类型是否满足约束，并作为类型实参传递给类型形参呢？

此时，就需要引入 Go 泛型落地时提出的新概念——**类型集合**。类型集合将成为后续判断类型是否满足约束的核心手段。

4. 类型集合

类型集合（type set）的概念是 Go 开发团队在 2021 年 4 月更新 Go 泛型设计方案时引入的。在那次方案变更中，原方案中用于在接口类型中定义类型元素的 type 关键字被移除，泛型相关语法因此得到进一步简化。

一旦确定一个接口类型的类型集合，类型集合中的元素就可以满足以该接口类型作为类型约束的条件，也就是说，可以将该集合中的元素作为类型实参传递给该接口类型约束的类型参数。

那么，类型集合究竟是如何定义的呢？接下来我们了解一下。

结合 Go 泛型设计方案以及 Go 语法规范，我们可以这样理解类型集合。

❏ 每个类型都有一个类型集合。

❏ 非接口类型的类型集合中仅包含其自身。例如，对于非接口类型 T，它的类型集合为 {T}，即集合中仅有一个元素，且这个唯一的元素就是它自身。

但我们最终要明确的是用于定义约束的接口类型的类型集合，所以以上两点都是为接下来对接口类型的类型集合定义所做的铺垫。定义如下。

❏ 空接口类型（any 或 interface{}）的类型集合是一个无限集合，该集合中的元素为所有非接口类型。这与我们之前的认知一致，即所有非接口类型都实现了空接口类型。

❏ 非空接口类型的类型集合则是其定义中各**接口元素的类型集合**的交集（见图 17.9）。

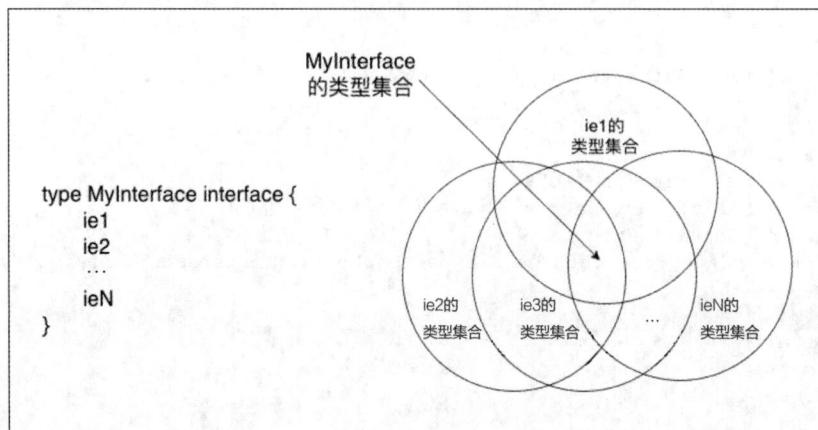

图 17.9 接口的类型集合

由此可见，要想确定一个接口类型的类型集合，需要知道其中每个接口元素的类型集合。

前面提到，接口元素可以是嵌入的其他接口类型、常规方法元素或类型元素。当接口元素为嵌入的其他接口类型时，该接口元素的类型集合就是该嵌入接口类型的类型集合；而当接口元素为常规方法元素时，接口元素的类型集合就是该方法的类型集合。

一个方法也有自己的类型集合。Go 规定：一个方法的类型集合为所有实现了该方法的非接口类型的集合。显然，这同样是一个无限集合，如图 17.10 所示。

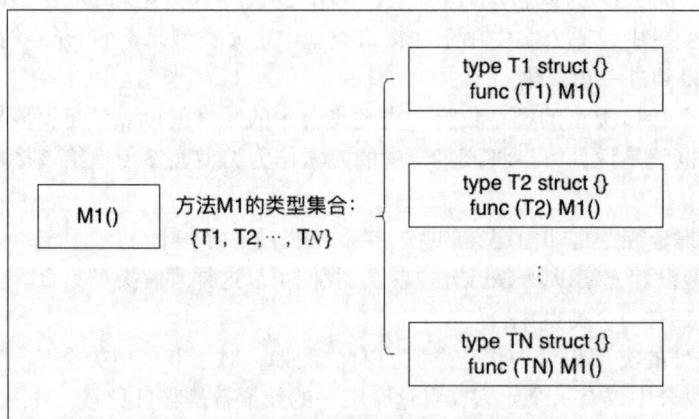

图 17.10 方法的类型集合

通过方法元素的类型集合，我们也可以合理解释仅包含多个方法的常规接口类型的类型集合，即这些方法元素的类型集合的交集，也就是所有同时实现了这些方法的类型所组成的集合。

最后，我们再来看看类型元素。类型元素的类型集合相对来说是最容易理解的，每个类型元素的类型集合就是其表示的所有类型组成的集合。如果是 ~T 形式，则集合中不仅包含 T

本身，还包含所有以 T 为底层类型的类型。如果使用 union element，则类型集合是所有通过竖线 "|" 连接的类型的类型集合的并集。

分析以下接口类型 I 的类型集合。

```go
// ch17/typeset.go
type Intf1 interface {
    ~int | string
      F1()
      F2()
}
type Intf2 interface {
    ~int | ~float64
}
type I interface {
    Intf1
    M1()
    M2()
    int | ~string | Intf2
}
```

可以看到，接口类型 I 由 4 个接口元素组成，分别是 Intf1、M1、M2 和 union element "int | ~string | Intf2"。我们只需分别求出这 4 个元素的类型集合，然后取它们的交集即可。

- **Intf1 的类型集合**。Intf1 是接口类型 I 的一个嵌入接口，它自身由 3 个接口元素组成，其类型集合为这 3 个接口元素的交集，即 { 以 int 为底层类型的所有类型、string、实现了 F1 和 F2 方法的所有类型 }。
- **M1 和 M2 的类型集合**。就像前面所述，方法的类型集合是由所有实现该方法的类型组成的。因此，M1 的类型集合为 { 实现了 M1 的所有类型 }；M2 的类型集合为 { 实现了 M2 的所有类型 }。
- **int | ~string | Intf2 的类型集合**。这是一个类型元素，其类型集合为 int、~string 和 Intf2 类型集合的并集。int 的类型集合是 {int}；~string 的类型集合为 { 以 string 为底层类型的所有类型 }；而 Intf2 的类型集合为 { 以 int 为底层类型的所有类型，以 float64 为底层类型的所有类型 }。

为了更清晰地说明最终类型集合是如何取得的，这里列出各个接口元素的类型集合。

- **Intf1 的类型集合**：{ 以 int 为底层类型的所有类型、string、实现了 F1 和 F2 方法的所有类型 }。
- **M1 的类型集合**：{ 实现了 M1 的所有类型 }。
- **M2 的类型集合**：{ 实现了 M2 的所有类型 }。
- **int | ~string | Intf2 的类型集合**：{ 以 int 为底层类型的所有类型，以 float64 为底层类型的所有类型 }。

接下来取上述集合的交集，结果为 { 以 int 为底层类型且实现了 F1、F2、M1、M2 这 4 个方法的所有类型 }。

现在我们通过以下代码进行验证。

```
// ch17/typeset.go
func doSomething[T I](t T) {
}
type MyInt int
func (MyInt) F1() {
}
func (MyInt) F2() {
}
func (MyInt) M1() {
}
func (MyInt) M2() {
}
func main() {
    var a int = 11
    // doSomething(a) // 编译器错误: int does not implement I (missing F1 method)
    var b = MyInt(a)
    doSomething(b) // 正确
}
```

上述代码定义了一个以 int 为底层类型的自定义类型 MyInt，并实现了 4 个方法。这样，MyInt 满足了泛型函数 doSomething 中约束 I 的要求，因此可以作为类型实参传递。

5. 简化版的约束形式

在前面的讲解和示例中，泛型参数的约束通常是一个完整的接口类型。这可以通过两种方式实现：一种是独立定义在泛型函数外部（例如下面代码中的 I 接口）；另一种是在类型参数列表中直接以接口字面值的形式（例如下面代码中 doSomething2 函数类型参数列表中的接口类型字面值）对类型参数进行约束。

```
type I interface { // 独立于泛型函数外进行定义
    ~int | ~string
}
func doSomething1[T I](t T)
func doSomething2[T interface{~int | ~string}](t T) // 接口类型字面值作为约束
```

然而，当接口类型中的约束仅由一个类型元素组成时，Go 允许一种更简化的约束形式。这意味着不必将约束单独定义为一个接口类型。例如，上面提到的 doSomething2 可以被简写为以下形式。

```
func doSomething2[T ~int | ~string](t T) // 简化版的约束形式
```

这个简化版的约束形式省略了 interface 关键字以及外围的大括号。如果用一般形式来表示，则是以下形式。

```
func doSomething[T interface {T1 | T2 | … | Tn}](t T)
```

等价于以下简化版的约束形式。

```
func doSomething[T T1 | T2 | … | Tn](t T)
```

这种简化形式也可以被视为一种类型约束的"语法糖"。不过有一种情况要注意，那就是当定义仅包含一个类型参数的泛型类型时，如果**约束中仅有一个 *int 类型的元素**，直接使用简化版形式会导致问题，例如以下代码。

```
type MyStruct [T * int]struct{} // 编译器错误: undefined: T
                                // 编译器错误: int (type) is not an expression
```

在这种情况下，编译器会将该语句误解为一个类型声明：MyStruct 被当作新类型的名字，而其底层类型被解析为 [T * int]struct{}，即一个元素为空结构体类型的数组。

那么，如何解决这个问题呢？目前有两种方案。第一种是使用完整形式的约束。

```
type MyStruct[T interface{*int}] struct{}
```

第二种则是在简化版约束的 *int 类型后面加上一个逗号。

```
type MyStruct[T *int,] struct{}
```

接下来，我们再来说说与约束有关的类型推断。

6. 约束的类型推断

在大多数情况下，Go 泛型可以通过类型推断避免在调用泛型函数时显式传入类型实参。编译器会根据泛型函数的实参推断出对应的类型实参。但当我们遇到以下代码中的泛型函数时，仅依靠函数实参的推断是无法完全推断出所有类型实参的。

```
func DoubleDefined[S ~[]E, E constraints.Integer](s S) S {
```

像 DoubleDefined 这样的泛型函数，其类型参数 E 并未直接用于声明常规参数列表中的输入参数。因此，函数实参推断只能根据传入的 s 的类型推断出类型参数 S 的类型实参，而无法推断出 E。

为了解决这一问题，Go 泛型引入了约束类型推断（constraint type inference）机制。这一机制允许基于一个已知的类型实参（例如通过函数实参推断判断得出的 S）来推断其他类型参数的类型。

我们仍以上面的 DoubleDefined 泛型函数为例进行介绍。当通过实参推断得到类型 S 后，编译器会尝试启动约束类型推断来推断类型参数 E 的类型。需要注意的是，约束类型推断能够成功应用的前提是：**S 是由 E 所表示的类型构造出来的。**

17.3　本章小结

在本章中，我们首先探讨了 Go 支持泛型的原因，并回顾了 Go 泛型实现方案的演化历程。从中我们可以感受到 Go 开发团队在推动泛型支持方面付出的努力和持续改进的决心。

其次，我们学习了 Go 泛型的基本语法——类型参数。**类型参数是 Go 泛型的核心组成部分**，它允许我们定义泛型函数、泛型类型以及对应的泛型方法。通过引入泛型，Go 开发者现在除了使用 interface{} 以外，还拥有了一种编写"通用代码"的方式，与 interface{} 相比，这种方法由于依赖编译时检查而更加安全，同时也减少了运行时的额外开销，从而提升了代码性能。

不过，泛型语法的加入不可避免地增加了 Go 语法的复杂性。为了避免 Gopher 滥用泛型，建议仅在最适合的场景中使用它们，例如在编写通用数据结构、操作 Go 原生容器类型的函数，或当不同类型之间实现某些方法的逻辑看起来相同时。在其他场景下考虑使用泛型时，务必慎重。

第 18 章　测试

在前面的章节中，我们已经全面介绍了 Go 的语法，并学习了如何运用这些语法编写 Go 代码。但要写出功能逻辑正确且高质量的代码，只了解基本语法是不够的。

在工程实践中，**测试是确保代码执行逻辑正确和提高代码质量的重要手段**。Go 作为一门面向工程的编程语言，**内置支持单元测试、集成测试和性能基准测试**，这使得开发者能够快速方便地组织、编写并执行测试。这样开发者便可以将更多精力集中在测试用例的设计上。

在本章中，我们将系统地学习如何为 Go 代码编写测试，包括 Go 内置测试框架的使用方法及其注意事项、测试覆盖率分析，以及用于评估代码执行效率的性能基准测试等内容。

首先，让我们了解一下 Go 内置的测试框架，这是深入学习其他测试相关内容的基础与前提。

18.1　Go 测试框架

Go 内置了一个轻量级的测试框架，该框架通过 **go test 命令**和标准库中的 **testing 包**提供测试功能。

Go 测试框架要求所有测试代码必须存放在以 _test.go 结尾的测试源文件中。测试被抽象为一个测试函数，测试源文件中的测试函数必须以 Test 开头，并且接收一个类型为 testing.T 的参数。例如以下代码中的 TestAdd 函数。

```
// ch18/add/add_test.go
package add
import (
    "testing"
)
func TestAdd(t *testing.T) {
    got := Add(2, 3)
    want := 5
    if got != want {
        t.Errorf("want %d, but got %d", want, got)
    }
}
```

可以看到，在这个测试源文件中只有一个测试用例函数 TestAdd。TestAdd 函数向被测函数 Add 传入两个预设值 2 和 3，并将 Add 函数的返回结果与预期值 want 进行比较。如果两者不一致，则调用 testing.T 的 Errorf 方法输出测试错误信息。

通常我们会使用**断言**来比较实际结果与预期结果之间的差异，验证代码行为是否符合预期，并在两者不匹配时触发测试失败。许多编程语言和测试框架都提供了丰富的断言库或断言函数，用于便捷地执行断言操作。常见的断言函数包括等值断言、不等值断言、真值断言等。不过 Go 测试框架并未内置断言支持。开发者可以像上面示例代码那样，使用 if got != want 的模式进行结果判定，也可以借助第三方断言包来完成测试结果的验证，例如 github.com/stretchr/testify/assert。

go test 命令负责提取测试文件中以 Test 开头的测试用例，并驱动测试的执行。我们在 add 目录下执行 go test 命令来运行上述测试用例。

```
$go test
PASS
ok      add     0.007s
```

测试如预期通过。如果想查看 go test 命令执行过程的详细信息，可以使用以下命令。

```
$go test -v
=== RUN   TestAdd
--- PASS: TestAdd (0.00s)
PASS
ok      add     0.007s
```

如果我们故意将预期结果改为 6 以模拟测试失败的情况，再次运行 go test 命令将得到以下结果。

```
$go test -v
=== RUN   TestAdd
  add_test.go:11: want 6, but got 5
--- FAIL: TestAdd (0.00s)
FAIL
exit status 1
FAIL    add     0.005s
```

可以看到，当测试失败时，go test 命令会打印出错误发生的具体上下文信息，包括测试文件名、行号以及 Errorf 方法输出的内容。这些上下文信息可以帮助开发者快速定位问题所在。

小贴士

如果测试文件中的某个 TestXxx 函数使用 testing.T 的 Error 或 Errorf 方法输出错误上下文信息，那么即使该测试用例执行失败，TestXxx 函数中的后续测试用例仍会继续执行。然而，如果使用的是 testing.T 的 Fatal 或 Fatalf 方法，一旦测试用例执行失败，在 Fatal 或 Fatalf 输出错误上下文信息后，TestXxx 函数中即便存在后续测试逻辑，也不会被执行。

像上面那样直接在当前目录下执行不带命令行参数的 go test 命令的模式，被称为**本地目录模式**（local directory mode）。在这种模式下，go test 命令会编译当前目录下的包源码以及所有以 _test.go 结尾的测试源文件，并运行生成的测试二进制文件。

go test 命令还有另外一种运行模式，称为**包列表模式**（package list mode）。在这种模式下，go test 命令后面带有显式的参数，例如包名或具体路径。示例代码如下。

```
$go test .
ok      add     0.005s
$go test -v .
=== RUN   TestAdd
--- PASS: TestAdd (0.00s)
PASS
ok      add     0.005s
$go test add
ok      add     0.005s
$go test -v add
=== RUN   TestAdd
--- PASS: TestAdd (0.00s)
PASS
ok      add     0.006s
```

与本地目录模式相比，包列表模式的一个显著不同点是，它支持缓存测试成功的结果。如果当前测试都能通过，并且测试用例不变，那么在后续多次以包列表模式执行 go test 命令时，结果将直接从缓存中读取，而不会重复执行测试。以下是第二次在包列表模式下执行 go test -v add 命令的输出结果。

```
$go test -v add
=== RUN   TestAdd
--- PASS: TestAdd (0.00s)
PASS
ok      add     (cached)
```

可以看到，对于从缓存中读取的测试结果，**go test 命令会使用"(cached)"字样进行显式标识**。

go test 命令还支持通过 -run 选择执行不同的测试用例。-run 后面接一个正则表达式，用于匹配测试用例的名字，例如以下代码。

```
$go test -v -run=.   // 运行当前目录下所有测试用例
$go test -v -run=TestAdd // 运行当前目录下所有名字中包含 TestAdd 的测试用例
$go test -v -run=^TestAdd$ // 运行当前目录下名字为 TestAdd 的测试用例
$go test -v -run=^$  // 不运行任何测试用例
```

go test 命令还有许多常用的命令行选项，关于这些选项的用法，感兴趣的读者可以通过 go help testflag 命令查看详细说明。

到这里，我们已经初步了解了 Go 测试框架，知道了 Go 对测试的抽象以及如何使用 go test 命令驱动测试的执行。随着项目规模的增长，需要管理和维护的测试用例数量会变得越来越多。如果没有一个良好的测试组织，不仅查找、添加和修改等维护测试用例的工作会变得十分困难，测试代码的可读性和可理解性也会逐步下降。这将阻碍团队成员对测试目的和意图的理解，降低协作效率，并对测试覆盖率和测试质量产生较大影响。因此，在大型项目中，良好的测试组织是不可或缺的一部分。

接下来，我们来讨论一下如何进行测试的组织。

18.2 测试的组织

18.2.1 测试文件使用的包名

在 Go 中，测试通常以包为单位进行，测试代码与包代码放在同一目录下，其中以单元测试（即白盒测试）为主。**测试文件可以使用与被测包相同的包名**，这样测试文件可以访问被测包中的所有标识符，从而辅助测试并覆盖更多的执行路径。这种测试方式被称为**包内测试**。

当然，测试文件也可以使用不同的包名对被测包进行 API 测试。在这种方式下，测试文件仅可以访问被测包的导出标识符，通常是其 API。这种方式更贴近用户实际使用被测包 API 的场景。按照惯例，此时我们通常会使用 "**被测包名 _test**" 作为测试文件的包名。这是 Go 中唯一允许在同一目录下存在不同包的例外情况，这种测试方式被称为**包外测试**。Go 标准库中的许多包采用的就是这种包外测试的方式，例如 fmt、strings 等。

```
// 在 $GOROOT/src/strings 下执行
$grep package *_test.go
builder_test.go:package strings_test
clone_test.go:package strings_test
compare_test.go:package strings_test
example_test.go:package strings_test
reader_test.go:package strings_test
replace_test.go:package strings_test
search_test.go:package strings_test
strings_test.go:package strings_test
```

两种方式各有优劣。包内测试的测试用例可能因为依赖被测包的实现细节而变得较为脆弱，一旦被测包的实现细节发生变化，那么测试用例可能无法通过测试，需要频繁更新；而包外测试由于无法访问被测包的实现细节，可能导致某些测试用例难以实施。开发者在日常开发中可根据实际情况选择合适的方式。

接下来，我们回到 TestAdd 这个测试函数中，并在其中添加几个测试用例。

18.2.2 表驱动测试

我们在原先的测试基础上又添加了两个测试用例，代码如下。

```
// ch18/organization/add_test.go
func TestAdd(t *testing.T) {
    got := Add(2, 3)
    want := 5
```

```
    if got != want {
        t.Errorf("want %d, but got %d", want, got)
    }
    // 添加 0
    got = Add(2, 0)
  want = 2
    if got != want {
        t.Errorf("want %d, but got %d", want, got)
    }
    // 添加相反数
    got = Add(2, -2)
    want = 0
    if got != want {
        t.Errorf("want %d, but got %d", want, got)
    }
}
```

可以看到，每新增一个测试用例，我们都需要编写大量重复的代码，这种方式存在以下问题：一是不便于扩展测试用例的数量；二是会导致整个测试函数变得冗长且复杂。

在 Go 中，我们通常使用一种被称为"表驱动测试"的方式来组织一个 TestXxx 测试函数内部的测试代码。我们将上面的示例改造为表驱动的方式来看一下。

```
// ch18/organization/add_table_test.go
func TestAddWithTable(t *testing.T) {
    cases := []struct {
        name string
        a  int
        b  int
        r  int
    }{
        {"2+3", 2, 3, 5},
        {"2+0", 2, 0, 2},
        {"2+(-2)", 2, -2, 0},
        ...
    }
    for _, caze := range cases {
        got := Add(caze.a, caze.b)
        if got != caze.r {
            t.Errorf("%s got %d, want %d", caze.name, got, caze.r)
        }
    }
}
```

TestAddWithTable 与之前的 TestAdd 是一个等价的测试函数，不同之处在于，TestAddWithTable 函数将测试所需的输入数据与具体的测试执行逻辑"解耦"。它以一个表的方式（实际是一个结构体切片）将测试所需的输入数据以及预期结果数据组织起来，然后通过一个循环逐一传给 Add 函数进行测试，而无需像 TestAdd 函数那样每增加一个用例就编写一次测试执行和结果判断逻辑。这种方式最大的好处是**方便管理测试用例**：添加一个用例就是在结构体切片中添加一行数据，删除一个用例就是将其在结构体切片中的对应行删除。

读者可能会问，为什么表中会有一个名为 name 的字段呢？可以看到，在 TestAddWithTable

函数中，所有的测试执行逻辑都在一个循环内进行。这样无论表中哪一行数据导致测试失败，go test 命令输出的测试失败上下文中的行号都是固定的，通过该行号很难快速定位导致失败的数据行。为此，我们为表中的每条数据增加一个唯一标识——name。当某行输入的数据导致测试失败时，可以通过名字快速确定其位置。

18.2.3　最小测试单元

要进行测试的组织，我们需先就最小测试单元达成共识。有最小测试单元后，才能谈论测试的组织，而**测试组织的对象就是这些最小测试单元**。

什么是最小测试单元？是上面提到的 TestXxx 函数吗？在本书中，作者定义的最小测试单元是 TestAdd 函数中的一段代码。

```
// 添加 0
got = Add(2, 0)
want = 2
if got != want {
    t.Errorf("want %d, but got %d", want, got)
}
```

也是 TestAddWithTable 函数中 cases 表的每一行输入数据。

```
cases := []struct {
    name string
    a int
    b int
    r int
}{
    {"2+3", 2, 3, 5},
    {"2+0", 2, 0, 2},
    {"2+(-2)", 2, -2, 0},
    ...
}
```

所谓最小测试单元，实际上是指被测函数针对指定输入的一次执行，并将返回结果与预期结果进行比对的过程。这也可以称为一个**测试用例**（test case）。一些测试用例可能非常简单，就像上面示例中的那样，而另一些则较为复杂，有时为了执行一次被测函数，需要进行大量准备工作。**在测试过程中，我们要尽可能保证测试用例之间互不影响**，即做好隔离。

TestXxx 函数本质上是一种测试组织形式。如果你学习过 XUnit 单元测试框架家族中的某个框架，例如 Java 的 JUnit 或 C++ 的 CppUnit 等，你会发现 TestXxx 函数更像是这些框架中的一个容纳测试用例的测试套件（test suite）。在 XUnit 测试框架中，测试套件与测试用例有着典型的组织关系，如图 18.1 所示。

基于上述概念，我们接下来介绍的测试组织形式也参考了 XUnit 这样的设计思路。通过 Go 内置的测试框架，我们可以实现类似的组织形式。

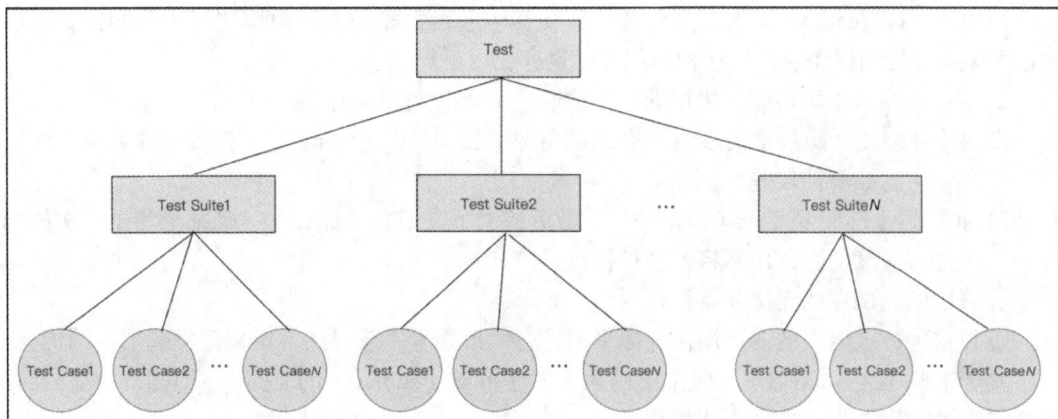

图 18.1　XUnit 测试框架的组织关系

18.2.4　将顶层测试函数作为测试套件

我们将 *_test.go 文件中以 Test 开头的函数定义为 **Go 顶层测试函数**。在 Go 测试框架中，顶层测试函数是组织测试用例的最佳容器。顶层测试函数允许你按照功能类别、测试目的等对测试用例进行组织和分类。

每个顶层测试函数可以创建和管理多个测试用例。可以像 organization/add_test.go 中的 TestAdd 函数那样，按顺序逐一铺排测试用例；也可以像 organization/add_table_test.go 中的 TestAddWithTable 函数那样，使用表驱动方式组织测试用例。

以顶层测试函数作为测试套件，其测试执行具有以下特点。

❏ go test 命令会将每个 TestXxx 函数放在单独的 goroutine 中执行，保持相互之间的隔离性。

❏ 若 TestXxx 函数中某个测试用例未通过，通过 Errorf 或 Fatalf 输出错误上下文后，不会影响其他 TestXxx 函数的执行。

❏ 若 TestXxx 函数中某个测试用例未通过，当使用 Errorf 输出错误结果时，该 TestXxx 函数会继续执行；但如果使用 Fatal 或 Fatalf 输出错误结果，则会导致该 TestXxx 函数在调用 Fatal 或 Fatalf 的位置时立即结束，后续测试用例将不再执行。

❏ 默认情况下，go test 命令会按照各 TestXxx 函数的声明顺序逐一执行，即便它们是在各自的 goroutine 中执行的。

❏ 使用 go test -shuffle=on 可以让各个 TestXxx 函数按随机次序执行，这样可以检测出各 TestXxx 函数之间是否存在执行顺序依赖，我们应避免在测试代码中出现这种依赖。

❏ 各 TestXxx 函数可以调用 t.Parallel 方法（即 testing.T.Parallel 方法）将 TestXxx 函数加入可并行执行的用例集合。注意：加入并行执行集合后，这些 TestXxx 函数的执行顺序将变得不确定。

可以说，以 TestXxx 函数为测试套件并在其中采用表驱动方式组织测试用例的方式可以满足大多数常规测试需求，但这种组织方式也存在以下局限性。

❑ 表内的测试用例是顺序执行的，无法通过 shuffle 打乱顺序。

❑ 某个 TestXxx 函数下的表内所有测试用例都在同一个 goroutine 中执行，这意味着测试用例间的隔离性较差。

❑ 如果使用 Fatal 或 Fatalf 输出测试失败后的上下文信息，那么，一旦某个测试用例执行失败，后续的测试用例将不会被执行。

❑ 表内的测试用例无法并行执行。

❑ 以这种方式组织的测试用例只能平铺进行，形式上不够灵活，难以建立起层次结构。

鉴于这些不足，Go 在 1.7 版本中引入了对子测试（subtest）的支持。接下来，我们看看子测试如何帮助改进测试的组织方式。

18.2.5　将子测试视为测试用例

Go 的 subtest 是指将一个测试函数（TestXxx）拆分为多个小测试函数，每个小测试函数可以独立运行并报告测试结果的功能。这种测试方式可以更好地实现测试用例的隔离，并提供更细粒度的测试控制执行，从而方便问题定位与调试。

以下通过 subtest 改造 TestAddWithTable 的示例代码展示了如何在 Go 中编写 subtest。

```
// ch18/organization/add_sub_test.go
func TestAddWithSubtest(t *testing.T) {
    cases := []struct {
        name string
        a    int
        b    int
        r    int
    }{
        {"2+3", 2, 3, 5},
        {"2+0", 2, 0, 2},
        {"2+(-2)", 2, -2, 0},
        ...
    }
    for _, caze := range cases {
        t.Run(caze.name, func(t *testing.T) {
            got := Add(caze.a, caze.b)
            if got != caze.r {
                t.Errorf("got %d, want %d", got, caze.r)
            }
        })
    }
}
```

在上面的代码中，我们定义了一个名为 TestAddWithSubtest 的测试函数，并在其中使用 t.Run 方法结合表驱动方式创建了 3 个 subtest。这样，每个 subtest 都可以复用相同的错误处理逻辑，但通过不同的测试用例参数体现差异。当然，如果不使用表驱动测试，那么每个

subtest 也可以拥有自己独立的错误处理逻辑。

执行上述 TestAddWithSubtest 测试用例时（这里故意将 Add 函数的实现改为错误的），将看到以下结果。

```
$go test add_sub_test.go add.go
--- FAIL: TestAddWithSubtest (0.00s)
    --- FAIL: TestAddWithSubtest/2+3 (0.00s)
        add_sub_test.go:54: got 6, want 5
    --- FAIL: TestAddWithSubtest/2+0 (0.00s)
        add_sub_test.go:54: got 3, want 2
    --- FAIL: TestAddWithSubtest/2+(-2) (0.00s)
        add_sub_test.go:54: got 1, want 0
```

可以看到，在错误信息输出中，每个失败的用例都以"TestXxx/subtestName"的形式标识。这种方式使得我们可以轻松地将失败的用例与相应的代码行对应起来。更深层的意义在于，subtest 让整个测试组织形式具备了"层次感"。通过 go test -run 命令，我们甚至可以基于这种"层次"选择执行特定的 subtest。

```
$go test  -v -run TestAddWithSubtest/-2 add_sub_test.go add.go
=== RUN   TestAddWithSubtest
=== RUN   TestAddWithSubtest/2+(-2)
    add_sub_test.go:54: got 1, want 0
--- FAIL: TestAddWithSubtest (0.00s)
    --- FAIL: TestAddWithSubtest/2+(-2) (0.00s)
FAIL
FAIL    command-line-arguments  0.006s
FAIL
```

Go subtest 命令的测试执行具有以下特点。

❑ 每个 subtest 都会在**单独的 goroutine 中执行，这有助于**测试用例之间保持相互隔离。

❑ 若某个 subtest 未通过，通过 Errorf 或 Fatalf 输出错误结果时，不会影响同一 TestXxx 函数下其他 subtest 的执行。

❑ 某个 subtest 中，若某个测试结果判断未通过，通过 Errorf 输出错误结果时，该 subtest 会继续执行；但如果使用 Fatal 或 Fatalf 输出错误结果，则会导致该 subtest 在调用 Fatal 或 Fatalf 的位置时立即结束，后续测试代码将不会被执行。

❑ 默认情况下，各 TestXxx 函数下的 subtest 将按照声明顺序逐一执行，即使它们是在各自的 goroutine 中执行的。

❑ 通过"go test -run=TestXxx/ 正则式 [/…]"的方式，可以选择执行 TestXxx 函数下的某个或某些 subtest。

❑ 各 subtest 可以调用 t.Parallel 方法（即 testing.T.Parallel 方法）将其加入可并行执行的用例集合。注意：加入并行执行集合后，这些 subtest 的执行顺序将变得不确定。

可见，将 subtest 作为测试用例可以更有层次地组织测试代码，并更有效地实现测试用例间的隔离。同时，以 subtest 作为测试用例，测试组织也更为灵活。subtest 可以根据需要进行组合和排列，以满足不同的测试需求，并且通过 subtest 的并行执行还可以提升测试执行的效率。

对稍大规模工程中的复杂包来说，以顶层测试函数为测试套件，以 subtest 为测试用例，可以实现更有层次、更灵活、更具扩展性以及拥有更高执行效率的测试组织形式。

小贴士

截至 Go 1.22 版本，subtest 尚不支持通过 shuffle 方式进行乱序执行。

18.3 示例测试

在 Go 的以 _test.go 结尾的测试文件中，还有一种被称为示例测试（example test）的特殊测试。与前面提到的测试函数不同，示例测试函数以 Example 开头，并跟随要演示的功能名称。示例测试函数没有任何输入参数，形式上类似于一个普通函数，但是会被 Go 测试框架特殊对待。例如以下代码。

```
// ch18/example/example_test.go
func ExampleHello() {
    fmt.Println("hello")
    // Output: hello
}
```

上述 ExampleHello 函数不包含任何断言。但是，Go 测试框架会自动运行它，并验证程序输出到标准输出（os.Stdout）的内容是否与注释"// Output:"后给出的期望输出相匹配。如果匹配，则示例测试通过。

```
$go test -v
=== RUN   ExampleHello
--- PASS: ExampleHello (0.00s)
PASS
ok      demo    0.005s
```

如果不匹配，则示例测试失败。例如，我们故意将"// Output:"后给出的期望输出修改为"hello1"，将得到以下示例测试失败的输出。

```
$go test -v
=== RUN   ExampleHello
--- FAIL: ExampleHello (0.00s)
got:
hello
want:
hello1
FAIL
exit status 1
FAIL    demo    0.005s
```

如果示例测试函数的输出结果是乱序的，我们可以使用"// Unordered output:"注释行。
例如以下代码。

```
// ch18/example/unordered_test.go
package main
import "fmt"
func ExampleUnordered() {
    m := map[string]int{
        "zero": 0,
        "one":  1,
        "two":  2,
        "three": 3,
        "four": 4,
    }
    for _, v := range m {
        fmt.Println(v)
    }
    // Unordered output: 4
    // 2
    // 1
    // 3
    // 0
}
```

如果"// Output:"注释行后没有任何内容，则表示期望示例测试函数不会向标准输出写
入任何内容。如果示例测试函数中没有"// Output:"注释行，那么该示例测试函数在 go test
命令执行时只会被编译，而不会被执行。

此外，示例测试函数的命名要遵循一些惯例。

```
func Example() { … }       // 某个包的示例测试函数
func ExampleF() { … }      // 某个函数 F 的示例测试函数
func ExampleT() { … }      // 某个类型 T 的示例测试函数
func ExampleT_M() { … } // 类型 T 的某个方法 M 的示例测试函数
```

如果针对包、函数、类型或类型的方法有多个示例测试函数，我们可以在上述命名规范
的基础上再加上后缀（suffix）来进行区分。

```
func Example_suffix() { … }
func ExampleF_suffix() { … }
func ExampleT_suffix() { … }
func ExampleT_M_suffix() { … }
```

示例测试代码在开发者编写代码文档时非常有用，因为它会自动呈现在 Go 文档中。当
我们使用 pkgsite 命令以网页形式查看本地代码的文档时，示例测试函数中的示例会与其他文
档内容一起显示。这可以使示例代码与文档保持同步，不会随着时间推移而过时。

Go 标准库 fmt 包的 example_test.go 中的 Errorf 函数对应的示例测试函数如下。

```
// $GOROOT/src/fmt/example_test.go
// Errorf 函数让我们可以通过格式化特性来创建描述性的错误信息
func ExampleErrorf() {
    const name, id = "bueller", 17
```

```
    err := fmt.Errorf("user %q (id %d) not found", name, id)
    fmt.Println(err.Error())
    // Output: user "bueller" (id 17) not found
}
```

该示例会出现在 Go 官方文档网站上 fmt 包 Errorf 函数的参考说明中，如图 18.2 所示。

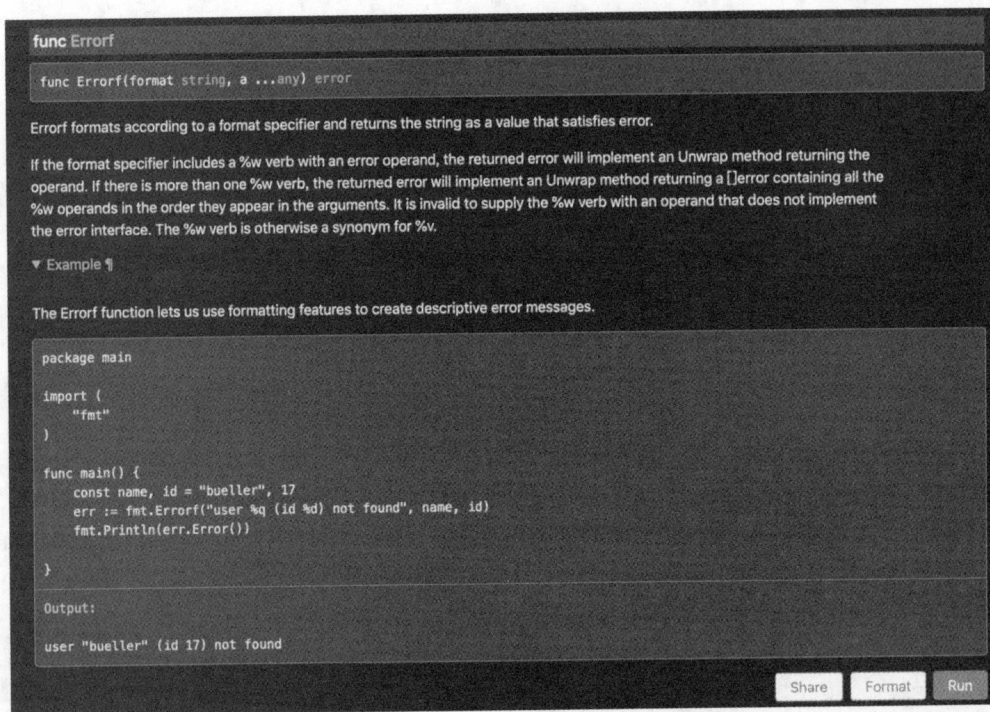

图 18.2　包文档中的示例测试

小贴士

pkgsite 是 Go 官方网站的开源版，通过 go install golang.org/x/pkgsite/cmd/pkgsite@
latest 命令可以安装 pkgsite 程序。

18.4　测试覆盖率

在日常开发中，开发者不仅需要知道如何编写测试代码，还需要了解哪些被测代码被测
试代码覆盖到了。理想情况下，应尽可能覆盖被测代码的每个执行路径。为此，人们提出了
一个术语——**测试覆盖率**（test coverage）。这是一个衡量软件测试效果的指标，用于表示测试
用例对代码的覆盖程度，即测试用例能够触及多少代码执行路径。

　　测试覆盖率可以帮助开发者确定哪些代码路径尚未被测试到。通过检查测试覆盖率报告，开发者可以确认是否存在未被覆盖的代码块，这些代码块可能隐藏着潜在的错误或漏洞。

　　Go 的 go test 命令原生支持计算测试覆盖率，并可生成包含测试覆盖率信息的报告。我们可以通过在测试时使用 -cover 标志来计算测试覆盖率。下面举例说明。

　　demo.go 中的两个被测函数 Add 和 IsPositive 的实现如下。

```go
// ch18/coverage/demo.go
package main
// Add 函数将两个整数相加并返回结果
func Add(a, b int) int {
    if a == 0 {
        return b
    }
    if b == 0 {
        return a
    }
    return a + b
}

// IsPositive 函数检查给定的整数是否为正数
func IsPositive(num int) bool {
    if num > 0 {
        return true
    }
    return false
}
```

接下来，我们编写一些针对被测函数 Add 和 IsPositive 的测试代码。

```go
// ch18/coverage/demo_test.go
package main
import "testing"
func TestAdd(t *testing.T) {
    result := Add(2, 3)
    if result != 5 {
        t.Errorf("Add(2, 3) = %d; want 5", result)
    }
    result = Add(0, 5)
    if result != 5 {
        t.Errorf("Add(0, 5) = %d; want 5", result)
    }
}
func TestIsPositive(t *testing.T) {
    result := IsPositive(10)
    if !result {
        t.Error("IsPositive(10) = false; want true")
    }
    result = IsPositive(-5)
    if result {
        t.Error("IsPositive(-5) = true; want false")
    }
    result = IsPositive(0)
    if result {
```

```
            t.Error("IsPositive(0) = true; want false")
    }
}
```

在 coverage 目录下，执行以下命令即可计算测试覆盖率。

```
// 在 coverage 目录下执行
$go test -v -cover
=== RUN   TestAdd
--- PASS: TestAdd (0.00s)
=== RUN   TestIsPositive
--- PASS: TestIsPositive (0.00s)
PASS
coverage: 87.5% of statements
ok      demo    0.006s
```

上述输出中的 coverage: 87.5% of statements 表示测试覆盖了被测代码中 87.5% 的语句。

如果想要详细了解哪些代码被测试覆盖，哪些没有被覆盖，还可以通过添加 -coverprofile 选项来生成测试覆盖率报告文件。通过该报告文件，我们可以对测试覆盖情况进行进一步分析和处理。例如以下代码。

```
$go test -coverprofile=coverage.out
PASS
coverage: 87.5% of statements
ok      demo    0.007s
```

然后，使用 go tool cover 命令查看生成的测试覆盖率报告文件 coverage.out 的内容。

```
$go tool cover -html=coverage.out
```

go tool cover 命令会自动打开浏览器，并展示一个 HTML 格式的测试覆盖率报告，如图 18.3 所示。

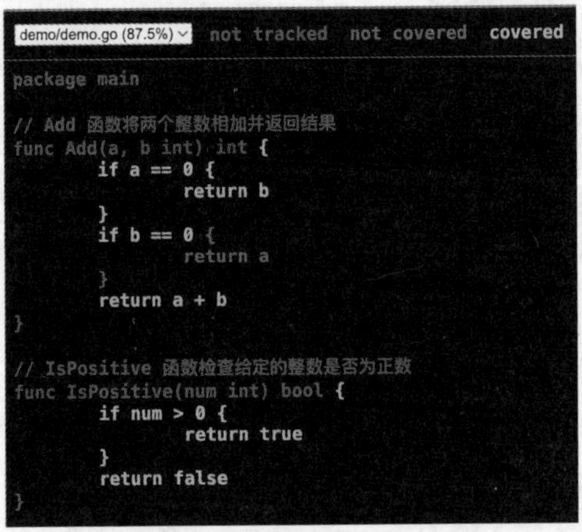

图 18.3　Go 测试覆盖率报告

通过该报告，可以看到 Add 函数中的 if b == 0 在条件成立时的分支尚未被测试覆盖。我们只需要补充针对该条件分支的测试，整体测试覆盖率就能达到 100%。

Go 1.20 版本开始支持在集成测试中**计算并报告 Go 二进制文件的测试覆盖率**。通过 go build -cover 命令构建的 Go 二进制文件在运行时会自动采集代码覆盖数据并生成覆盖率文件。之后，通过以下命令即可查看覆盖率。

```
$go tool covdata percent -i=covdatafiles // covdatafiles 目录下存放的是测试覆盖率结果文件
```

18.5 性能基准测试

性能基准测试（benchmark test）是一种评估程序性能的方法，它可以帮助开发者了解代码的执行效率并找出潜在的性能瓶颈。Go 内置的测试框架原生支持性能基准测试，在本节中，我们将系统地了解如何基于 go test 命令和 testing 包实现对代码的性能基准测试。

18.5.1 编写基准测试

在 Go 中，要编写常规测试，可以使用 testing.T 和 TestXxx 的组合；要编写模糊测试，可以使用 testing.F 和 FuzzXxx 的组合。为了支持基准测试，Go 测试框架也提供了 testing.B 和 BenchmarkXxx 的组合。一个典型的性能基准测试函数的示例如下。

```
func BenchmarkMyFunction(b *testing.B) {
    for i := 0; i < b.N; i++ {
        // 执行被测试的函数
    }
}
```

运行性能基准测试可以使用 go test 命令，并加上 -bench 标志。

```
$go test -bench=.
```

接下来我们通过一个示例展示性能基准测试的编写和执行过程。在这个示例中，我们对 4 种字符串连接方法进行基准测试比较。示例代码如下。

```
// ch18/benchmark/strings_concat_test.go
package benchmark
import (
    "fmt"
    "strings"
    "testing"
)
// 方法 1：使用 "+" 运算符进行连接
func BenchmarkStringConcatenation(b *testing.B) {
    str1 := "Hello"
    str2 := "World"
    b.ReportAllocs()
    b.ResetTimer()
    for i := 0; i < b.N; i++ {
        result := str1 + str2
        _ = result
```

```
        }
    }
    // 方法 2: 使用 strings.Join 进行连接
    func BenchmarkStringsJoin(b *testing.B) {
        str1 := "Hello"
        str2 := "World"
        b.ReportAllocs()
        b.ResetTimer()
        for i := 0; i < b.N; i++ {
            result := strings.Join([]string{str1, str2}, "")
            _ = result
        }
    }
    // 方法 3: 使用 fmt.Sprintf 进行连接
    func BenchmarkFmtSprintf(b *testing.B) {
        str1 := "Hello"
        str2 := "World"
        b.ReportAllocs()
        b.ResetTimer()
        for i := 0; i < b.N; i++ {
            result := fmt.Sprintf("%s%s", str1, str2)
            _ = result
        }
    }
    // 方法 4: 使用 strings.Builder 进行连接
    func BenchmarkStringsBuilder(b *testing.B) {
        str1 := "Hello"
        str2 := "World"
        b.ReportAllocs()
        b.ResetTimer()
        for i := 0; i < b.N; i++ {
            var builder strings.Builder
            builder.WriteString(str1)
            builder.WriteString(str2)
            result := builder.String()
            _ = result
        }
    }
```

我们通过 go test -bench 命令运行该基准测试。

```
    $go test -bench .
    goos: darwin
    goarch: amd64
    pkg: benchmark
    BenchmarkStringConcatenation-8        56060436        20.97 ns/op        0 B/op
0 allocs/op
    BenchmarkStringsJoin-8        24669685        46.10 ns/op        16 B/op
1 allocs/op
    BenchmarkFmtSprintf-8        7735821        152.8 ns/op        48 B/op
3 allocs/op
    BenchmarkStringsBuilder-8        23804524        50.07 ns/op        24 B/op
2 allocs/op
    PASS
```

```
ok      benchmark      4.979s
```

从上述基准测试结果可以直观地发现，基于 Go 原生支持的 "+" 运算符进行字符串连接的性能最优，其内存分配次数和分配量也最少；其次是 strings.Join 和 strings.Builder；性能最差的是 fmt.Sprintf。

回到基准测试代码上，我们发现每个性能基准测试函数的实现"套路"都相似。因此，可以将各个基准测试的共性提取出来，形成一个通用的"模板"。

```go
package benchmark
import (
    "testing"
)
func BenchmarkMyFunction(b *testing.B) {
    // 执行一些准备操作，例如变量的初始化、资源的准备等

    b.ReportAllocs() // 设置输出内存分配信息
    b.ResetTimer() // 重置计时器
    for i := 0; i < b.N; i++ {
        // 测试主体代码：执行被测量的代码段
    }
}
```

对于上述"模版"代码，我们逐一介绍。

首先，基准测试进行**准备操作**。就像字符串连接测试那样，我们声明了两个字符串类型的变量 str1 和 str2，供后续的字符串连接操作使用。当然，这里也可能涉及一些耗时的准备工作，例如打开文件、读取数据等。

其次，基准测试调用了 **b.ReportAllocs 方法**。这也是最终基准测试输出结果中显示 n allocs/op 以及 n B/op 的原因。其中，n allocs/op 表示每执行一次**测试主体**（即 for 循环体中的被测代码段）需要进行内存分配的次数，而 n B/op 则表示每次测试主体执行时分配的内存字节数。

然后，基准测试调用了 **b.ResetTimer 方法**。该方法的作用是在基准测试函数中重新开始计时，以便准确测量被测代码段的执行时间。我们刚刚提到过，在基准测试函数中，通常会在准备阶段执行一些初始化操作，例如变量的初始化或资源的准备等。这些准备操作并不属于被测量的代码段，因此我们希望在测量执行时间时排除这些准备时间的影响。

重置计时器后，进入被测代码段的真正执行阶段。在这个阶段循环条件中我们使用了 b.N，而不是一个具体的数值（如 100000）。在 Go 的基准测试函数中，b.N 是 testing.B 类型的一个字段，表示某个基准测试函数中测试主体代码需要执行的次数。

基准测试的目的是通过多次迭代收集足够的数据，以获得稳定的平均性能指标。**b.N 的值会根据被测操作的执行时间和稳定性在测试运行时自动调整，从而在合理的时间范围内完成测试并提供可靠的结果**。在实际执行过程中，go test 命令会根据基准测试函数的执行时间调整基准测试函数的执行次数，以及每次执行时 b.N 的值。通过以下代码可以直观地观察到这一点。

```
// ch18/benchmark/n_test.go
package benchmark
import (
    "fmt"
    "math/rand"
    "testing"
)
func BenchmarkDemo(b *testing.B) {
    fmt.Println("b.N=", b.N)
    for i := 0; i < b.N; i++ {
        rand.Int31()
    }
}
```

我们在每次进入基准测试函数 BenchmarkDemo 时都输出 b.N 的值，测试输出结果如下。

```
$go test -v -bench . n_test.go
goos: darwin
goarch: amd64
BenchmarkDemo
b.N= 1
b.N= 100
b.N= 10000
b.N= 1000000
b.N= 100000000
BenchmarkDemo-8         100000000         10.38 ns/op
PASS
ok     command-line-arguments     1.058s
```

可以看到，在这次基准测试过程中，基准测试函数 BenchmarkDemo 共被执行了 5 次，且每次 b.N 的值都不一样。从基准测试的最终输出来看，go test 命令最终采纳了 b.N=100000000 时的稳定测试结果。

Go 基准测试默认只执行一轮。但有时考虑到单轮性能基准测试的数据可能不具代表性，我们可以通过 -count 来设置执行的轮数。例如，对字符串连接的基准测试执行两轮。

```
$go test -count=2 -bench . string_concat_test.go
goos: darwin
goarch: amd64
BenchmarkStringConcatenation-8        50021662         21.39 ns/op         0 B/op
0 allocs/op
BenchmarkStringConcatenation-8        55278902         21.38 ns/op         0 B/op
0 allocs/op
BenchmarkStringsJoin-8        24290677         46.60 ns/op         16 B/op
1 allocs/op
BenchmarkStringsJoin-8        24805410         46.40 ns/op         16 B/op
1 allocs/op
BenchmarkFmtSprintf-8        7627820         155.1 ns/op         48 B/op
3 allocs/op
BenchmarkFmtSprintf-8        7732473         154.9 ns/op         48 B/op
3 allocs/op
BenchmarkStringsBuilder-8        23473041         49.80 ns/op         24 B/op
2 allocs/op
```

```
    BenchmarkStringsBuilder-8              23942020           49.88 ns/op          24 B/op
2 allocs/op
    PASS
    ok      command-line-arguments        9.862s
```

可以看到，上述所有示例中的基准测试都是顺序执行的。Go 测试框架还支持并行的基准测试。相比于顺序执行的基准测试，并行执行的基准测试更能真实反映出多 goroutine 情况下，被测代码在 goroutine 同步上的真实消耗。接下来，我们来看如何编写并行执行的基准测试。

18.5.2　并行执行的基准测试

Go 并行基准测试函数不再使用 for 循环和 b.N 来控制被测代码的执行次数，而是通过在性能基准测试函数中使用 b.RunParallel 方法来并行地执行测试逻辑。以下是一个典型的并行执行的基准测试函数"模板"。

```
func BenchmarkMyFunction(b *testing.B) {
    // 执行一些准备操作，例如变量的初始化、资源的准备等

    b.ReportAllocs() // 设置输出内存分配信息
    b.ResetTimer() // 重置计时器
    b.RunParallel(func(pb *testing.PB) {
        for pb.Next() {
            // 并行地执行测试主体代码
        }
    })
}
```

可以看到，除了使用 b.RunParallel 替换了顺序执行的基准测试函数中的 for 循环以外，其他步骤与前面介绍的基准测试函数相同。使用 go test 方式执行并行基准测试的方式也与顺序执行无差别。

go test 命令执行并行基准测试时，默认使用的 GOMAXPROCS 就是系统当前的 GOMAXPROCS 值，即当前系统的 CPU 核数。我们可以通过 -cpu 标志位指定并行基准测试在不同 GOMAXPROCS 下执行。当然，-cpu 标志同样适用于顺序基准测试，但对顺序基准测试而言，这样做的意义不大。接下来，我们通过一个字符串连接的基准测试示例，演示在不同 GOMAXPROCS 值下基准测试的输出结果。这里通过 -cpu 标志指定基准测试在 GOMAXPROCS 分别为 1、2 和 4 的情况下的执行结果。

```
    $go test -cpu 1,2,4 -bench . string_concat_test.go
    goos: darwin
    goarch: amd64
    cpu: Intel(R) Core(TM) i5-8257U CPU @ 1.40GHz
    BenchmarkStringConcatenation           54532886           21.74 ns/op           0 B/op
0 allocs/op
    BenchmarkStringConcatenation-2         56044804           21.67 ns/op           0 B/op
0 allocs/op
    BenchmarkStringConcatenation-4         53774282           23.96 ns/op           0 B/op
```

```
0 allocs/op
    BenchmarkStringsJoin            22148247            61.00 ns/op         16 B/op
1 allocs/op
    BenchmarkStringsJoin-2          24338931            48.10 ns/op         16 B/op
1 allocs/op
    BenchmarkStringsJoin-4          25479514            47.24 ns/op         16 B/op
1 allocs/op
    BenchmarkFmtSprintf             6605862            192.8 ns/op          48 B/op          3
allocs/op
    BenchmarkFmtSprintf-2           7520492            155.2 ns/op          48 B/op
3 allocs/op
    BenchmarkFmtSprintf-4           7755858            161.2 ns/op          48 B/op
3 allocs/op
    BenchmarkStringsBuilder         22087382            53.87 ns/op         24 B/op
2 allocs/op
    BenchmarkStringsBuilder-2       23549218            49.67 ns/op         24 B/op
2 allocs/op
    BenchmarkStringsBuilder-4       23749526            49.70 ns/op         24 B/op
2 allocs/op
    PASS
    ok      command-line-arguments  15.550s
```

go test 命令通过 -n 后缀标识出该行结果是在 GOMAXPROCS=n 的情况下运行的结果。当 n=1 时，后缀可以省略。

18.5.3 建立性能基准

编写性能基准测试的目的是为被测代码建立性能基准，这样在后续的代码演进过程中，可以通过与性能基准的比较及时发现代码中导致性能回退的问题，或验证对代码性能的改进。

Go 开发团队已经将 Go 测试框架的性能基准测试输出进行了标准化，并提供了 benchstat 工具用于前后性能数据的比较。我们可以通过以下命令安装 benchstat 工具。

```
$go install golang.org/x/perf/cmd/benchstat@latest
```

接下来，我们通过一个简单的例子演示性能基准建立的过程，以及如何使用 benchstat 工具进行性能数据的比较。我们先构建被测代码，这是一个实现字符串连接的函数，其第一版通过 fmt.Sprintf 实现字符串连接。

```
// ch18/benchmark/benchstat/strcat.go
package main
import "fmt"
func Strcat(s string, others ...string) string {
    var r = s
    for _, o := range others {
        r = fmt.Sprintf("%s%s", r, o)
    }
    return r
}
```

对应的性能基准测试函数如下。

```
// ch18/benchmark/benchstat/benchmark_test.go
package main
import (
    "testing"
)
func BenchmarkStrcat(b *testing.B) {
    str1 := "Hello"
    str2 := "World"
    b.ReportAllocs()
    b.ResetTimer()
    for i := 0; i < b.N; i++ {
        result := Strcat(str1, str2)
        _ = result
    }
}
```

现在，我们为被测函数建立第一版性能标准，并将性能数据保存在 old.txt 文件中。

```
$go test -bench .> old.txt
```

接下来，我们优化一下 Strcat 的实现。这次我们使用 "+" 运算符进行字符串的连接。

```
// ch18/benchmark/benchstat/strcat.go
package main
func Strcat(s string, others ···string) string {
    var r = s
    for _, o := range others {
        r += o
    }
    return r
}
```

接下来，我们验证一下优化的效果，并将新版实现的性能数据保存在 new.txt 文件中。

```
$go test -bench .> new.txt
```

现在，我们使用 benchstat 工具验证优化后的效果。

```
$benchstat old.txt new.txt
goos: darwin
goarch: amd64
pkg: benchmark/benchstat
        | old.txt  |          new.txt          |
        | sec/op   |  sec/op   vs base         |
Strcat-8 149.60n ± ∞ ¹  33.25n ± ∞ ¹ ~ (p=1.000 n=1) ²
¹ need >= 6 samples for confidence interval at level 0.95
² need >= 4 samples to detect a difference at alpha level 0.05

        | old.txt  |          new.txt          |
        | B/op     |  B/op     vs base         |
Strcat-8 48.00 ± ∞ ¹  16.00 ± ∞ ¹ ~ (p=1.000 n=1) ²
¹ need >= 6 samples for confidence interval at level 0.95
² need >= 4 samples to detect a difference at alpha level 0.05
```

```
    |   old.txt   |          new.txt       |
    | allocs/op   | allocs/op   vs base    |
Strcat-8  3.000 ± ∞ ¹  1.000 ± ∞ ¹ ~ (p=1.000 n=1) ²
¹ need >= 6 samples for confidence interval at level 0.95
² need >= 4 samples to detect a difference at alpha level 0.05
```

上面这段输出看起来很"复杂",显然与我们预期的"有所出入"。从输出的提示来看,导致如此输出的原因是我们提供的性能基准数据的数量不足。显然,仅执行一轮的基准测试数据是无法满足 benchstat 工具的要求的。接下来,我们重新执行新旧版本的基准测试,每次基准测试执行 10 轮,即 -count=10。

```
// 使用 fmt.Sprintf 实现的 Strcat
$go test -count 10 -bench . > old.txt
// 使用 "+" 运算符实现的 Strcat
$go test -count 10 -bench . > new.txt
```

有了新的多轮基准测试数据后,我们再来使用 benchstat 进行对比。

```
$benchstat old.txt new.txt
goos: darwin
goarch: amd64
pkg: benchmark/benchstat
cpu: Intel(R) Core(TM) i5-8257U CPU @ 1.40GHz
    |   old.txt   |          new.txt       |
    |   sec/op    |   sec/op    vs base    |
Strcat-8  148.50n ± 1%  33.36n ± 2% -77.54% (p=0.000 n=10)

    |   old.txt   |          new.txt       |
    |    B/op     |   B/op      vs base    |
Strcat-8  48.00 ± 0%  16.00 ± 0% -66.67% (p=0.000 n=10)

    |   old.txt   |          new.txt       |
    | allocs/op   | allocs/op   vs base    |
Strcat-8  3.000 ± 0%  1.000 ± 0% -66.67% (p=0.000 n=10)
```

这次我们可以清晰地看到新旧数据在耗时、内存分配等多个维度上的直观比较结果了。

新版 Strcat 的实现得到认可后,可以将 new.txt 改名为 old.txt,作为新版性能基准进行保存。

在 benchstat 工具出现之前,Go 开发团队曾开发了一款名为 benchcmp 的应用,可通过以下命令安装该工具。

```
$go install golang.org/x/tools/cmd/benchcmp@latest
```

与 benchstat 相比,benchcmp 对数据的要求更为宽松且使用简便。benchcmp 可以用于快速比较不同版本的性能基准测试结果,即便仅有一轮基准测试的数据也可以进行有效的对比。例如,基于一轮基准测试数据进行比较的结果如下。

```
$benchcmp old.txt new.txt
benchcmp is deprecated in favor of benchstat: https://pkg.go.dev/golang.org/x/
perf/cmd/benchstat
benchmark         old ns/op    new ns/op    delta
```

```
BenchmarkStrcat-8    157       64.6      -58.89%

benchmark        old allocs    new allocs    delta
BenchmarkStrcat-8    3         2         -33.33%

benchmark        old bytes    new bytes    delta
BenchmarkStrcat-8    48        24        -50.00%
```

需要注意的是，Go 开发团队已于 2020 年停止了对 benchcmp 的维护和支持。官方推荐
Go 开发者使用新工具——benchstat。

18.6　本章小结

在工程实践中，测试是确保代码执行逻辑正确和保证代码质量的关键环节。本章系统介绍了 Go 内置的测试框架，涉及单元测试、示例测试、测试覆盖率以及性能基准测试等内容。通过本章的学习，开发者可以快速且方便地组织、编写、执行测试，并得到详尽的测试结果反馈。本章提供的内容为如何利用 Go 内置的测试功能进行有效的测试开发提供了参考。